"盈建科杯"第十五届全国大学生结构设计竞赛作品集锦

董晓强　金伟良　邱　斌　主编

华中科技大学出版社

中国·武汉

图书在版编目(CIP)数据

"盈建科杯"第十五届全国大学生结构设计竞赛作品集锦 / 董晓强,金伟良,邱斌主编. -- 武汉 :华中科技大学出版社,2024. 10. -- ISBN 978-7-5772-1348-4

Ⅰ. TU318

中国国家版本馆 CIP 数据核字第 2024YD9069 号

"盈建科杯"第十五届全国大学生结构设计竞赛作品集锦

"Yingjianke Bei" Di-shiwu Jie Quanguo Daxuesheng Jiegou Sheji Jingsai Zuopin Jijin

董晓强 金伟良 邱 斌 主编

策划编辑：王一洁

责任编辑：王一洁

封面设计：张 靖

责任校对：刘 竣

责任监印：朱 玢

出版发行：华中科技大学出版社(中国·武汉)　　　　电话：(027)81321913
　　　　　武汉市东湖新技术开发区华工科技园　　　　邮编：430223

录　　排：华中科技大学惠友文印中心

印　　刷：湖北金港彩印有限公司

开　　本：889mm×1194mm　1/16

印　　张：25

字　　数：774 千字

版　　次：2024 年 10 月第 1 版第 1 次印刷

定　　价：168.00 元

编 委 会

前　言

  全国大学生结构设计竞赛是由教育部和财政部联合发文批准的首批 9 个大学生竞赛资助项目之一，由中国高等教育学会工程教育专业委员会、教育部高等学校土木工程专业教学指导分委员会、中国土木工程学会教育工作委员会和教育部科学技术委员会环境与土木水利学部主办，是土木建筑工程领域级别最高、规模最大的学生创新竞赛，被誉为"土木皇冠上最璀璨的明珠"。经过全国 31 个省（市、自治区）分区赛的 514 所高校的 1209 支参赛队伍的激烈角逐，最终择优选拔出 110 所高校的 111 支精英队伍，齐聚太原理工大学，共同参加"盈建科杯"第十五届全国大学生结构设计竞赛全国总决赛。

  本届竞赛以山西古建筑文化为主题，选取我国现存唯一的纯木结构楼阁式古塔——应县木塔作为赛题背景。应县木塔以其宏伟的建筑规模、精妙的设计以及历经千年风雨依然屹立不倒的奇迹，堪称世界木结构建筑的典范。本次赛题紧扣这一历史瑰宝，要求参赛者针对三重木塔结构模型在竖向荷载、扭转荷载及水平荷载多种工况下的空间结构进行受力分析、模型制作及加载试验。青年学子们在此次竞赛中用创意与激情碰撞这座古老而神秘的木塔，演绎了一场独具匠心的"结构"盛宴。

  土木工程学科承载着"土承天下，木撑苍穹"的深厚家国情怀，担负着"筑"梦中国的光荣使命。全国大学生结构设计竞赛始终坚持"展示才华、提升能力、培养协作、享受过程"的竞赛理念，为广大学子搭建创新高地和奋斗舞台，让创新成为青春远航的动力，成为青春搏击的能量。作为本次赛事的承办单位，太原理工大学以其深厚的历史底蕴和出色的组织能力，为参赛者们提供了一个高水平的竞技舞台，获得了全国大学生结构设计竞赛秘书处和各高校参赛师生的一致好评。为了更好地记录和保存本届竞赛的精彩过程与宝贵经验，我们特将竞赛中各赛队的模型设计与计算分析、心得体会，以及竞赛纪实与总结等重要内容编辑成册。众多师生为本书的资料整理、内容编排等工作付出了辛勤的汗水，在此谨致以最诚挚的感谢！祝贺在本届比赛中取得优异成绩的参赛师生，并期待全国大学生结构设计竞赛再创辉煌！

  由于编者水平有限，本书难免存在不足之处，敬请各位读者不吝赐教。

编　者

2024 年 6 月 30 日

|目录/ CATALOGUE

第一部分 竞赛组织

第二部分 竞赛题目

第三部分 作品集锦

第四部分　竞赛资讯

第一部分

竞赛组织

第十五届全国大学生结构设计竞赛组织机构

指导单位： 中国高等教育学会工程教育专业委员会

教育部高等学校土木工程专业教学指导分委员会

中国土木工程学会教育工作委员会

教育部科学技术委员会环境与土木水利学部

主办单位： 全国大学生结构设计竞赛委员会

承办单位： 太原理工大学

冠名单位： 北京盈建科软件股份有限公司

支持单位： 山西省土木建筑学会

太原理工大学建筑设计研究院有限公司

中国建筑第四工程局有限公司山西分公司

北京迈达斯技术有限公司

杭州邦博科技有限公司

北京思齐致新科技有限公司

全国大学生结构设计竞赛委员会

主　任：　吴朝晖　浙江大学 校长（时任）
副主任：　邹晓东　中国高等教育学会工程教育专业委员会 理事长（时
　　　　　　　　　任）
　　　　　李国强　教育部高等学校土木类专业教学指导委员会 主任
　　　　　　　　　委员
　　　　　袁　驷　中国土木工程学会教育工作委员会 主任
　　　　　陈云敏　教育部科学技术委员会环境与土木水利学部 常务
　　　　　　　　　副主任
委　员：　（按姓氏笔画排序）
　　　　　王文格　湖南大学 教授
　　　　　孙伟锋　东南大学 教授
　　　　　孙宏斌　清华大学 教授
　　　　　张凤宝　天津大学 教授
　　　　　李　正　华南理工大学 副校长
　　　　　李正良　重庆大学 教授
　　　　　陆国栋　中国高等教育学会工程教育专业委员会 秘书长
　　　　　张维平　大连理工大学 教授
　　　　　沈　毅　哈尔滨工业大学 副校长
　　　　　金伟良　浙江大学 教授
　　　　　罗尧治　浙江大学 教授
　　　　　胡大伟　长安大学 教授
　　　　　黄一如　同济大学 教授
秘书处：　浙江大学
秘书长：　陆国栋　中国高等教育学会工程教育专业委员会 秘书长
　　　　　　　　　（兼）
副秘书长：　毛一平　浙江大学 调研员
　　　　　　丁元新　浙江大学 副研究员
秘　书：　姜秀英　浙江大学

第十五届全国大学生结构设计竞赛专家委员会

主　任：　金伟良　浙江大学 教授

副主任：　雷宏刚　太原理工大学 教授

委　员：　（按姓氏笔画排序）

　　　　　丁　阳　天津大学 教授

　　　　　方　志　湖南大学 教授

　　　　　王　湛　华南理工大学 教授

　　　　　王　磊　长沙理工大学 教授

　　　　　李宏男　大连理工大学 教授

　　　　　陆金钰　东南大学 教授

　　　　　张　川　重庆大学 教授

　　　　　吴　涛　长安大学 教授

　　　　　范　峰　哈尔滨工业大学 教授

　　　　　罗尧治　浙江大学 教授

　　　　　赵金城　上海交通大学 教授

　　　　　熊海贝　同济大学 教授

　　　　　董　聪　清华大学 教授

　　　　　李保盛　北京盈建科软件股份有限公司 营销总监

秘　书：　丁元新　浙江大学 副研究员

全国大学生结构设计竞赛专家委员会顾问

顾　　问：（以姓氏笔画为序）

王　超　中国工程院院士 河海大学 教授

江　亿　中国工程院院士 清华大学 教授

江欢成　中国工程院院士 上海现代建筑设计（集团）有限公司 总工程师

沈世钊　中国工程院院士 哈尔滨工业大学 教授

陈政清　中国工程院院士 湖南大学 教授

吴硕贤　中国科学院院士 华南理工大学 教授

肖绪文　中国工程院院士 中国建筑工程总公司 总工程师

杨华勇　中国工程院院士 浙江大学 教授

杨永斌　中国工程院院士 重庆大学 教授

周绪红　中国工程院院士 重庆大学 教授

欧进萍　中国工程院院士 哈尔滨工业大学 教授

项海帆　中国工程院院士 同济大学 教授

钟登华　中国工程院院士 天津大学 教授

聂建国　中国工程院院士 清华大学 教授

容柏生　中国工程院院士 华南理工大学 教授

龚晓南　中国工程院院士 浙江大学 教授

董石麟　中国工程院院士 浙江大学 教授

第十五届全国大学生结构设计竞赛组织委员会

主　任：郑　强　　太原理工大学 党委书记

　　　　孙宏斌　　太原理工大学 党委副书记、副校长（主持行政工作）

副主任：刘润祥　　太原理工大学 党委副书记

　　　　肖连团　　太原理工大学 党委常委、副校长

委　员：来志斌　　太原理工大学党委办公室校长办公室 主任

　　　　白旭光　　太原理工大学宣传部 副部长（主持工作）

　　　　赵国俊　　太原理工大学学生处 处长

　　　　张亚东　　太原理工大学保卫处 处长

　　　　和红伟　　太原理工大学财务部 部长

　　　　宋　燕　　太原理工大学本科生院 院长

　　　　杜华云　　太原理工大学国有资产管理处 处长

　　　　师红军　　太原理工大学后勤保障处 处长

　　　　郭　菲　　太原理工大学创新创业学院 院长

　　　　史薛伟　　太原理工大学 团委书记

　　　　史冬博　　太原理工大学体育学院 院长

　　　　曹　敏　　太原理工大学信息化管理与建设中心 主任

　　　　李育荣　　太原理工大学医院 院长

　　　　武佐君　　太原理工大学土木工程学院 党委书记

　　　　董晓强　　太原理工大学土木工程学院 院长

秘书长：武佐君　　太原理工大学土木工程学院 党委书记（兼）

　　　　董晓强　　太原理工大学土木工程学院 院长（兼）

副秘书长：芦　倩　　太原理工大学土木工程学院 党委副书记

　　　　　葛忻声　　太原理工大学土木工程学院 副院长

　　　　　杜震宇　　太原理工大学土木工程学院 副院长

第二部分

竞赛题目

三重木塔结构模型设计与制作

一、命题背景

应县木塔(图 1)是我国现存唯一的纯木结构楼阁式古塔,建筑宏伟高大,设计精妙,外形稳重庄严,历经近千年的风雨沧桑仍巍然矗立,堪称天下奇观,是世界木结构建筑之典范,与意大利比萨斜塔、巴黎埃菲尔铁塔并称"世界三大奇塔"。然而随着时间推移,应县木塔塔身木材性质发生变化,且受到多次强烈地震和人为破坏的影响,承载能力减弱,如遇突发的自然灾害将危及木塔安全。本次赛题模型以三重木塔结构为基本单元,要求参赛者针对竖向荷载、扭转荷载及水平荷载多种荷载工况下的空间结构进行受力分析、模型制作及加载试验。

图 1 应县木塔实景图

二、模型尺寸、加载及装配式要求

(一)模型尺寸要求

本次竞赛要求制作一个带挑檐加载点的三层木塔结构模型,木塔内部给出圆形中空规避区,外部给出正八边形的外边界,木塔各层外边界尺寸由低往高逐渐缩小,具体要求如下。

1.木塔层高要求

木塔模型一至三层顶部标高(由底板上表面量至各楼层的上表面最高处)如图 2 所示,分别为 350 mm、700 mm、900 mm,塔顶标高为 1050 mm。其中蓝色区域为外规避区,黄色区域为挑檐区,红色阴影部分为内规避区。

2.木塔各层外边界要求

木塔由三层结构及锥形塔顶组成。一层底面(Ⅰ—Ⅰ截面)、二层底面(Ⅱ—Ⅱ截面)、三层底面(Ⅲ—Ⅲ截面)和三层顶面(Ⅳ—Ⅳ截面)的正八边形外边界跨径分别为 350 mm、320 mm、290 mm、273 mm,如图 3 所示。

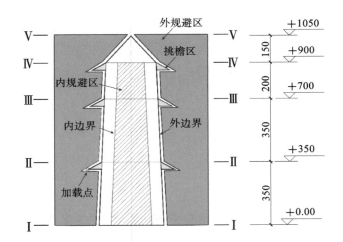

图 2 木塔模型示意图(单位:mm)

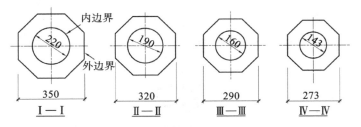

图 3 模型截面尺寸图(单位:mm)

3. 木塔各层内边界要求

Ⅰ—Ⅰ截面、Ⅱ—Ⅱ截面、Ⅲ—Ⅲ截面和Ⅳ—Ⅳ截面的圆形内边界直径分别为 220 mm、190 mm、160 mm、143 mm,如图 3 所示。

4. 挑檐加载点要求

Ⅱ—Ⅱ截面、Ⅲ—Ⅲ截面和Ⅳ—Ⅳ截面须根据模型加载要求设置凸出的挑檐加载点,各层加载点空间坐标固定,具体为相应层沿八边形中心与角连线方向,如图 4(a)以Ⅱ—Ⅱ截面为例所示。伸出八边形外边界角的水平投影长度为 60 mm,立面投影高度为 40 mm,如图 4(b)所示。禁止制作加载后产生较大变形的柔性挑檐。

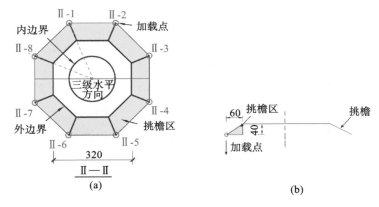

图 4 挑檐加载点示意图(单位:mm)

(a)挑檐水平位置图;(b)挑檐详图

5.其他要求

模型所有构件仅能在内边界与外边界之间以及挑檐区内设置。在内规避区和外规避区内不允许制作任何水平、竖向、斜向等杆件。上述要求的相关尺寸均须在±5 mm误差范围内。

(二)模型加载要求

模型加载采用三级加载方式,第一级加载为Ⅱ—Ⅱ截面、Ⅲ—Ⅲ截面和Ⅳ—Ⅳ截面选择加载点施加竖向荷载;第二级加载为Ⅲ—Ⅲ截面选择两个对角加载点施加顺时针扭转荷载;第三级加载为锥形塔顶沿固定加载方向施加水平静力荷载。各截面加载点的位置如图5所示,例如图5中Ⅱ-3点表示Ⅱ—Ⅱ截面的第3个加载点。第一级和第二级加载点位置的抽签在模型制作完毕后进行,且所有参赛组采用相同的抽签结果进行模型加载。

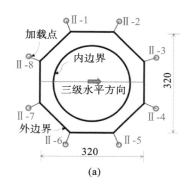 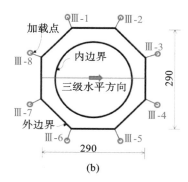 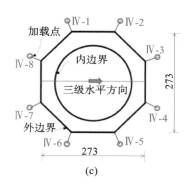

(a)   (b)   (c)

图 5 加载点示意图(单位:mm)
(a)Ⅱ—Ⅱ截面;(b)Ⅲ—Ⅲ截面;(c)Ⅳ—Ⅳ截面

1.第一级加载

第一级竖向荷载如图6所示。在Ⅱ—Ⅱ截面、Ⅲ—Ⅲ截面和Ⅳ—Ⅳ截面下侧外圈八边形共24个加载点中随机选择8个加载点。其中Ⅱ—Ⅱ截面选3个点,每点均加载4 kg;Ⅲ—Ⅲ截面选3个点,每点均加载2 kg(3 kg或4 kg);Ⅳ—Ⅳ截面选2个点,每点均加载2 kg(3 kg或4 kg)。同一截面上各点的荷载大小均相同。Ⅲ—Ⅲ截面和Ⅳ—Ⅳ截面的荷载大小在抽签确定加载点后由参赛队自行选择上报。在持荷10 s后,结构未出现"模型失效评判准则"所列模型失效情况,则认为该级加载成功;否则,认为该级加载失效,不得进行后续加载。

8个加载点抽取方法:从编号1~8的数字(分别代表图5中各截面的8个加载点位置)中,随机抽取3个数字作为Ⅱ—Ⅱ截面加载点位置,放入总样本中;再随机抽取3个数字作为Ⅲ—Ⅲ截面加载点位置,放入总样本中;最后随机抽取2个数字,即为Ⅳ—Ⅳ截面加载点位置。

图 6 第一级竖向荷载示意图

2.第二级加载

在第一级持荷状态下,在Ⅲ—Ⅲ截面8个加载点的4种工况中随机选择一种施加顺时针扭转荷载,工况一为1~5号点施加荷载,工况二为2~6号点施加荷载,工况三为3~7号点施加荷载,工况四为4~8号点施加荷载。第二级扭转荷载如图7所示,每点加载3 kg,沿俯视图顺时针方向加载。在持荷10 s后,结构未出现"模型失效评判准则"所列模型失效情况,则认为该级加载成功;否则,认为该级加载失效,不得进行后续加载。

4 种工况的抽取方法：从编号 1～4 的数字（分别代表图 7 中Ⅲ—Ⅲ截面的 4 个加载点所在轴线位置，即分别对应上述工况一～工况四）中，随机抽取一个数字，从而确定扭转轴线。

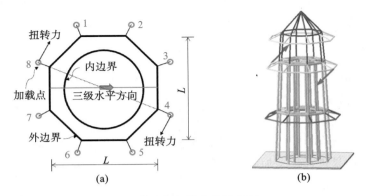

图 7　第二级扭转荷载示意图

（a）平面示意图；（b）三维示意图

3. 第三级加载

在第一级、第二级持荷状态下，在塔顶施加如图 8 所示固定方向的水平荷载，水平荷载的大小可选择为 4 kg、5 kg、6 kg 或 7 kg（由参赛队在赛前自行选择）。在持荷 10 s 后，结构未出现"模型失效评判准则"所列模型失效情况，则认为该级加载成功；否则，认为该级加载失效。第三级水平荷载如图 8 所示。

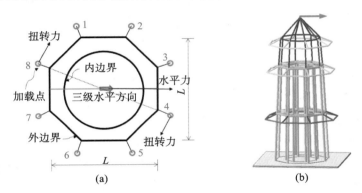

图 8　第三级水平荷载示意图

（a）平面示意图；（b）三维示意图

（三）装配式要求

在Ⅲ—Ⅲ截面处须将结构分为上、下两部分，两部分须通过装配式结构连接。装配式结构的安装仅限使用现场提供的工具，严禁使用胶水。

1. 位置要求

装配式结构连接位置须在Ⅲ—Ⅲ截面上下 50 mm 范围内，即距离安装底板顶面 650～750 mm 范围内。

2. 完整性要求

模型制作时间达到 15 h 40 min 以前，上、下两部分结构应处于断开状态，组装前须保证上、下部分结构是完整的，除了断开位置，其余构件不允许在装配式结构连接时间段及之后进行装配。

3. 安装要求

模型制作时间到 15 h 45 min 时进行装配式结构连接，安装时间为 15 min。安装过程由监察组人员和志愿者全程监督，一旦使用胶水即视为违规，取消比赛资格。

三、模型制作时间、比赛步骤与模型失效评判准则

(一)模型制作时间与比赛步骤

各参赛队须在 16 h 内完成模型制作和装配。模型制作过程中,严禁将半成品部件置于地面。若因此导致模型损坏,责任自负,且不得因此而延长制作时间。

现场比赛步骤见表 1。

表 1　现场比赛步骤

步骤	比赛内容	备注
1	抽签决定工作台位置(加载顺序)	赛前会议后进行
2	上、下部分结构模型制作	时长 15 h 40 min
3	装配式安装前检测	时长 5 min
4	装配式结构连接	时长 15 min
5	各层加载点点号及位置标记	与底板标记一一对应,时长 3 min
6	第一级、第二级加载点抽签	制作完毕后当众抽签
7	模型尺寸、内外规避区和加载点相对位置上报	如不符合要求将按"评分准则"所示标准扣分
8	模型称重及第一级、第三级荷载大小上报	确定后不能更改
9	加载点绳套绑扎、模型固定、底板安装	详见图 9;第一级、第二级加载重合点须分别绑扎;安装时发放底板,固定模型用自攻螺钉;时长 20 min,超时将扣分
10	加载前安装钢丝绳和砝码盘,并进行挑檐刚度检测	时长 5 min,超时或不符合要求将扣分
11	模型加载	时长 5 min,超时将扣分

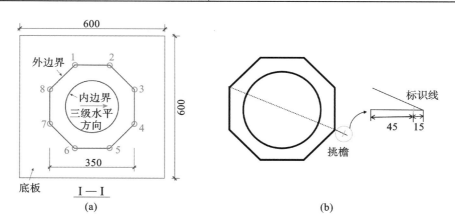

图 9　模型底板示意图(单位:mm)

(a)底板图示;(b)挑檐加载标识线

(二)模型失效评判准则

加载过程中,若出现以下情况之一,则终止加载,本级加载及后续级别加载成绩为零。

(1)模型加载过程中发生整体倾覆、垮塌。

(2)在加载过程中模型任意部位接触加载台,是否接触以接触位置能否插入一张 70 g A4 纸来判断。

(3)加载过程中,加载砝码落地。

（4）加载过程中，模型的挑檐加载点位置或其他结构出现几何可变体系状态，使其受力状态发生本质改变（如结构尺寸、形状或加载位置变化较大等）。

（5）专家组认为结构失效的其他情况。

四、模型检测

模型须进行内外规避区检测、挑檐挂载点相对位置检测和挑檐刚度检测，不符合要求的按"评分准则"所示标准扣分。

（一）内外规避区检测

通过设置检测板来检测模型的外部尺寸。如图 10 所示，使用平面的检测板来依次检测 8 个挑檐处的立面尺寸是否符合规定。要求检测板不可触碰模型。内规避区尺寸检测装置如图 11 所示，为长筒圆台状检测装置，从模型底部伸入，用来检测模型内规避区是否合格。检测装置的内套筒不可触碰模型。

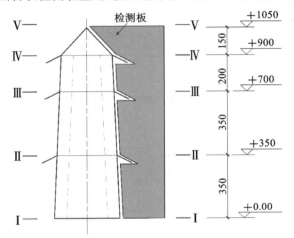

图 10　外规避区检测装置示意图（单位：mm）　　　　图 11　内规避区检测装置示意图（单位：mm）

（二）挑檐挂载点相对位置检测

首先，在Ⅱ—Ⅱ截面的挑檐加载点设置吊锤，吊锤下侧中心点须全部落到该截面加载点直径 20 mm 的圆圈内；然后，在Ⅲ—Ⅲ截面的挑檐加载点设置吊锤，吊锤下侧中心点须全部落到该截面加载点直径 20 mm 的圆圈内；最后，在Ⅳ—Ⅳ截面的挑檐加载点设置吊锤，吊锤下侧中心点须全部落到该截面加载点直径 20 mm 的圆圈内，参见图 12。

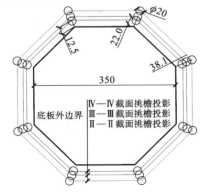

图 12　挂载点检测示意图（单位：mm）

（三）挑檐刚度检测

模型加载前进行挑檐的竖向刚度和扭转刚度检测。竖向刚度检测标准为在单个挑檐加载点单次挂载 1 kg 的砝码，沿钢丝绳方向竖向位移不超过 20 mm；扭转刚度检测标准为在水平扭转的两个挑檐加载点均挂载 1 kg 的砝码，沿钢丝绳方向水平位移不超过 20 mm。

五、模型材料及工具

竞赛期间，承办方为各队提供以下材料及工具用于模型制作，不得擅自使用其他材料及工具。

（1）模型制作材料、尼龙绳由组委会统一提供，现场使用。各参赛队使用的材料仅限于组委会提供的材料，不允许将竹材中的无纺布剥离下来用于捆扎。

（2）模型采用竹材制作，竹材规格及用量上限如表 2 所示，竹材参考力学指标见表 3。组委会对现场发放的竹材仅从规格上负责，原则上不予更换。

表 2　竹材规格及用量上限

竹材规格		竹材名称	用量上限
竹皮	1250 mm×430 mm×0.20 mm	集成竹片（单层）	2 张
	1250 mm×430 mm×0.35 mm	集成竹片（双层）	2 张
	1250 mm×430 mm×0.50 mm	集成竹片（双层）	2 张
竹杆件	930 mm×6 mm×1.0 mm	集成竹材	20 根
	930 mm×2 mm×2.0 mm	集成竹材	20 根
	930 mm×3 mm×3.0 mm	集成竹材	20 根

表 3　竹材参考力学指标

密度	顺纹抗拉强度	抗压强度	弹性模量
0.8 g/cm³	60 MPa	30 MPa	6 GPa

（3）提供 502 胶水（30 g 装）6 瓶，用于结构构件之间的连接。

（4）模型安装前，提供长度为 200 mm 的高强尼龙绳（1 mm 粗）11 段，用于砝码挂载，捆绑方式自定。不允许将尼龙绳粘在结构上，不可在绳结处滴胶。

（5）模型制作期间，统一提供美工刀、剪刀、水口钳、锉刀（平头锉刀、整形锉）、磨砂纸、尺子（钢尺、丁字尺、三角板）、镊子、滴管、打孔器、刨子、钢锯锯条等常规制作工具。各参赛队可自带设计详图图纸 1 张（不得超过 80 g，A1 图纸规格）、竞赛手册、直流电小型电子秤、游标卡尺、小型直流手电钻（12 V，1500 mA·h，扭矩低于 17 N·m）及钻头（建议 3 mm 以下）。现场不提供交流电源。其他模型制作工具或物品不得私自携带入场。

（6）模型装配完成后，对模型（不含高强度尼龙绳）进行称重，并附加模型与底板之间连接用自攻螺钉质量（按 1.0 g/颗计算），得到模型总质量，记为 M_{0i}（精度为 0.1 g）。

六、评分标准

（一）总分构成

结构评分总分按 100 分计算，包括以下几个部分。

(1)理论方案分:5分。

(2)现场制作的模型分:10分。

(3)现场陈述与答辩分:5分。

(4)加载表现分:80分。

(二)评分准则

1.理论方案分(A_i):满分5分

第i队的理论方案分A_i由专家组根据设计说明书、方案图和计算书内容的科学性、完整性、准确性,以及图文表达的清晰性与规范性等进行评分。理论方案不得出现任何有关参赛学校和个人的信息,否则为零分。

2.现场制作的模型分(B_i):满分10分

第i队现场制作的模型分B_i由专家组根据模型结构的合理性、创新性、制作质量、美观性和实用性等进行评分。其中,模型结构与制作质量各占5分。

3.现场陈述与答辩分(C_i):满分5分

第i队的现场陈述与答辩分C_i由专家组根据队员现场综合表现(内容表述、逻辑思维、创新点和回答等)进行评分。参赛队员的陈述时间控制在1 min以内,然后回答专家的提问。

4.加载表现分(E_i):满分80分

(1)第一级加载总分为25分。第一级荷载加载成功,计算第i队模型的单位质量承载力:$k_{1i} = M_{1i}/M_{0i}$,其中,M_{1i}为该级放置砝码总质量,M_{0i}为该级加载成功时第i队模型总质量。k_{1i}值最大的参赛队得25分(满分),记为$k_{1,\max}$,其他参赛队得分$E_{1i} = 25\,k_{1i}/k_{1,\max}$。

(2)第二级加载总分为30分。第二级荷载加载成功,计算第i队模型的单位质量承载力:$k_{2i} = M_{2i}/M_{0i}$,其中,M_{2i}为该级放置砝码总质量。k_{2i}值最大的参赛队得30分(满分),记为$k_{2,\max}$,其他参赛队得分$E_{2i} = 30k_{2i}/k_{2,\max}$。

(3)第三级加载总分为25分。第三级荷载加载成功,计算第i队模型的单位质量承载力:$k_{3i} = M_{3i}/M_{0i}$,其中,M_{3i}为该级放置砝码总质量。k_{3i}值最大的参赛队得25分(满分),记为$k_{3,\max}$,其他参赛队得分$E_{3i} = 25k_{3i}/k_{3,\max}$。

第i队的加载表现分E_i根据上述三项之和得出,即:

$$E_i = E_{1i} + E_{2i} + E_{3i}$$

5.扣分(F_i)

(1)模型安装及加载过程超时的,每超1 min(不足1 min按1 min计),扣2分。

(2)安装柱脚超出边界的,每超一个扣5分。

(3)模型顶部不满足位置要求的,扣5分。

(4)模型挑檐挂载点不符合要求的,每个扣3分。

(5)装配式安装前上、下结构断开位置不满足要求的,每超出1 cm(不足1 cm按1 cm计)扣2分。

(6)装配式安装前上、下结构不满足完整性要求的,每违规一个扣5分。

(7)按"挑檐刚度检测"检测的挑檐刚度不满足要求的,每个扣10分。

以上所有扣分累加,总分计为F_i。

各参赛队的总分为$A_i + B_i + C_i + E_i - F_i$。

全国大学生结构设计竞赛委员会秘书处

2022年8月6日

第三部分

作品集锦

长沙理工大学城南学院 再鸣塔(特等奖、最佳制作奖)

一、队员、指导教师及作品

参赛队员

雷缮诚
乐宇航
潘鑫烨

指导教师

付果
张强

领队

李修春

二、设计思想及方案选型

根据赛题,我们设计了两种模型体系。表1中列出了两种模型结构体系的优缺点对比。模型结构体系1如图1所示。模型结构体系2如图2所示。

表1 两种模型结构体系优缺点对比

体系对比	体系1	体系2(最终方案)
优点	结构稳定	结构简单且传力明确
缺点	结构传力不明确,结构强度富余	结构在极限工况下较为危险

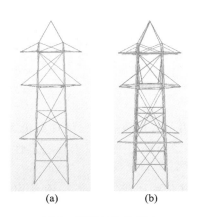

图1 模型结构体系1
(a)立面图;(b)轴侧图

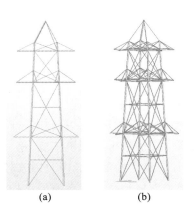

图2 模型结构体系2
(a)立面图;(b)轴侧图

三、计算分析

（一）强度分析

各级荷载工况下的结构应力如图 3～图 5 所示。

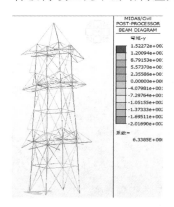 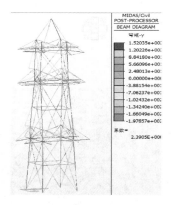 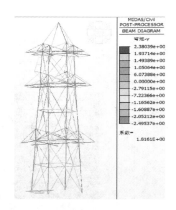

图 3　第一级荷载结构应力图　　图 4　第二级荷载结构应力图　　图 5　第三级荷载结构应力图

（二）刚度分析

经分析，各级荷载工况下的结构变形情况如图 6～图 8 所示。

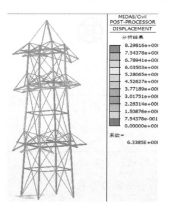 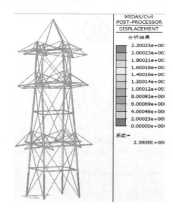 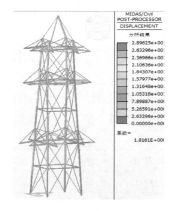

图 6　第一级荷载结构变形图　　图 7　第二级荷载结构变形图　　图 8　第三级荷载结构变形图

（三）稳定性分析

经分析，各级荷载工况下的结构失稳模态如图 9～图 11 所示。

（四）小结

综合模型的刚度、强度以及稳定性分析，可以发现模型的第一级加载和第三级加载最为关键，且第一级、第二级加载带有随机工况，第三级加载为水平荷载，模型加载的关键在于其稳定性、刚度、强度。在设计时稳定性的综合考量因素较多，大体按以下原则。

（1）减小支柱长细比。在模型支柱中部加以约束，使得支柱长细比成比例缩小，有效避免支柱失稳，以保持模型的整体稳定性。

（2）降低模型整体结构重心。尽可能降低模型的高度以减轻第二级加载时扭转荷载对模型产生的影响，并且有利于保持第三级加载时模型的稳定性。

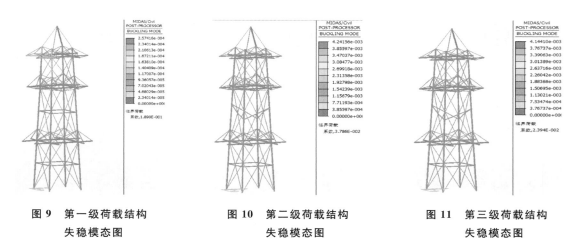

图 9 第一级荷载结构　　　　图 10 第二级荷载结构　　　　图 11 第三级荷载结构
　　　　失稳模态图　　　　　　　　　　失稳模态图　　　　　　　　　　失稳模态图

（3）制作和加工流程也是贯穿模型制作过程的关键环节。良好的制作流程和时间分配是节约时间和让我们心、手不乱的必要手段。

四、心得体会

非常荣幸参加第十五届全国大学生结构设计竞赛，获得与各位老师、同学进行交流的机会。本届竞赛题为三重木塔结构模型设计与制作。赛题加深了我们对实际建筑系统结构工程的了解。多月的准备使我们受益匪浅，其中有辛勤的努力、失败后的反思和成功后的喜悦。

大学生结构设计竞赛以创造、协作和实践为宗旨，践行"展示才华、提升能力、培养协作、享受过程"理念。我们团队既然选择了参加这个比赛，就要好好准备，珍惜这次同台竞技的机会。竞赛要想取得好成绩，需要学习的理论知识与实践技能非常多，而最重要的是具备团队协作能力。通过三个队员相互协调配合，以及和指导老师沟通交流，每个队员都彻底融入比赛的过程，享受比赛。只有如此，才具备成为一个强大团队的基础。此外便是不断创新设计、理论分析与加载验证，得到一个好的结构体系并将其优化到位，使每个构件都发挥出最大作用，并充分利用材料抗拉强度高的特点。

竞赛准备过程中，我们经历了许多实际结构与理论计算不符的情况，明白了力学理论能够指导实践，但是与实际结构仍有一定的差距，只有理论与实际结合，不断反思试验结果并修正理论，再应用到实践中才能获得理想的结果。

一次比赛，结果往往不是最重要的，重要的是在准备的过程中能够开发自己的思维，展开大胆的想象，创新结构设计，并通过试验进行验证。在准备比赛的过程中，我们更加熟练地掌握了 CAD、BIM、midas Civil 有限元分析，以及 Office 等软件。这次比赛对我们来说，意义非凡，我们也学到了许多东西。感谢主办方给我们提供了一个与其他高校学子相互学习和交流的平台！

长沙理工大学　守正塔(一等奖)

一、队员、指导教师及作品

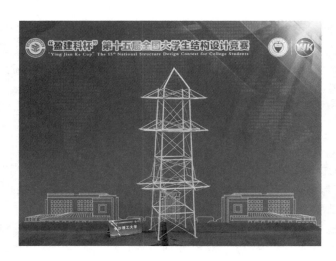

参赛队员

伍凯
舒德星
周苇朝

指导教师

付果
王磊

领队

江河

二、设计思想及方案选型

　　此次结构方案的选型主要有两种,一种是塔吊式,另一种则是三相拉条式与塔吊式结合。在进行设计时需要着重考虑模型的强度、刚度和稳定性等方面以保证顺利完成加载及卸载。两种模型结构体系优缺点对比如表1所示。模型结构体系1如图1所示,模型结构体系2如图2所示。我们最终选择了结构体系2。

表1　两种模型结构体系优缺点对比

体系对比	体系1	体系2
优点	受力简单明确,耗材量少	结合两种挑檐形式的优点,避免了一层挑檐侧位移过大带来弯矩过大的问题
缺点	挑檐悬臂端的形变会导致主杆变形严重,从而影响模型承载能力	整体受力结构相对体系1并没有很大的改变,耗材量反而略有增加

三、计算分析

(一)强度分析

　　经分析,各级荷载工况下的结构应力如图3~图5所示。

(二)刚度分析

　　经分析,各级荷载工况下的结构变形情况如图6~图8所示。

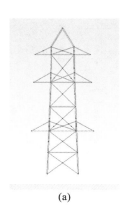

图 1 模型结构体系 1

（a）立面图；（b）轴侧图

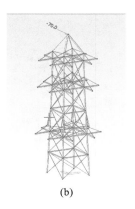

图 2 模型结构体系 2

（a）立面图；（b）轴侧图

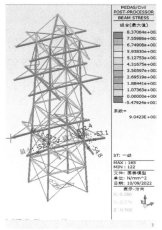

图 3 第一级荷载结构应力图   图 4 第二级荷载结构应力图   图 5 第三级荷载结构应力图

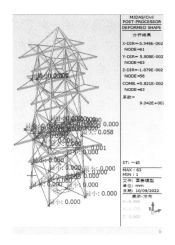

图 6 第一级荷载结构变形图   图 7 第二级荷载结构变形图   图 8 第三级荷载结构变形图

（三）稳定性分析

经分析,各级荷载工况下的结构失稳模态如图 9～图 11 所示。

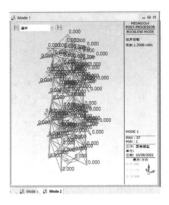

**图9 第一级荷载结构
失稳模态图**

**图10 第二级荷载结构
失稳模态图**

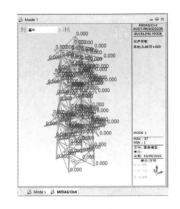

**图11 第三级荷载结构
失稳模态图**

(四)小结

综合以上由有限元分析软件 midas Civil 对模型的分析结果,可以得知该模型在三级加载的过程中结构的强度均超出设计安全系数 1.2,刚度符合赛题要求,稳定性十分好,模型所具有的承载能力满足所有要求,结构合理且具有良好的力学性能。在实际的现场测试与加载过程中充分证明了这些结论。

四、心得体会

能够参加第十五届全国大学生结构设计竞赛,获得与各位老师、同学进行交流的机会是我们的荣幸。本届竞赛赛题为三重木塔结构模型设计与制作。赛题加深了我们对实际建筑系统结构工程的了解。多月的准备培养了我们的创新思维、实际动手能力和团队协作精神,增强了实践与工程结构设计能力,丰富了校园生活,同时还提高了我们工科生对力学学习的兴趣,开阔了视野。

大学生结构设计竞赛以创造、协作和实践为宗旨,践行"展示才华、提升能力、培养协作、享受过程"的理念。竞赛想要取得好的成绩,不仅需要学习大量的理论知识,还要提高实践水平。除此之外,团队协作能力也十分重要,三个队员相互协调配合,以及和指导老师沟通交流,让每个队员都彻底融入比赛的过程,享受比赛。同样重要的还有不断创新设计,不轻易放弃任何一个不一样的想法,它也许就是制胜的关键。

比赛准备过程中,我们一次次碰壁,一次次大胆地尝试,一次次收获精彩设计的喜悦,通过结构设计竞赛,我们也在一次次成长。非常感谢全国大学生结构设计竞赛组委会给我们广大学生提供了这样一个平台,让我们不断创新、不断进步,在自己的专业领域迸发活力。

河北农业大学 顶峰相汇（一等奖）

一、队员、指导教师及作品

参赛队员

付祯
杨历
皮金山

指导教师

任小强
李宏军

领队

刘燕

二、设计思想及方案选型

根据赛题的要求，在模型方案设计阶段，我们根据"传力路径最短最优"的优选原则，确立"四柱"结构体系；在柱的竖向布置上，选取斜立柱结构体系和直立柱结构体系，表1中列出了模型结构体系对比。结合赛题不同工况要求，我们选择了直立柱结构体系。从模型效率上看，直立柱结构体系传力路径少、质量小，结构的性价比较高，我们优选此结构形式为最终结构形式。

表1 模型结构体系对比

体系对比	斜立柱结构体系	直立柱结构体系
典型建筑	广州塔（小蛮腰）	传统中国木塔
传力路径	挑檐加载点→两根立柱	挑檐加载点→单根立柱
安全性能	传力路径多，安全性高	传力路径少，安全性低
结构质量	斜立柱多，质量大	直立柱少，质量小
模型效率	传力路径多，质量大，效率低	传力路径少，质量小，效率高
最终优选	×	√

斜立柱结构体系如图1所示，直立柱结构体系如图2所示。

三、计算分析

(一)强度分析

经分析，各级荷载工况下的结构应力如图3～图5所示。

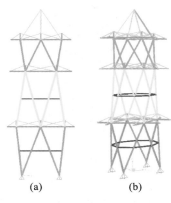

图 1 斜立柱结构体系

(a)立面图;(b)轴侧图

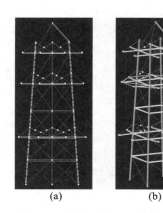

图 2 直立柱结构体系

(a)立面图;(b)轴侧图

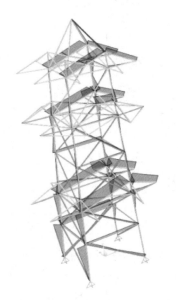

图 3 第一级荷载结构应力图

图 4 第二级荷载结构应力图

图 5 第三级荷载结构应力图

(二)刚度分析

经分析,各级荷载工况下的模型结构变形情况如图6~图8所示。

(三)稳定性分析

稳定性问题对钢结构、竹木结构等强度比较大的结构具有重要影响。竹材构件截面存在三种破坏模式:第一种是强度破坏,只发生于长细比较小的构件,这种破坏能够充分利用材料的强度;第二种是整体失稳破坏,发生于长细比较大的构件,这种情况下材料应力往往还没有达到材料强度就突然发生破坏;第三种是局部失稳破坏,发生于薄壁构件(竹皮卷制构件宽厚比大于 11 时,竹条拼接构件宽厚比大于 14 时)。在设计构件时,应充分考虑失稳破坏对结构承载能力的影响,保证结构稳定。

(四)小结

综合上述强度、刚度和稳定性分析,本次竞赛选用的结构方案总体上较为合理,能够满足安全性、经济性和适用性要求。

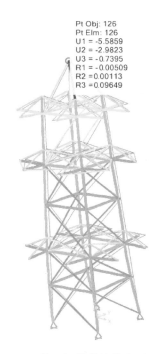

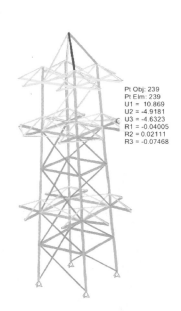

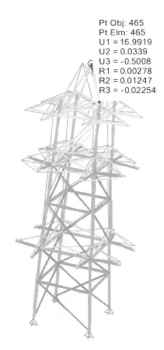

图6　第一级荷载结构变形图　　　图7　第二级荷载结构变形图　　　图8　第三级荷载结构变形图

四、心得体会

大学生结构设计竞赛对我们是一次综合考验,不仅要求理论知识丰富,还要求心理素质过硬、动手能力较强。在结构设计竞赛备赛过程中,我们有以下心得与体会。

首先,实践是检验真理的唯一标准。在结构模型分析过程中,需要用到较多力学原理和工程设计知识,尤其是理论力学的刚体力学、材料力学的压杆稳定、结构力学的截面法、钢结构的整体稳定性和局部稳定性等原理与知识。这些课本上的知识学习起来是枯燥的,但这些知识贯穿了结构模型分析的全过程,激发了我们的学习兴趣,并且这些知识在实践中的运用,更加深了我们对于工程的理解。

其次,要追求工匠精神,精益求精。仅靠课堂上的学习,我们对工程师的工作理解较为肤浅,随着备赛深入进行,我们逐渐发现很多实际工程问题是没有第二次修改机会的。制作一个模型,当某一个点分析不到位,或制作精度不够时,都会导致加载失败。一次竞赛失败了还可以重来,模型坏了还可以重新做,但实际工程如果出问题了,后果将是工程事故,做工程不考虑后果将会带来惨痛的事故。参加结构设计竞赛使我们对实际工程产生了敬畏之心,虽然现在我们还不具备一个工程师的素养,但我们相信,只要对工程有着敬畏之心,坚持精益求精的态度,将来一定可以成为一名合格的工程师,做出优秀的工程作品。

最后,团队精神至关重要。在一个大型比赛中,一个人的能力终究是有限的,既然是团队竞赛,我们就应该分工合作。每个队员都有自己的任务和明确的分工,才能在竞赛环节中提高效率。特别是参赛队伍特别多时,团队合作与分工就更为重要。只有在一定的时间内完成数量最多、质量最好的任务,才能在竞赛中先人一步。须知一步领先,步步领先。如果做事拖拉懒散,一个团队所有队员都在做一个队员可以完成的工作,那么效率将指数下降,甚至由于准备不充分而丧失获得优胜名次的机会。

我们对于这次的竞赛,始终怀着友谊第一、比赛第二的竞赛精神,抱着学习各家所长的态度。我们相信,这次的竞赛对于我们是一笔宝贵的财富。

上海交通大学 十月塔(一等奖)

一、队员、指导教师及作品

参赛队员

张宇

何捷

祁至立

指导教师

宋晓冰

陈思佳

领队

宋晓冰

二、设计思想及方案选型

由于顶部水平荷载方向确定,塔身角度的改变将影响顶部水平荷载的传力路径,进而影响整个结构中各构件的参数。模型方案尝试沿四根主柱的对角线方向和轴线方向布置水平荷载,表 1 是水平横杆体系和超杆体系两种体系的优缺点对比。

表 1 两种体系优缺点对比

体系对比	水平横杆体系(最终方案)	超杆体系
优点	受力路径清晰,可以保证大多数工况下的结构稳定性,提高成功率;制作过程流水线化,节约制作时间	模型整体质量更轻;外观更显轻盈,更具有美感
缺点	模型的整体质量相比于超杆体系有 3~4 g 的增加	软件计算结果显示,只有 50%~60% 的概率通过可能出现的工况;制作工艺复杂,需要较长的制作时间

水平横杆体系如图 1 所示,超杆体系如图 2 所示。

三、受力分析

(一)强度分析

根据包络设计我们可以得出构件的拉力大小为 5~70 N。在材料测试中我们发现由于竹材本身的性质,不能将其变得过薄,否则其力学性能会急剧下降。因此我们将其最薄厚度定为 0.3 mm,最

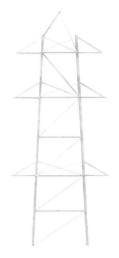

图 1　水平横杆体系

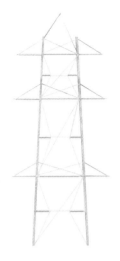

图 2　超杆体系

大应力定为 80 MPa,并基于制作工艺将拉杆按照力的大小分为三类,如表 2 所示。模型内力图见图 3。

表 2　竹材拉杆受力与尺寸关系

受力大小	5～30 N	30～50 N	50～70 N
拉杆尺寸	2 mm×0.3 mm	2 mm×0.4 mm	2 mm×0.5 mm

图 3　模型内力图

(二)稳定性分析

在进行压杆稳定性分析时,我们需要同时满足欧拉公式以及材料强度的要求。在进行分析时,我们首先以包络设计中每根压杆可能存在的力的最大值为应当满足的要求,其中每根构件抗压力的最大值范围为 44～277 N,由于每段压杆的长度是固定不变的,所以我们需要考虑的是压杆的截面尺寸。因此我们构建了受压杆柱的截面尺寸数据库,将截面尺寸、每段抗压构件长度及根据包络设计算出的可能存在的力的最大值相结合进行欧拉公式的计算,从中选出能够满足稳定性要求的截面尺寸形式。受压杆柱截面尺寸与数量如表 3 所示。

表3　受压杆柱截面尺寸与数量

截面形状	尺寸/mm	数量
空心矩形	7.0×7.0×1.0	1
空心矩形	6.8×6.8×0.8	1
空心矩形	6.7×6.7×0.7	2
空心矩形	6.6×6.6×0.6	10
空心矩形	6.5×6.5×0.5	2
空心矩形	6.2×6.2×0.7	4
空心矩形	6.1×6.1×0.6	4
空心矩形	6.0×6.0×0.5	9
空心矩形	5.9×5.9×0.4	2
空心矩形	5.5×5.5×0.5	22
空心矩形	5.4×5.4×0.4	18

图4　结构变形图

（三）刚度分析

在确定了满足包络设计的所有杆件的尺寸后,我们将其输入RFEM模型进行计算,使其在各种工况的计算下的端部形变位移小于20 mm,满足赛题的要求。结构变形图如图4所示。

（四）小结

综合结构在三种荷载工况下的内力组合、变形分析与失稳模态分析,可以得出此结构选型及其相应的构件尺寸与节点处理相对合理。从受力来看,基本保证各杆件均受轴力作用而尽可能减小弯矩;从变形来看,各个工况下的最大位移满足要求,不会产生过大变形以致结构破坏。

四、心得体会

我们根据竞赛规则,充分考虑模型材料特殊的物理力学特性、作用加载形式和静力加载大小要求等,基于节省材料、经济美观、承载力强等设计思路,采用比赛指定竹质材料、502胶水黏结剂等,精心设计,认真计算,制作了以四根柱子为主柱的梁柱体系塔式结构。

在模型制作的过程中,关键环节的把握和细节的处理起着至关重要的作用,并贯穿设计和制作全过程。在柱子做成变截面形式的情况下如何提高柱的刚度,各个节点的连接可靠度如何保证,顶层的连接处理方式对整个模型的影响如何,荷载的布置方式对模型受力性能的影响如何,在满足设计要求的前提下如何进一步使模型质量小、承载能力高、性能好,等等。这些问题是我们在设计模型的过程中必须要考虑的。在整个设计过程中我们运用动态设计模式的理念,结合试验结果修正,做到理论与设计相结合,设计与试验互为补充。

经过近十个月的准备,从构思到设计再到动手制作模型,我们在思考中收获成长,在实践中体会快乐。虽历经重重考验,但计算的烦琐和制作的难度并没有动摇我们参赛的决心。一次次试验、一次次完善激发着我们的热情。每当模型质量减轻、承载和抗震能力提高时,我们欣慰不已,信心满满。进步和提高永无止境。

湖北工业大学　广胜飞虹塔(一等奖)

一、队员、指导教师及作品

参赛队员

夏睿琪
邓梓楠
李志宇

指导教师

余佳力
苏骏

领队

余佳力

二、设计思想及方案选型

根据赛题,我们设计了满足要求的模型结构体系,如图1所示。

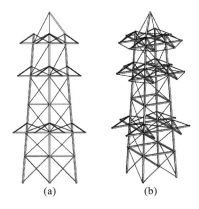

图1　模型结构体系
(a)立面图;(b)轴侧图

三、计算分析

(一)刚度分析

经分析,各级荷载工况下的结构变形如图2~图4所示。结构整体变形未达到发生倾覆的水平,符合刚度要求。

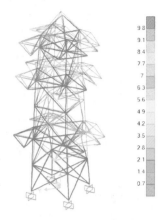 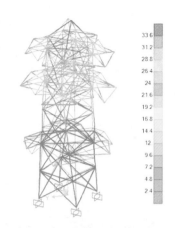 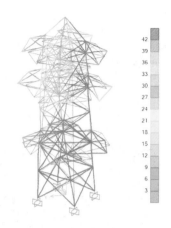

图 2　第一级荷载结构变形图　　　图 3　第二级荷载结构变形图　　　图 4　第三级荷载结构变形图

（二）强度分析

经分析，各级荷载工况下的结构应力如图 5～图 7 所示。

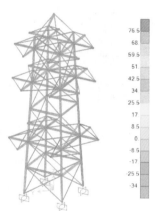 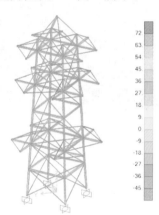 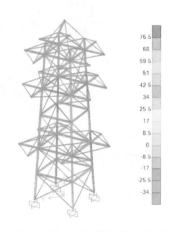

图 5　第一级荷载结构应力图　　　图 6　第二级荷载结构应力图　　　图 7　第三级荷载结构应力图

（三）稳定性分析

三级荷载对应的 4 阶代表性模态结果如图 8 所示。

计算结果对施工指导意义：结合上述稳定性分析结果可知，整体来看结构在三级荷载作用下均未出现失稳情况。对柱构件采用加厚的方式，从而进一步增加其稳定性。

四、心得体会

经过这次竞赛，我们三个人学到了许多，拓宽了对结构的认识，锻炼了自己的思维。心得体会主要有以下几点。

（一）理论联系实际

以前，书本上的知识一直停留在理论的基础上，特别是力学知识。我们只是沉迷于解题所带来的乐趣，很少把书本上的知识与实际联系起来，参加了结构设计竞赛培训的整个过程后，才真正理解了结构设计的奥妙。

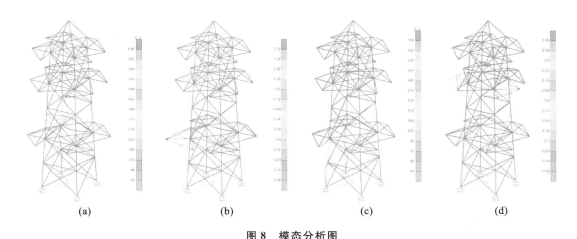

图8 模态分析图

(a)模态1(1.854);(b)模态2(2.169);(c)模态3(2.817);(d)模态4(3.044)

注:括号内表示结构稳定安全系数。

结构设计竞赛的题目往往是从一些经典的建筑结构中提炼出来的,尽管题目已经得到了相当程度的简化,但对于我们这些仍在学校里求学而并未遇到过如此复杂问题的学生来说,并不简单。有时我们需要对模型结构的传力有一定的理解,有时我们面临制作工艺的难点,无论何种情形,问题如何解决都很让人头疼。不过这并不要紧,我们是勇敢者,既然已经选择了挑战,无论多艰难都要坚持下去,绝不退缩,在日复一日的制作中寻找改进的方案,运用合适的力学分析工具加以解决,对问题进行有效的分类,并逐个击破。

(二)团队合作

长达数月的时间面对同一个赛题,不仅是枯燥、机械的模型制作训练,还是日复一日的团队磨合。只有真正参加了比赛的同学,才能体会到一种与集体融为一体,与结构融为一体,与竞赛融为一体的感觉。

这里需要说明一点,我们不建议模型制作的各个环节相互脱离,而应由队伍中的所有同学共同完成,以体现每个人的特点,反映每个人的智慧。分工并不是为了大家各自为政、互不交流,而是为了更好地进行合作。遇到问题时,大家需要共同讨论,发表自己的见解并理解同伴的想法,最后将意见统一起来。有时候即使自己感觉别人的看法不对,如果多数人意见统一了,最好也能同意他人的看法,这需要对队友充分的信任且具备否定自己的魄力。如果分工不当、配合失误,往往会导致竞赛的失败,对此我们一定要小心谨慎。竞赛中的合作是一种艺术,只有大家不断磨合,才能使合作达到默契的程度。

(三)顽强的意志力

通过这次比赛,我们重新认识了自己,数月的连续奋战,不敢相信我们的精力会如此充沛,前前后后制作了许多模型,设计了还算满意的结构,不管得奖与否,这对我们已经是最大的鼓励了。

这次比赛也让我们明白了一个道理:人的潜能是巨大的,关键是自己怎样挖掘。记得训练第一天早上8点,当我们拿到赛题时,对着密密麻麻几千字的题目,只能用四个字来形容我们当时的状态——一头雾水;经过数月的训练,我们已经对赛题有了充分了解并对模型制作得心应手。

总之,这次参赛经历培养了我们的综合素质,比如运用计算机建模软件和力学分析软件的能力、学习新知识的意识与能力、计算书撰写能力等。在和队友一起奋斗的过程中,我们建立了深厚的友谊。在和指导老师的交往中,我们在更深层次上理解了结构设计。团队成员的配合能力也得到提高,领悟和理解别人的意思的能力也得到了很好的锻炼。这次比赛让我们受益匪浅!

太原理工大学　沐衡塔(一等奖)

一、队员、指导教师及作品

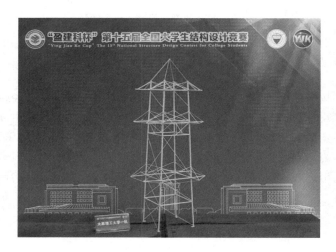

参赛队员
孙海军
贺治森
张恒
指导教师
王永宝
张旭红
领队
都静

二、设计思想及方案选型

塔柱:塔柱为模型结构的主体部分,无论是赛题要求模型所要承受的竖向荷载、扭转荷载还是水平荷载都将直接或间接地传递至塔柱部分,这就要求塔柱自身有一定的承载能力。

挑檐:作为荷载的直接作用部位,其结构的设计将直接影响荷载传导至塔柱的形式。对不同的截面进行尝试是很有必要的。

塔顶:由于塔顶的受力较为明确,所以参赛选手可以通过减少塔顶支柱数量、改变截面形式的方式,在满足赛题要求的前提下,充分提高荷重比。

结合上述分析,我们设计了四种模型结构体系,如图1所示。

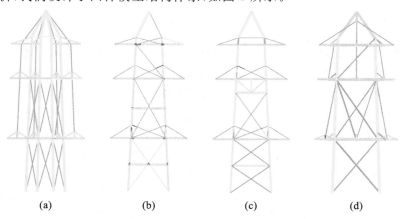

(a)   (b)   (c)   (d)

图1　模型结构体系图

(a)体系1;(b)体系2;(c)体系3;(d)体系4

表1列出了四种模型结构体系的优缺点对比。

表 1 四种模型结构体系的优缺点对比

体系对比	体系 1	体系 2(最终方案)	体系 3	体系 4
优点	八柱抗扭转效果明显;挑檐长度较短,稳定性高	柱子数量减少,模型质量减少较多;挑檐安装方便	考虑到了长细比的问题,柱子的失稳问题得到解决	四柱体系,采用悬挂式挑檐
缺点	自重大,结构在固定时需要的螺钉较多	挑檐安装的角度较难精准确定	节点和拉条较多,柱子强度有富余	自重大(理论质量:302.3 g)

三、计算分析

(一)强度分析

经分析,各级荷载工况下的结构应力如图 2～图 4 所示。

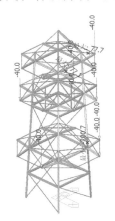

图 2 第一级荷载结构应力图

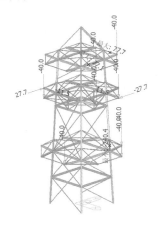

图 3 第二级荷载结构应力图

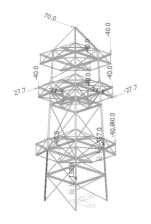

图 4 第三级荷载结构应力图

(二)刚度分析

经分析,各级荷载工况下的结构变形如图 5～图 7 所示。

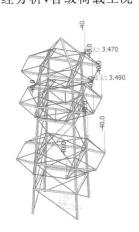

图 5 第一级荷载结构变形图

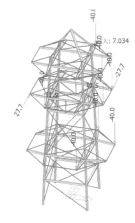

图 6 第二级荷载结构变形图

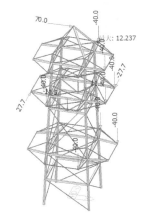

图 7 第三级荷载结构变形图

四、心得体会

参与本次结构设计竞赛使我们小组受益良多,有很多学问是我们在课堂上学不到的。

首先,从团队来说,大学的生活不同于初中、高中,我们虽然属于同一个班级,但若不是主动去结交,并不会有多余的时间与宿舍之外的人有过多的交流,所以这次的竞赛不只是一个单纯的竞赛活动,它更是一个枢纽,使原本关联不多的人能够有更多联系。在训练的过程中,虽然有着不间断的大大小小的困难,但是通过团队中每个成员的奇思妙想,所有的问题都能够顺利解决。而且在解决问题时,大家的相互帮助使得我们团队的凝聚力也大大增强,增进了大家的友谊。

其次,从个人来说,参加结构设计竞赛需要小组分工,而每个小组成员在完成各自任务的同时也提高了自身的一些能力,掌握了相应的技能。例如,身为小组的队长要具备领导能力与组织能力,根据不同的成员所拥有的长处进行相应的工作安排。另外,在竞赛当中我们需要进行理论模型的制作,而理论模型的制作则需要我们熟练应用一些有限元软件,所以在参加竞赛后,负责理论模型制作的成员对于有限元软件的掌握也更加熟练。除此之外,竞赛要求提交计算书,这要求小组成员掌握 Word 排版的技能,而排版技能的掌握也对我们以后书写毕业论文有着极大的好处。参加结构设计竞赛,除了带给我们软件技能提升方面的收获,还带给我们手工以及创意方面的提升。参加结构设计竞赛也能够培养我们的工程师思维,比如如何将脑海中的模型真实地建立出来,如何使模型更加合理。

然后,细节决定成败,每一个不起眼的地方都可能成为成功的垫脚石,当然也可能成为绊脚石。比赛是有时间限制的,为了保证快速,我们团队会保证自己的工作台整洁和有序,东西不乱放,可以迅速找到自己想要的工具;细小的节点,处理不好必然会成为失败的源头,我们团队针对不同的节点采用的不同处理方法;一个模型是由一根根杆拼接而成的,每一根杆是由一根根竹条/竹皮粘接而成的,要想把木塔模型做好,就要具体到把每一个小的构件做好,而构件所用的材料也要准备好。细节的处理是我们团队的一大亮点。

同时,任何一支队伍没有指导老师的认真指导和耐心帮助,是很难取得成就的。指导老师的指导和帮助对我们组而言更是如虎添翼,我们需要做各种实验来支撑自己的模型,需要借鉴老师们的论文来支撑自己的观点,这些材料的背后都离不开指导老师对我们的指导与帮助。

最后,结构设计竞赛让我们学会了坚持与大胆实践,让我们经历了从理论走到实际的全过程。它既要求理论分析与大胆想象,又要求在不断的失败与实践中优化,这是一个长期坚持的过程,并且还要求进行手工操作。把理想中的模型变为现实,把想法变为实际,这就是我们未来工作的缩影。结构设计竞赛包含了整个施工流程(想法—设计—材料准备—施工—测试),让我们的工程素养得到了提高。当看到我们制作的一个比一个轻的模型在加载台上顺利完成加载时,我们内心的喜悦是无法用语言形容的。在竞赛过程中我们收获的不仅是一个个模型,还有坚持不懈的精神、脚踏实地的工作作风、求实创新的思维方式等,这一切都是最宝贵的精神财富!

湖北文理学院　隆中塔(一等奖)

一、队员、指导教师及作品

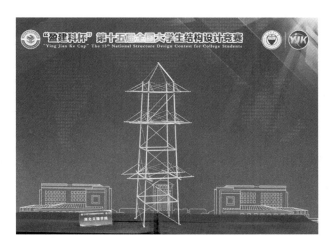

参赛队员
李兵杰
马震
梅博
指导教师
范建辉
王莉
领队
范建辉

二、设计思想及方案选型

为了保证结构的整体稳定性和刚度,我们在不同的框架面内增设了过约束的拉索,框架的细部改进如图1所示。

图1　框架的细部改进

根据用料经济、构造连接简便和具有足够承载力的要求,我们进行了不同构件截面形式的优缺点分析,对比结果如表1所示。

表 1   构件截面形式对比

对比内容	截面形式			
	圆形	T形（角钢）	矩形（正方形）	三角形
受力特点	作为受压杆件没有棱角，本身可以形成环向张力，具有较好的稳定性	可以作为中心受压构件使用，某一方向的抗弯能力较好，但自身刚度和抗扭效果较差	抗弯、抗压和抗扭性能都较好，相对稳定，但在棱角的位置经常会出现应力集中情况	自身截面形状稳定，可以作为中心受压构件，但抗弯能力不好
制作工艺	手工打造圆形构件工艺复杂，操作烦琐	工艺相对简单	相比于圆形构件，制作工艺简单	工艺相对复杂，棱角不好处理
制作用料	竹皮质量要求高，易横向破坏	下料少	用料适中	用料省
简图	○	T	□	△

　　针对本次赛题进行结构分析，由于荷载形式复杂，多种变形共同作用，我们最终主要从手工制作方面考虑，选用矩形箱形截面作为主要杆件截面，受拉位置用竹条代替。

三、计算分析

（一）强度分析

经分析，各级荷载工况下的结构受力情况如图2~图4所示。

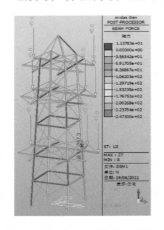
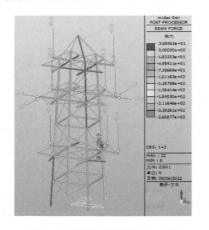
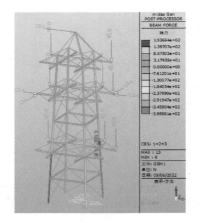

图 2   第一级荷载结构内力图　　　　**图 3   第二级荷载结构内力图**　　　　**图 4   第三级荷载结构内力图**

（二）刚度分析

经分析，各级荷载工况下的结构变形情况如图5~图7所示。

（三）稳定性分析

经分析，5阶结构失稳模态如图8所示。

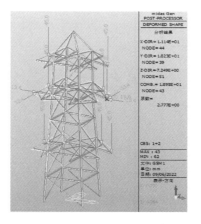
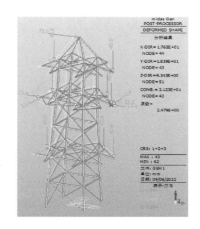

图 5　第一级荷载结构变形图　　图 6　第二级荷载结构变形图　　图 7　第三级荷载结构变形图

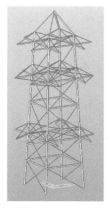
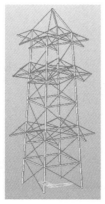
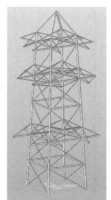

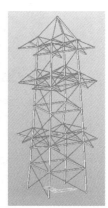

图 8　5 阶结构失稳模态图

（四）小结

综合软件的强度、刚度和稳定性分析，可以看出该结构模型符合结构设计基本要求，可以通过结构有限元计算来指导实际结构截面设计，再通过试验更好地验证。

四、心得体会

我们根据竞赛规则，充分考虑模型材料特殊的物理和力学特性、竖向压力荷载作用、加载形式等，基于节省材料、经济美观、承载力强等设计思路，采用比赛指定竹材、502 胶水黏结剂等，精心设计，认真计算，制作了三层木塔框架结构体系模型。我们给结构模型命名为"隆中塔"。

在模型的制作过程中，关键环节的把握和细节的处理起着至关重要的作用，并贯穿设计和制作全过程。在整个设计过程中我们运用动态设计模式的理念，结合试验结果修正方案，做到理论与设计相结合，设计与试验互为补充。

经过三个多月的准备，从构思到设计再到动手制作模型，我们在思考中收获成长，在实践中收获成就感。历经重重考验，计算的烦琐和制作的难度并没有动摇我们参赛的决心，一次次试验、一次次完善激发着我们的热情。每当看到模型质量减轻、承载能力提高的时候，我们欣慰不已，信心满满。

与此同时，这次的参赛经历也给我们带来了很多收获，会对今后的学习和工作带来很好的铺垫，比如理论结合实践，让我们对结构和力学的知识理解得更加透彻和深入；团队的合作和交流，让每个队员都得到了锻炼和提高，让我们更具有团队合作意识；一次次的失败和成长，让我们认识到结构工程安全的重要性，一次次的磨砺让我们认识到细节的重要性。

总之收获满满，结果很棒！

内蒙古工业大学　凤凰(一等奖)

一、队员、指导教师及作品

参赛队员
包文平
王锁玲
韩旭
指导教师
李荣彪
领队
郭鹏

二、设计思想及方案选型

我们和指导老师多次开会,逐字逐句研读赛题,解读模型制作要求,有针对性地布置合理的结构体系。我们针对主要承重构件——立柱,设计了双柱、四柱、六柱和八柱塔结构;针对四柱塔结构竞赛模型,我们主要设计了体系1和体系2,如图1、图2所示。模型体系对比如表1所示。

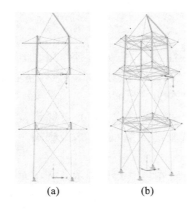

(a)　　　(b)

图1　体系1模型图示
(a)立面图;(b)轴侧图

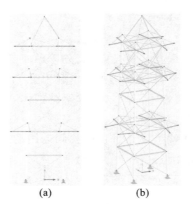

(a)　　　(b)

图2　体系2模型图示
(a)立面图;(b)轴侧图

表 1　模型体系对比

体系	体系 1	体系 2
优点	构件截面形状、模型质量的分布合理； 构件少，制作工艺和拼装工艺简单	结构稳定性较好； 结构位移小，利于其他构件减重； 综合增加载重比效果好
缺点	结构稳定性较差，需通过增加横截面尺寸解决杆件失稳问题； 综合增加载重比效果不明显	构件、节点多，制作工艺和拼装工艺复杂

　　综合比较两种体系，结合考虑赛题要求及模型制作难度，我们决定采用稳定性更好的体系 2 进行进一步细化方案设计。

三、计算分析

（一）强度分析

　　经分析，各级荷载工况下的结构应力如图 3～图 5 所示。

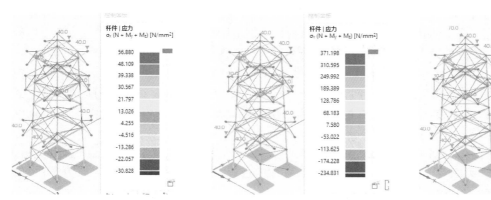
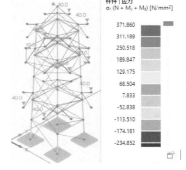

图 3　第一级荷载结构应力图　　　　图 4　第二级荷载结构应力图　　　　图 5　第三级荷载结构应力图

（二）刚度分析

　　各级荷载工况下的结构变形如图 6～图 8 所示。

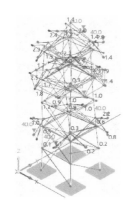
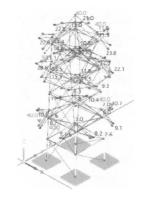
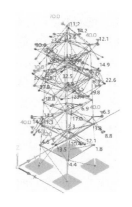

图 6　第一级荷载结构变形图　　　　图 7　第二级荷载结构变形图　　　　图 8　第三级荷载结构变形图

(三)稳定性分析

经分析,模型结构 4 阶振型图如图 9 所示,该工况下,结构在三级荷载作用下,临界荷载系数均大于 1,不会引起整体失稳。

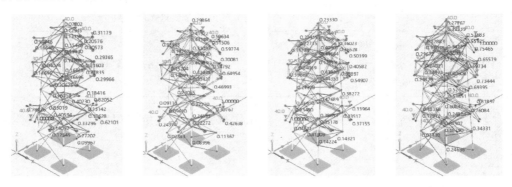

图 9　模型结构 4 阶振型图

四、心得体会

非常荣幸有机会在美丽的太原理工大学参加第十五届全国大学生结构设计竞赛,与全国各高校的大学生们进行公平、公正的比赛,我们感到非常自豪。长达半年时间的刻苦训练给足了我们勇气,这艰苦卓绝的半年,是值得骄傲的半年,是值得回忆的半年,是有意义的半年。训练经历仍历历在目,我们除了在训练中知识面和手工工艺有了很大的提升,对学习和竞赛的态度也有了新的认识。备赛过程中,我们练习各种构件。在初期,我们在模型的各个方面都有所尝试。经过长时间的磨合,我们都找到了各自最擅长的部分,实现了整个团队模型制作的效率最大化。具体来说,心得主要有以下几点。

首先,竞赛使我们体会到了和他人交流、合作的重要性。结构设计竞赛以"创新意识,团队精神,重在参与,公平竞争"为宗旨。结构设计是一个团队协作的过程,因此参赛组成员必须通力合作,发挥所长,愿意接纳队友的观点与意见。

其次,竞赛使我们对结构设计有了新的认识。我们是学土木工程的,平常也了解过很多的竹木结构设计,不过那都是理论性的知识,要么是课本上的,要么是通过周围环境了解到的,有时很难和手工制作联系到一起,也不知道怎么去联系。然而竞赛使我们体会到了那种完成一个自己比较满意的模型的成就感。连续十几小时甚至二十几个小时制作一个模型也是一件刺激的事情,是很少有机会体验的经历!

再次,竞赛提高了我们的思维能力。结构设计竞赛可以锻炼思维,培养语言表达能力。在训练期间,大脑进行了一种不同于以往的思考,一种没有框框架架的思考,一种真正意义上的自由思考。虽然一开始让人摸不着头脑,找不到头绪,但这种思考可以使自己看问题的视野更加开阔,思维更加活跃。同时为了解决问题,我们看书,查找相关的建模知识,在短时间内要理解和运用相关知识,这使大脑能主动地思考问题,提高了我们学习和应用知识的能力。

然后,竞赛可以培养严谨的治学态度。结构设计竞赛充分体现了严谨治学、勇于否定自我和追求真理的精神。竞赛给了我们一次简单的科学研究工作的体验,其中体会最深的莫过于严谨和细心,一次不严谨和粗心可能带来一个完全不可知的后果。

同时,竞赛使我们的知识面不断扩宽。结构设计教会了我们使用模型分析软件,使我们对问题的审视角度多了变化。在备赛的这段时间,我们拓宽了专业知识面,将所学的生活知识和专业理论知识活用于竞赛的工程实践中。失败了从头再来,最终成功的那一刻,我们成就感十足。

最后,结构设计竞赛使我们收获的不仅仅是这些,还培养了我们的综合素质,比如应用有限元软件的能力、检索文献的能力、学习新知识的意识与能力、撰写理论计算书的能力等。在和队友一起奋斗的过程中,我们建立了深厚的友谊;在和指导老师的交往中,我们体验了完全不同于课堂的另一种师生友谊;我们的交际能力也得到提高,领悟和理解别人的意思的能力也得到了很好的锻炼。竞赛还培养了我们吃苦耐劳,在竞争中勇于挑战自我,在拼搏中开拓创新的精神。

这段日子的收获不是简单的几句话就能列举的,感触实在颇多。我们认为结构设计是一项很有意义的活动,已经超越了竞赛本身。这段日子的回忆将会伴随我们一生,这段日子的收获将会对我们今后的生活和学习产生深远的影响!

浙江工业大学 和光同尘(一等奖)

一、队员、指导教师及作品

参赛队员
周浩
姚臻
朱宏青
指导教师
王建东
许四法
领队
曾洪波

二、设计思想及方案选型

经过理论计算、有限元分析和加载测试,各方案结构体系如图1～图5所示,选型对比如表1所示。

图1 体系1

图2 体系2

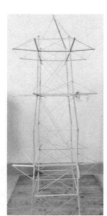

图3 体系3

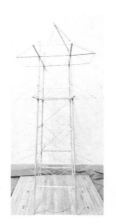

图4 体系4

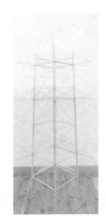

图5 体系5

表 1　选型对比

对比	体系 1	体系 2	体系 3	体系 4(最终方案)	体系 5
优点	结构形式简单,制作方便;对主柱和主梁的偏心受力形式和失稳有直观的感知,便于分析	采用了竹皮横梁,在保证结构抗扭刚度的同时减少了竹条材料用量,避免了用材紧张的问题	主柱设置等间距环箍,使柱正截面处于三向受压应力状态,有效地提高了柱的局部稳定性;主柱之间传递的内力较小	梁铰机制的破坏形式下结构整体性强;提高了结构的抗扭刚度;材料利用更加高效	施加第三级荷载,由体系 4 的两根立柱增加为三根立柱受压;旋转支点在模型水平投影面内部,能有效抵抗水平力
缺点	模型整体富余度大,模型质量较大,大量使用竹条材料,对竹皮利用程度不足	在某几个工况加载时,结构可靠度较差	结构抵抗扭矩更依赖柱网自身刚度;柱铰机制的破坏形式下结构易发生整体性破坏	模型制作的空间精确性要求很高,模型制作烦琐	框架容易变形,横梁不能有效传递水平力,导致四根立柱变形过大,不能充分发挥立柱承载力

三、计算分析

(一)强度分析

经分析,各级荷载工况下的结构应力情况如图 6～图 8 所示。

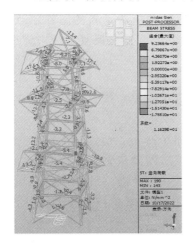 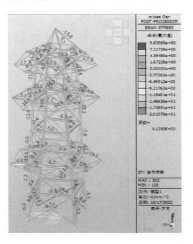 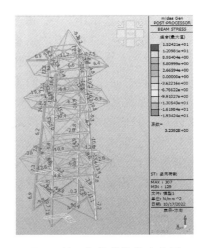

图 6　第一级荷载结构应力图　　图 7　第二级荷载结构应力图　　图 8　第三级荷载结构应力图

(二)刚度分析

经分析,各级荷载工况下的结构变形情况如图 9～图 11 所示。

四、心得体会

通过这几个月对国赛赛题的钻研,我们尝试过很多类型的结构,一直在寻找一个更合理的结构体系。在这个过程之中,我们尝试了等截面、变截面、大框架等一系列结构形式,直到找到模型截面最合理的结构和尺寸。在这个过程中我们磕磕绊绊,有时几周的成果都会被推翻,只能重新选择新的结构体系;有时会因为对模型的看法不同而争论不休,但这也确实促使我们快速成长,而且在这样的尝试

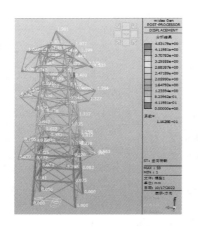
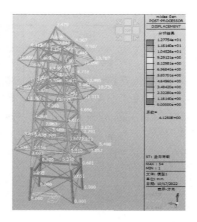
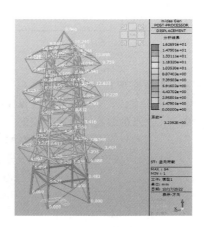

图 9　第一级荷载结构变形图　　　图 10　第二级荷载结构变形图　　　图 11　第三级荷载结构变形图

过程之中,我们深刻地理解了以"应县木塔"为代表的中国古代建筑建造的难点和设计的合理性,并深深为古人的智慧所折服。通过动手,我们发现每种结构体系、节点连接以及各种截面的优点和不足,也逐渐学会了如何改正这些缺点,规避风险。这样的学习和实践过程一度让我们陶醉,我们不但巩固了理论知识,也对结构产生了更大的兴趣。

"闭关锁国,故步自封"肯定不是一个好的方式,只有交流才能相互促进。我们积极向结构专业的学长学姐和往届大赛的参赛选手学习,虚心向指导老师请教,在提升自己的同时学会了很多专业外的知识点,提升了专业实践本领,最重要的是我们对土木工程这个专业愈发着迷,我们为自己是一名土木人而感到深深的自豪!

"挫其锐,解其纷;和其光,同其尘。"我们团队在省赛拿到国赛名额之后,重新进行了校内选拔。在一轮一轮的比试中,我们相互借鉴,相互弥补,最终迎来了一名新的队员并组建了新的国赛团队。不知熬过多少个日夜,也不知夏秋的变换,从理论分析、结构建模到取材搭建,我们在反复尝试中优选方案与工艺。从模型的定型到制作再到推翻改良,我们一步一个脚印地朝着预定的目标如苦行僧般前行,这其中的成就感使我们乐此不疲。

"不为盛名而来,不为低谷而去。"失败时我们吸取教训,积累经验;成功时我们认真总结心得,争取进步。我们的辛酸苦楚,最终收获的是青春的印迹。

"和光同尘,与时舒卷;戢鳞潜翼,思属风云。"与光合二为一,化为俗世的尘土一般,随着时代的变化来施展自己的才能;温和的光芒与尘土一样不张扬,顺应时势,屈伸舒缓,敛鳞藏翼蓄志待时,关注风云变幻。因此,当我们掌握得越多,积累得越多时,我们需要一个契机、一次突破、一把引燃我们心中激情的火焰,让我们对着目标,不再回头!我们用双手搭构所思所想,用心丈量结构竞赛的这片土地,用结构承载来自这个世界的压力。

一个人的成功,是孤独的骄傲;一个团队的成功,才是让大家引以为豪的。我们是首次参赛的新选手,一路走来,优秀学长和前辈们给予的不仅是能力与经验的加持,更是精神与希望的寄托。只要坚信选择的道路就是正确答案!

至此,衷心感谢自始至终给予我们理论指导的老师、提供技术指导的学长学姐们和不离不弃协助我们备赛的学弟学妹们。他们为我们打开了思路,开阔了眼界,也更加坚定了我们的初心。感谢学校和学院为我们提供经费和场地的帮助,我们也对学校和学院鼓励和支持我们积极参加学科竞赛深表感激,我们愿在备赛期间努力提高自己的水平,在全国总决赛中,赛出水平、赛出风采,交出一份满意的答卷,不负学校和学院的栽培,为学院学科荣誉而战,为学校争创一流而战!

最后,诚挚感谢本届大赛组委会、秘书处和承办院校太原理工大学,以及所有出题老师、专家组老师、评委老师和全体工作人员及志愿者同学,为我们提供了一个公平公正、以赛促学、深化交流的竞赛平台。全国大学生结构设计竞赛是高校土木工程专业的盛宴,是"土木皇冠上最璀璨的明珠"!能够借此平台与各高校优秀学子交流学习、取长补短,对此我们深感荣幸!

武汉工程大学 笃行塔(一等奖)

一、队员、指导教师及作品

参赛队员
王佳杰
陆禹羽
肖文轩
指导教师
周小龙
许峙峰
领队
吴巧云

二、设计思想及方案选型

　　根据赛题要求,我们经过三代木塔模型的试验、测试、改进,确定第三代垂直四柱式木塔模型作为参赛方案,三代模型的示意图见图1～图3。

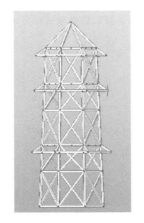

图 1　第一代模型示意图

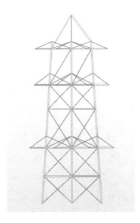

图 2　第二代模型示意图

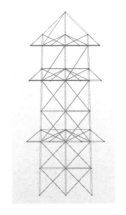

图 3　第三代模型示意图

　　表 1 中列出了三种模型体系的优缺点对比。

表 1　三种模型体系的优缺点对比

体系对比	体系 1(第一代模型)	体系 2(第二代模型)	体系 3(第三代模型)
优点	结构对称、美观,抗弯、抗扭转、抗水平荷载能力强,刚度大,整体稳定性强	外形简洁,传力路径清晰,质量较小,材料利用率高	结构体系简洁,传力路径清晰,质量小,强度高,稳定性有所提升
缺点	质量较大,耗材多,材料利用率不高,同时制作耗时较长	稳定性差,对手工要求较高,加载过程中形变过大,容易发生失稳破坏	制作精度要求高

　　迭代到体系 3,结构体系已经趋于合理。因此我们在体系 3 的基础上进行细部优化,作为最终方案。

三、计算分析

(一)强度分析

　　经分析,各级荷载工况下的结构受力情况如图 4～图 6 所示。

  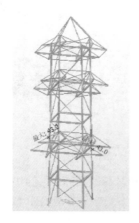

图 4　第一级荷载结构应力图　　图 5　第二级荷载结构应力图　　图 6　第三级荷载结构应力图

(二)刚度分析

　　经分析,各级荷载工况下的结构变形情况如图 7～图 9 所示。

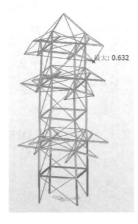 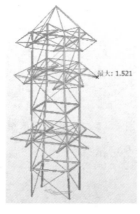 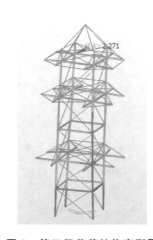

图 7　第一级荷载结构变形图　　图 8　第二级荷载结构变形图　　图 9　第三级荷载结构变形图

(三)稳定性分析

经分析,各级荷载工况下的结构失稳模态如图10～图12所示。

  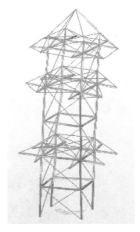

图 10　第一级荷载结构　　　　图 11　第二级荷载结构　　　　图 12　第三级荷载结构
　　　　失稳模态图　　　　　　　　　　失稳模态图　　　　　　　　　　失稳模态图

四、心得体会

本次结构设计大赛让我们小组成员受益良多,在整个模型的设计与制作过程中,我们做出了许多的努力与尝试,尽管从整个过程看来我们遇到了许多挫折和问题,但这次比赛中我们小组的全体成员都全力以赴,为解决结构模型的问题出谋划策,最终完成了模型的制作。我们在完成比赛的同时也收获了许多。

首先,这次比赛让我们对相关专业知识有了进一步的认知与亲身的实践,正所谓"纸上得来终觉浅,绝知此事要躬行",学习任何知识,仅从理论上去求知而不去实践、探索是不够的,这次结构设计大赛是检验我们专业知识水平的好机会,是及时和必要的。在模型的制作过程中我们测试了几种组装构件的力学性质及连接节点的拼装形式。通过对实际情况的具体分析和对制作流程难易程度的把控,我们最终确定了制作模型的具体方案。这次比赛让我们切实感受到对于建筑结构而言强柱弱梁的重要性。相比梁、板这样的水平构件,柱、墙这样的竖向支撑构件有着更高的强度要求和质量要求。只有先保证竖向构件的强度和稳定性,整体结构才能具有良好的承载能力。今后工作中遇到结构设计问题时,也应遵循强柱弱梁的选择原则。

其次,这次的比赛让我们了解了对于建筑结构而言节点连接工艺的重要性。对于竖向结构而言,节点位置的确定和节点连接的固定在整个设计过程中属于最为核心的难题。尤其是对于该结构来说,为了保证整体结构的抗扭性能,在制作过程中要求一根柱子几乎贯通整个结构,而整个结构又并不完全垂直,因此我们需要在保证柱子具有良好强度的前提下保证各部位精准连接。关于这个部分我们可谓思虑良久,最终才勉强解决这个问题。我们日后还需要投入更大的精力用于连接工艺的研究。

最后,对于这次的比赛而言,团队之间的协作和沟通非常重要。由于制作过程中遇到的问题和对结构设计的构思不同,我们小组内部发生了好几次争吵,但我们还是在相互协调之下尽可能听取了每个人的建议,相互之间取长补短,最后在共同努力之下,顺利完成了本次比赛。团队协作不但对这次比赛非常重要,而且对于我们的日常生活和今后从事的工作来说,也是至关重要、不可或缺的。正所谓"人心齐,泰山移",只要我们齐心协力共同面对难题,我们就一定能找到问题的最优解,一起携手共进,取得我们能够取得的最好成绩。

湖州职业技术学院 算力小队（一等奖）

一、队员、指导教师及作品

参赛队员
奚晴
王卓祥
张银果
指导教师
黄昆
魏海
领队
黄昆

二、设计思想及方案选型

在大致确定结构方案以后，仍需要对具体结构体系进行选型对比。每种结构体系都有自己的优点和缺点，我们通过反复试验和多次计算才最终确定结构方案。各方案结构体系对比如表1所示，结构方案立面图如图1所示。

表1 结构体系对比

体系对比	体系1（五层结构）	体系2（四层结构）	体系3（底层稳定索结构）
优点	立柱长细比小，受压承载力高，荷载传递清晰	结构层数少，材料用量少，制作速度快	底层稳定性好，立柱受压承载力高，材料用量省
缺点	材料用量增加，结构自重较大，性价比不高	底层柱长细比大，弯曲受压承载力低	模型制作难度大

根据以上分析和对比，我们最终选用体系3（底层稳定索结构）为本次结构模型的最终方案，并对该模型结构体系进行了再次优化。

三、计算分析

（一）强度分析

经分析，各级荷载工况下的结构受力情况如图2～图4所示。

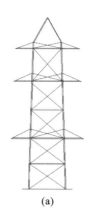 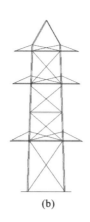 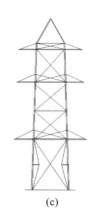

(a)   (b)   (c)

图 1　三种结构方案立面图

(a)五层结构;(b)四层结构;(c)底层稳定索结构

图 2　第一级荷载结构应力图　　**图 3　第二级荷载结构应力图**　　**图 4　第三级荷载结构应力图**

(二)刚度分析

经分析,各级荷载工况下的结构变形情况如图5～图7所示。

图 5　第一级荷载结构变形图　　**图 6　第二级荷载结构变形图**　　**图 7　第三级荷载结构变形图**

(三)稳定性分析

经分析,各级荷载工况下的结构失稳情况如图8～图10所示。

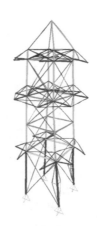

图 8　第一级荷载结构失稳图　　图 9　第二级荷载结构失稳图　　图 10　第三级荷载结构失稳图

四、心得体会

(一)体会一

首先,我要感谢两名学长和指导老师的付出,在这两个月里,学长们放弃了所有社团活动和回家的机会,整天的时间都花在结构方案设计和模型制作上,让我们的作品能有非常好的结构受力和制作工艺。同时,指导老师每天都来指导我们的模型制作,并且为我们的方案提出许多建议,使我们少走了很多弯路。

通过这次比赛训练,我学到了很多力学方面的知识,并且也意识到养成严谨的好习惯对学习的重要性。哪里失败了,就从哪里爬起来。结构模型从刚开始设计到最后成型经历了无数次的修改。因为只有不断补齐模型的短板,才能让它在比赛时屹立不倒。以后无论是对待学习或是其他比赛,我都要克服困难,用心去学去做。细节决定成败,不管做什么事情都不能粗心,应该认真地考虑每一个细节。我通过这次大赛的结构设计和模型制作也体会到了这一点。如果结构中出现一点小问题,哪怕是一根拉线松了,也会使整个模型倾覆。

一次经历,一次成长,我会珍惜这次来之不易的经历。

(二)体会二

回忆当初,我是一个对建筑结构知之甚少的学生,从学校选拔赛到省级竞赛,再到今天的全国竞赛,我结识了自己的队友,我们一起探讨比赛的各种结构方案,确认各自所擅长的技能,确定自己在队里的位置。我和队友们经历了不少曲折,付出了很多汗水,最终确定了现在的结构方案,制作出自重仅 130 g 的结构模型。在这里,我们要感谢老师的指导,他对我们的方案提出很多中肯的建议,并完美地把握着对我们的严厉和亲切程度,陪伴我们走过比赛全程。

通过这次比赛训练,我们学到了很多书本上没有的知识,更重要的是培养了一种钻研专业的精神,培养了我们团结协作的意识。在两个多月的准备中,我们的结构模型从最初的 220 g 优化到现在的 130 g,前后经历了几十次的方案修改和加载试验,能有这样的提高是全体队员一起细心雕琢、不断探索的结果。

参加本次比赛是一段难忘的经历,这段经历必将在我的专业知识、眼光见识、待人处事等方面起到积极的作用。期待在最终的决赛当中我们的作品表现非凡。

(三)体会三

从备战到即将比赛,一路走来,我认识到以下几点。

　　第一,团队精神至关重要。在平时的训练中,大家会遇到不同的问题,此时要一起讨论,相互交流,团结作战,有了这样的团结精神,才能在比赛中"厚积薄发",才能共同成长。第二,要有钻研的精神。钻研精神和自学能力是我们要具备的基本素质,遇到难题和不懂的问题一定要去想办法弄懂,不要因为没有学过而失去信心。每个学生在课堂上学到的东西总是有限的,很多知识要靠自己去钻研学习和积累。这次比赛我最大的收获就是提高了自学能力。第三,做事要有方法和细心。每个参赛选手的技能水平不相上下,方法和细节决定成败。只有在平时训练中不断总结,养成正确的思维方式和细心的习惯,才能避免在竞赛中出现失误。第四,平时的训练要脚踏实地,不能图快,更不能懒散。遇到问题要勤思考、多请教队员和老师,把问题的原因、现象及解决方案用纸笔记录下来,避免以后犯同样的错误。我相信只要这样坚持下去,自己的能力必定会有所提升。

　　即将前往山西太原参加最终决赛,我们真正体会到了什么叫刻苦、什么叫坚持、什么叫努力、什么叫合作! 我想这就是竞赛的意义,即使辛苦,却值得我一生回味。

湖北工业大学工程技术学院 明志塔(一等奖)

一、队员、指导教师及作品

参赛队员
韦靖轩
陈林锋
周泳铨
指导教师
王婷
张茫茫
领队
车琨

二、设计思想及方案选型

根据赛题,我们设计了以下三种结构体系。

体系 1:圆形筒体体系。筒体结构体系在高层结构中应用广泛,一般由一个或多个密柱形筒体构成。

体系 2:正八边形体系。此方案基于筒体结构体系进行优化,并结合赛题截面尺寸要求将塔柱数量减少为 4 根,塔身形成正八边形截面,根据三层挑檐设置三层横梁。

体系 3:方形锥体体系。主体塔身选用 4 根塔柱,减小塔柱的长度系数控制长细比。

模型示意图见图 1,模型体系方案对比见表 1。我们最终选择了方形锥体体系。

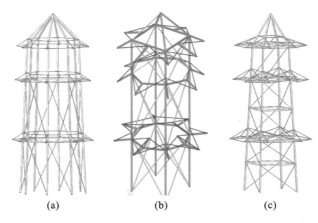

| (a) | (b) | (c) |

图 1 模型示意图

(a)圆形筒体体系;(b)正八边形体系;(c)方形锥体体系

表1 模型体系方案对比

体系对比	圆形筒体体系	正八边形体系	方形锥体体系
优点	结构空间性较好；外形美观，内部空间较大	理论受力性能好；稳定性较好	传力路径明确，制作简单；杆件数量较少；节点处理容易
缺点	曲杆制作难度大；节点脆弱；受荷变形不易控制	杆件和节点数量均较多；受压柱冗余；塔顶8根杆件衔接处的节点处理过于复杂	杆件制作和拼装精度要求高

三、计算分析

（一）强度分析

经分析，各级荷载工况下的结构受力情况如图2～图4所示。

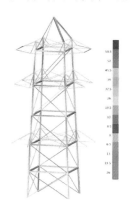 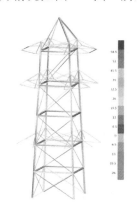 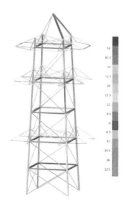

图2 第一级荷载结构应力图　　图3 第二级荷载结构应力图　　图4 第三级荷载结构应力图

（二）刚度分析

经分析，各级荷载工况下的结构变形情况如图5～图7所示。

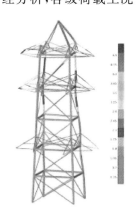 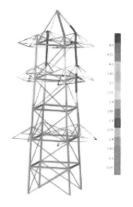 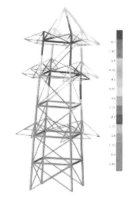

图5 第一级荷载结构变形图　　图6 第二级荷载结构变形图　　图7 第三级荷载结构变形图

（三）稳定性分析

经分析，各级荷载工况下的结构失稳情况如图8～图10所示。

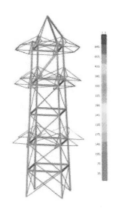 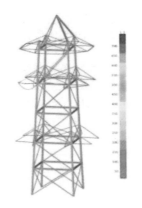 

图 8　第一级荷载屈曲状态下　　　图 9　第二级荷载屈曲状态下　　　图 10　第三级荷载屈曲状态下
　　　的结构位移特征值图　　　　　　　的结构位移特征值图　　　　　　　的结构位移特征值图

四、心得体会

从竞争激烈的校赛选拔、省赛突围、国赛晋级，到现在备战第十五届全国大学生结构设计竞赛，一路走来我们磨炼了不少；从刚开始的一知半解到现在的轻车熟路，一路走来我们经历了不少；从对赛题的懵懂无知到现在的倒背如流，一路走来我们创新了不少；从刚开始的独立思维到现在的共同进退，一路走来我们成长了不少。

(一)思路来源与确定

备赛初期我们的模型制作普遍缺乏理论与技术的支持，进入校内选拔阶段后，模型的制作全凭我们仅有的结构概念和以往的经验，而这些在结构设计方面提供的帮助也很有限。由于不知道一些杆件的特性，所以制作时只能从零做起，一点点摸索。虽然学习过材料力学和结构力学，但备赛初期我们还不能很好地运用理论指导实际模型制作，特别是没有想到扭矩对模型的影响那么大，最初想采用日常生活中最基本的输电塔形式模型的想法被彻底打破。在经过一次又一次模拟加载后我们发现实际加载对模型的抗扭要求不亚于对模型的承载要求。最后综合上述原因，通过多次模型加载，我们决定使用方形锥体结构。

(二)模型杆件优化

在模型制作的过程中，我们发现了一些杆件缺陷，如 0.35 mm 为底的挑檐承受不起 4 kg 砝码的压力，使得挑檐底部开裂，为此我们将挑檐的底换为 0.5 mm。为了加大 0.35 mm 连接杆的承载力，我们在 0.35 mm 连接杆下贴了一层 0.35 mm 的竹皮。对于贴一层的杆件，选材和粘接十分重要，尤其贴缝要粘牢，如果在某处没有粘牢，加载时极易发生破坏。

(三)节点优化

在受拉的情况下，拉条可能会在节点处脱落，为此我们应该增大拉条的受力面积。

(四)模型拼接优化

模型结构可以简化为两榀平面来拼装，这样拼接过程要简单得多。模型拼接的难点主要体现在定位不准确上。比如在安装挑檐时，如果定位不准，就会使挑檐安装不到位。为此我们做了底板，可以磨好角度，然后在底板上进行拼接，这样挑檐就能顺利安装到位了，还能减少模型制作时间。

最后，谢谢指导老师们备赛期间的指导，谢谢队友们一路以来的互相激励与陪伴！

杭州科技职业技术学院 浙里筑梦龙城(一等奖)

一、队员、指导教师及作品

参赛队员
张文辉
孙梓豪
马玲瑶
指导教师
于正义
李中培
领队
金波

二、设计思想及方案选型

根据赛题要求,我们将模型分为框架和悬挑两部分,框架部分由立柱、横梁及拉条组成,悬挑部分的设计则主要考虑其制作难度及稳定性。我们分析了构件间的组合,结构模型初步方案定为以下三种。

体系1:主体框架由八根立柱和三圈横梁组成,一根挑檐对应一根立柱,每个加载点都有相对应的传力路径,结构整体性好,传力简单。

体系2:通过加载和实际模型制作,在体系1的基础上加大立柱的承载力并将其优化为四根立柱,悬挑分配由原先的一柱一挑变成一柱三挑。

体系3:在悬挑方面将一柱三挑的结构形式优化为一柱两挑,明确压杆与拉杆,充分利用杆件性能。

三种结构体系示意图如图1所示。

表1列出了三种结构体系优缺点对比。我们最终选择了体系3。

表1 三种结构体系优缺点对比

体系对比	体系1	体系2	体系3
优点	传力机制简明,每一根挑檐对应一根立柱,所有加载点均为直接传力;整体刚度较大,在第二级扭转荷载及第三级水平荷载的作用下均不会产生大的变形	质量较小;构件数量、节点数量大幅减少;较易确定模型的边界	悬挑传力明确;制作方便;稳定性较高
缺点	构件复杂,制作模型耗时长;难以准确确定八边形边界	整体刚度略有下降;悬挑传力不明确;制作复杂	横梁圈数偏多;主杆数量不足

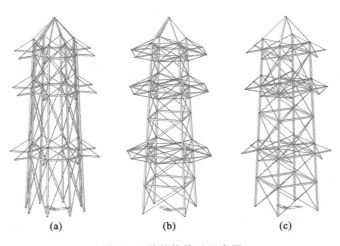

图 1　三种结构体系示意图

(a)体系 1；(b)体系 2；(c)体系 3

三、计算分析

(一)强度分析

经分析，各荷载工况下的结构受力情况如图 2～图 4 所示。

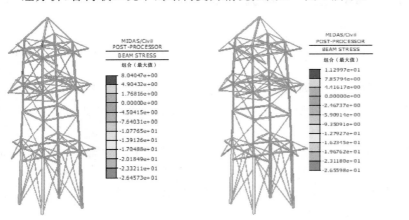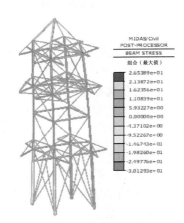

图 2　第一级荷载结构应力图　　**图 3　第二级荷载结构应力图**　　**图 4　第三级荷载结构应力图**

(二)刚度分析

经分析，各级荷载工况下的结构变形情况如图 5～图 7 所示。

(三)稳定性分析

经分析，各级荷载工况下的结构屈曲情况如图 8～图 10 所示。

四、心得体会

　　备赛期间，我们对大量的构件进行了承载力测试，认真地记录了相关数据，并对结果进行了分析。另外，我们通过队内的讨论及加载测试，综合大家提出的优化观点，对模型的结构设计进行了多次调整，不断改进节点处理工艺，并尝试采用不同的杆件类型，从而更好地对结构的不足进行了弥补。

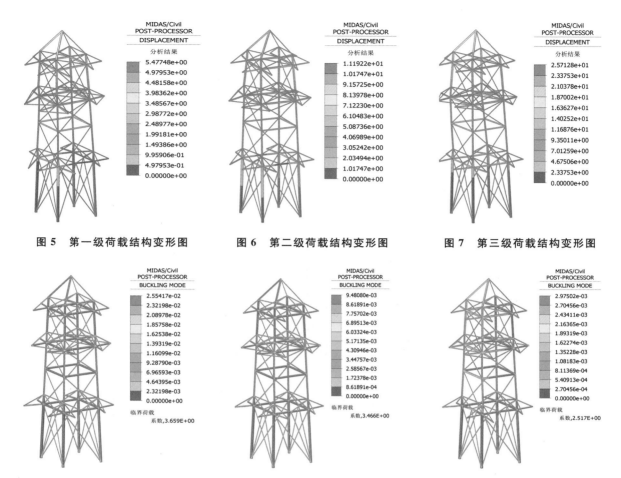

图 5　第一级荷载结构变形图　　　图 6　第二级荷载结构变形图　　　图 7　第三级荷载结构变形图

图 8　第一级荷载结构屈曲模态图　　图 9　第二级荷载结构屈曲模态图　　图 10　第三级荷载结构屈曲模态图

　　为期四个月的备赛使我们受益匪浅。经过对赛题内容反复地研究与学习,不断地创新设计、理论分析,一次又一次模型加载的失败与成功,我们的理论水平和动手能力均得到了显著提高。

　　最后,非常感谢结构大赛给我们提供了宝贵的学习和提升机会,也让我们有了一个可以展现自我的平台。同时,也衷心感谢老师对我们的耐心指导。预祝本次结构设计竞赛取得圆满成功!

浙江农林大学暨阳学院 二三六(一等奖)

一、队员、指导教师及作品

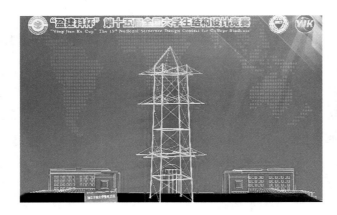

参赛队员

刘可东
金怡婷
杨大嵩

指导教师

吴新燕
舒美英

领队

吴新燕

二、设计思想及方案选型

结构选型方案Ⅰ及方案Ⅱ模型如图1、图2所示,方案对比如表1所示。我们最终选择了方案Ⅱ。

图1 方案Ⅰ模型

图2 方案Ⅱ模型

表1 结构选型方案比较

优缺点	方案Ⅰ	方案Ⅱ
优点	结构形式简单,制作方便	结构形式简单,抗扭刚度大
缺点	结构抗扭刚度较小	传力形式简单,刚度大

三、计算分析

(一)强度分析

经分析,各级荷载工况下的结构受力情况如图3~图5所示。

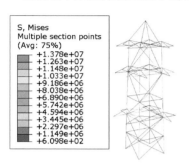 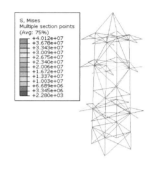

图 3 第一级荷载结构应力图　　图 4 第二级荷载结构应力图　　图 5 第三级荷载结构应力图

(二)刚度分析

经分析,各级荷载工况下的结构最大位移情况如图6~图8所示。

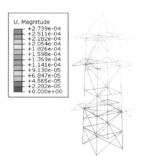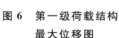 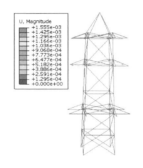 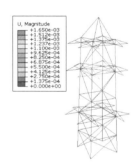

图 6 第一级荷载结构　　　　图 7 第二级荷载结构　　　　图 8 第三级荷载结构
　　　最大位移图　　　　　　　　　最大位移图　　　　　　　　　最大位移图

(三)稳定性分析

经分析,各级荷载工况下的结构变形情况如图9~图11所示。

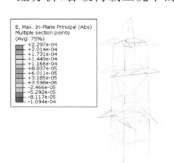 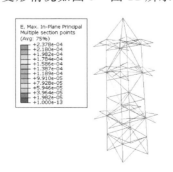 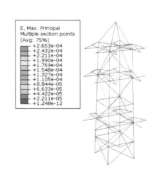

图 9 第一级荷载结构变形图　　图 10 第二级荷载结构变形图　　图 11 第三级荷载结构变形图

（四）小结

本小组选取不同加载点进行计算，综合结构内力与位移分析，得到满足强度、刚度和稳定性要求的结构。其主要优点如下。

从结构的外形上看，模型采用四根箱形截面柱通过支撑连接的格构式框架结构，形式简单，制作方便，传力明确，满足竞赛对结构的要求。为防止结构发生整体失稳，每墩支座柱和主梁结构由箱形薄壁实腹形式构件组成，用以增加主柱结构整体稳定性和承载能力。通过加强各杆件和节点的强度等细节制作，保证结构在较小质量下具备较大承载力。结构整体受力均匀，刚度大，质量小。

根据结构设计软件 ABAQUS 中建立的模型进行分析和加载试验，可得出结构内力最大点。针对受力较大的杆件，在结构的不同位置加固杆件和节点，从而保证单根杆件的强度和刚度。

两根主柱和梁结构均由 6 mm×6 mm×1 mm 的箱形截面梁组成，支撑腹杆主要采用 3 mm×3 mm×1 mm 的 T 形杆，有效节约了材料，既减轻了自重，又保证了模型的强度和刚度，使整体结构布置简洁，受力合理。

在满足三级荷载要求的基础上，我们提高结构刚度，加大主梁截面高度，提高主梁抗弯承载力，从而提高结构整体截面的抗弯刚度和抗扭承载力，使之满足三重木塔结构的强度、刚度和稳定性的要求。

最终，我们设计和制作的三重木塔结构满足赛题和复杂工况加载要求。

石家庄铁道大学 天佑塔(一等奖)

一、队员、指导教师及作品

参赛队员
高阔
苏思远
周建诚

指导教师
许宏伟
李勇

领队
温潇华

二、设计思想及方案选型

(一)八杆模型

我们团队设计的首个模型采用的是八根主杆结构,通过 midas Civil 建模施加荷载。在此理论基础上我们成功制作了首个模型,质量为 252.6 g。我们以此模型获得校内一等奖。

(二)四杆模型

平行杆件间受力形式相似,因此可以通过减少平行杆件的形式进行结构优化。基于上述理论我们开始进行四杆模型的设计,即每根主杆设置两个挑檐,这种方法通过减少主杆数量达到减轻质量的目的,但是由于主杆减少,每根主杆的受力增大,且具有较大的长细比,稳定性相对较差。

两种模型体系优缺点对比如表 1 所示,两种模型示意图见图 1 和图 2。我们最终选择了四杆模型。

表 1 两种模型体系优缺点对比

模型对比	八杆模型	四杆模型
优点	三级加载下结构较稳定	质量较小,制作快捷
缺点	质量较大,制作费时	极限情况下可能会有较大变形

图 1　八杆模型结构示意图

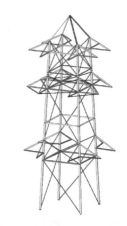

图 2　四杆模型结构示意图

三、计算分析

(一)强度分析

经分析,各级荷载工况下的结构受力情况如图3～图5所示。

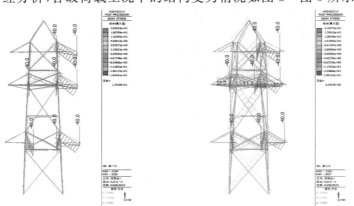

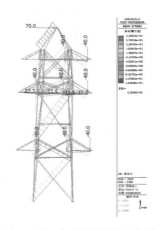

图 3　第一级荷载结构应力图　　　图 4　第二级荷载结构应力图　　　图 5　第三级荷载结构应力图

(二)刚度分析

经分析,各级荷载工况下的结构变形情况如图6～图8所示。

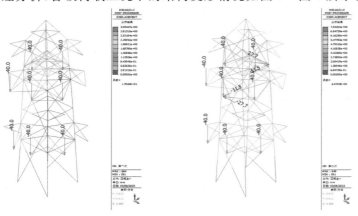

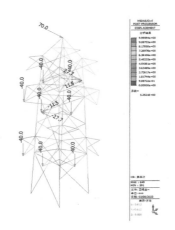

图 6　第一级荷载结构变形图　　　图 7　第二级荷载结构变形图　　　图 8　第三级荷载结构变形图

（三）稳定性分析

经分析，各级荷载工况下的结构失稳模态如图 9～图 11 所示。

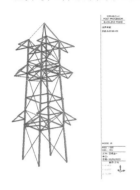
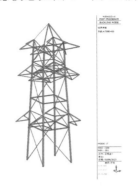
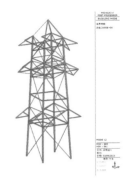

图 9　第一级荷载结构　　　　图 10　第二级荷载结构　　　　图 11　第三级荷载结构
　　　失稳模态图　　　　　　　　　　失稳模态图　　　　　　　　　　失稳模态图

四、心得体会

本次结构设计大赛的赛题设计是基于我国现存唯一的纯木构楼阁式古塔——应县木塔，通过探究应县木塔在组合荷载下的变形特征，引出本次模型设计的主题——三重木塔结构模型设计与制作。在参赛过程中，我们不仅体会到中国古建筑的魅力，而且惊叹于古人的智慧，榫接和铆接的工艺竟然能够使结构构件之间获得如此强大的连接强度，同时古代工程师对结构设计的奇思妙想、传承的建筑建造工艺、丰富的工程经验，以及建造出的一座座宏伟建筑，让身为后辈的我们感到由衷的敬佩。

这次结构设计大赛，我们在不知不觉中将大学里学到的力学知识融入结构设计的实践中。在研究模型构造时，我们将理论力学、材料力学、结构力学、弹性力学和结构设计原理等知识充分运用，真正做到学以致用。同时，我们还在一次次的模型设计和讨论过程中，锻炼了自己独立思考和团队合作的能力。对于模型设计，小组成员发表各自不同的意见和看法，在科学理论知识的支撑下，获得队友的认可和赞赏，既锻炼了自己的沟通表达能力，又增强了自信心。我们深刻理解了结构设计大赛的精神内涵——对文化的继承与创新、对知识的理解和应用、对结构的设计与制作等。这些精神贯穿比赛的全过程，对参赛学生的能力培养卓有成效。此外，由于模型设计需要应用计算机软件进行结构设计和分析，团队成员还自学了相关软件的操作，初步掌握相关软件的操作技能，无论是对以后的学习还是工作都有一定的帮助。

在竞赛过程中我们总结出以下心得体会。第一是团队精神至关重要。在一场重要的比赛中，个人能力终究是有限的，既然是团队竞赛，我们就应该分工合作。每个队员都应该有自己的任务和明确的分工，这样才能在竞赛中提高效率。第二是要细心和有耐心。一场比赛考验的不仅是能力，细节和耐心也很重要。抓住细节才能筑牢基础，如果丢三落四，最后的作品也会"不堪一击"，只有注重细节、保持耐心才能取得成功。第三是要有自学能力。在比赛中难免会遇到难以解决的问题及以前没有涉及的知识，只有学会自学，从广泛的知识海洋中汲取自己所需要的部分，才能在比赛中游刃有余，充分展示自己的才能。

上海工程技术大学 龙城塔(一等奖)

一、队员、指导教师及作品

参赛队员
孙迪
罗文煊
龚文龙
指导教师
颜喜林
领队
户国

二、设计思想及方案选型

(一)方案一 双压塔

双压塔的优点是由两根柱子同时承担三级荷载,能够均匀地将力分布在两根柱子上,同时塔的顶部也有两根压杆使力均匀分布;缺点是相比法向塔多一根压杆,在主柱的处理上也需要多设置一根主柱,不仅增加了手工难度,质量相对来说也会重一些,但同时也更安全一些。比赛成功的方案中,双压塔占大多数。

(二)方案二 单压塔

将双压塔顺时针旋转45°即可得到单压塔。单压塔的优点是只需要设置一根主柱,且顶部仅需一根压杆即可,质量也会相对较轻;缺点也相对明显,只有一根主要承压柱,在三级加载中很容易失稳破坏,且根据经验判断,比赛中此方案还未有成功案例。表1列出了两种方案塔的优缺点比较。塔形比较如图1所示。我们最终选择双压塔方案。

表1 两个方案塔的优缺点比较

方案对比	双压塔	单压塔
优点	安全稳定	质量较小,制作简单
缺点	质量较大,制作较难	易失稳破坏

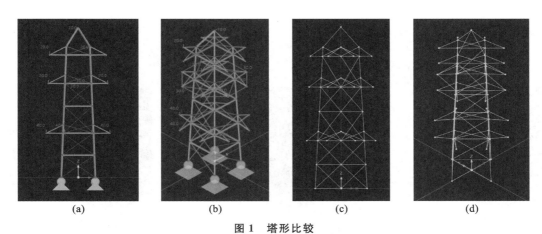

图 1 塔形比较

(a)双压塔立面图;(b)双压塔轴侧图;(c)单压塔立面图;(d)单压塔轴侧图

三、计算分析

(一)强度分析

经分析,各级荷载工况下的结构受力情况如图 2~图 4 所示。

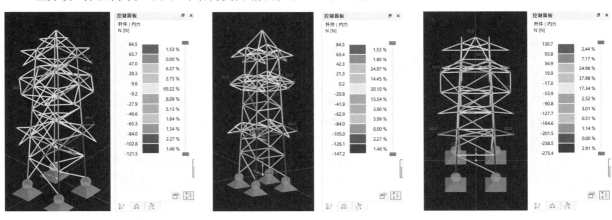

图 2 第一级荷载结构内力图   图 3 第二级荷载结构内力图   图 4 第三级荷载结构内力图

(二)刚度分析

经分析,各级荷载工况下的结构变形情况如图 5~图 7 所示。

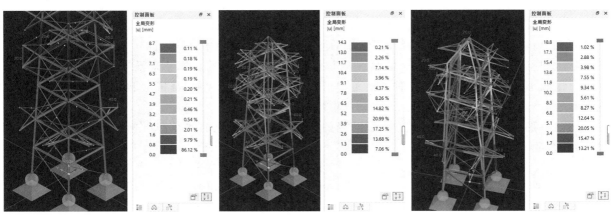

图 5 第一级荷载结构变形图   图 6 第二级荷载结构变形图   图 7 第三级荷载结构变形图

（三）稳定性分析

经分析，各级荷载工况下的结构失稳情况如图8~图10所示。

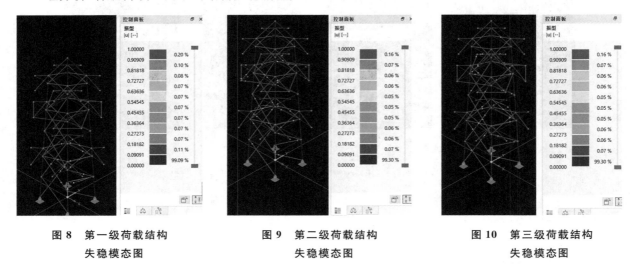

图 8　第一级荷载结构	图 9　第二级荷载结构	图 10　第三级荷载结构
失稳模态图	失稳模态图	失稳模态图

软件的稳定性分析必须经过信息处理之后才能得到可靠数值，同时有些时候需要靠经验来判断稳定性问题，多做实验和模型也有助于稳定性判断。

四、心得体会

根据竞赛规则，我们先根据力学知识设计出合理的结构体系，充分考虑竹材特殊的力学特性，并思考加载形式和静力荷载要求等；在保证结构安全稳定的基础之上，再进行节省材料、外形美化、承载力增大但质量不增加等结构优化。经过精心设计，依托有限元软件分析计算，我们制作出以四根柱子为主柱的梁柱体系桁架结构模型。

因为本次大赛在太原举办，太原的别名是龙城，因此我们将此模型命名为"龙城塔"，希望能够让这个塔模型顺利完成加载。

在准备比赛的过程中，我们弄懂了许许多多的问题，同时也有许许多多的问题不时出现在我们的脑海中：主杆的质量是否还能减少、横杆的直径是否还能减少、怎么保证挑檐拉条根部的稳固、顶部质量是否能再次减小、荷载的布置方式对模型受力性能的影响如何，以及怎样才能设计出又好制作、承载能力又高、质量又轻的模型……这些问题是我们在设计模型的过程中要考虑的，也是模型突破的关键点。在整个设计和实验过程中，我们采用以实验结果为主、理论结果为辅的设计和实验理念，做到理论和实验辩证统一、相互补充，形成一个完美的整体。

经过半年多的努力，我们的模型由最开始的300 g逐渐减轻到140 g左右，每一步的优化都是我们共同努力和奋斗的结果。一次次在黑夜中的坚守，一次次模型加载完毕后的总结，一次次为了减重的争吵，这些让我们在比赛中成长，虽然历经千辛万苦，可是追求的目标从来没有改变。每一次看到模型质量减小且加载成功，总有一种欣慰涌上心头。路漫漫其修远兮，吾将上下而求索，愿为中华大地奉献最后一滴热血！愿为共产主义事业奋斗终生！

感谢陪我们走过一路的指导老师、领队老师，还有帮助过我们的同学们，你们的支持是对我们最大的鼓励，定不负君！

兰州交通大学　三角之巅（一等奖）

一、队员、指导教师及作品

参赛队员
余阳
党泽昊
孙鹏程
指导教师
刘廷滨
张家玮
领队
蒋代军

二、设计思想及方案选型

　　方案1中,结构模型由四根柱、三层梁作为塔身框架主体,各柱伸出3个挑檐承受檐端荷载。方案2中,结构框架采用四柱三层塔体结构。方案3增加两层次梁,挑檐上索粘接点采用浮空节点设计,并再一次旋转框架,改变模型受力体系。三种方案的结构三维图如图1～图3所示,结构对比如表1所示。我们最终选择了方案3。

图1　方案1模型结构三维图　　　图2　方案2模型结构三维图　　　图3　方案3模型结构三维图

表 1　三种方案结构对比

方案对比	方案 1	方案 2	方案 3
优点	结构截面积大,具备良好的整体稳定性与抗剪、抗弯刚度	结构采用三层格构梁,结构美观且轻盈,抗扭索传力路径明确;利用二级荷载,约束结构体系失稳趋势,减少失稳情况发生;结构整体传力效率高	采用五层格构梁的形式,模型框架稳定;檐端浮空节点设计减轻柱的水平向荷载分力负担,降低柱的失稳概率,增强挑檐刚度
缺点	构件过多,制作烦琐;部分挑檐过长,失稳概率大	第三级荷载方向侧横向支撑负担较大,结构抗三级荷载截面积小	檐端浮空节点设计使模型建模过程复杂;节点制作难度高,粘接强度要求高

三、计算分析

(一)强度分析

经分析,各级荷载工况下的结构受力情况如图 4～图 6 所示。

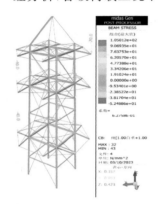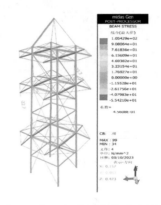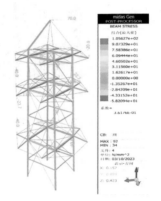

图 4　第一级荷载结构应力图　　图 5　第二级荷载结构应力图　　图 6　第三级荷载结构应力图

(二)刚度分析

经分析,各级荷载工况下的结构变形情况如图 7～图 9 所示。

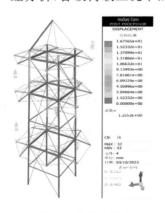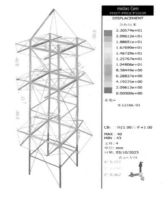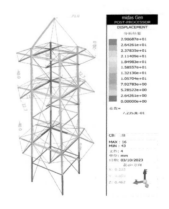

图 7　第一级荷载结构变形图　　图 8　第二级荷载结构变形图　　图 9　第三级荷载结构变形图

(三)稳定性分析

经分析,各级荷载工况下的结构失稳情况如图10~图12所示。

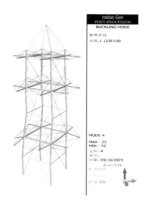

图 10　第一级荷载结构
　　　　失稳模态图

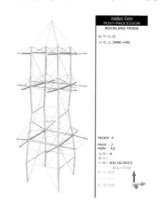

图 11　第二级荷载结构
　　　　失稳模态图

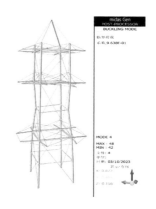

图 12　第三级荷载结构
　　　　失稳模态图

四、心得体会

　　大一接触这项竞赛时,我们就预感这将是大学生活中的重要经历。从参加校级结构设计竞赛,到省级大学生结构设计竞赛获第一名推送国赛,再到今年参加第十五届全国大学生结构设计竞赛,长达三年多的结构设计之路,取得的成绩比起收获与成长反倒是次要的。感谢学校提供资金和场地支持,让我们实现自己的心愿,可以同全国各高校的同学同台竞技。特别感谢指导老师们,不仅悉心指导我们准备比赛,还教会我们很多专业知识和科学思维。感谢队友们,不仅在备赛过程中互相包容和理解,他们出色的手工技巧也让我们的设计在现实中得以完美实现,让我们可以心无旁骛实现各种新设计与新想法。为此我们觉得非常幸运,幸运地遇到很棒的队友和负责认真的指导老师。

　　这项赛事对于我们个人思维方式的改变是潜移默化的,这些改变在一两次加载实验中是不可能发现和感受到的。当我们在处理一些竞赛之外的事情时,比如科研中遇到实验出错,会发现自己竟出乎意料的冷静,对待困难和挫折不气馁,勇于面对并寻求突破方法。这时,我们才发现这项竞赛带给我们的远不是一块奖牌、一份证书和荣誉那么简单。在每一次模型建立和垮塌之间前进,我们不断改正错误思路并寻求最优方案,在一次次模型加载和方案分析中,对待问题的态度和分析问题的方式不停进化。与其说是在优化模型方案,不如说是在优化自己的思考方式。同时,我们也意识到学习专业知识不可闭门造车,要学会探索新知识、新领域来拓展自己的边界,要跳出惯性思维,敢创、敢想、敢做,勇于创新,突破知识局限,发掘非常理所能考虑到的方向。

　　参加本次比赛,受益匪浅。走过的每一步,都是我们追求卓越的基础。

宜春学院 红星(一等奖)

一、队员、指导教师及作品

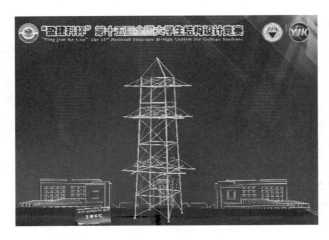

参赛队员

黄和州
谢杭洲
李程

指导教师

饶力
柳玉良

领队

杨志文

二、设计思想及方案选型

在仔细研究赛题之后,我们共设计了四种结构体系,对其进行了有限元软件计算分析、实物模型加载及分析。

体系1模型各柱腿外边界紧贴模型外部正八边形规避区,塔顶沿第三级荷载受力方向设置构件;模型构件受力明确,传力简单,结构体系如图1所示。该模型质量为210.1 g。

体系2在体系1的基础上在八边形上每隔一点取点作为柱腿位置,可同时满足空间规避要求与加载要求;为减少柱腿的变形,未在柱腿位置的挑檐直接与柱腿之间的梁相连接,模型整体所需的抗扭转强度小,结构体系如图2所示。该模型质量为180.4 g。

体系3在体系2的基础上将未在柱腿位置的挑檐由直接与梁连接改为分别与两侧的柱腿连接,模型受压构件数量减少;较好地利用了竹材受拉性能强的特点,结构体系如图3所示。该模型质量为163.8 g。

体系4在体系3的基础上将塔身截面尺寸减小,尽可能使挑檐能垂直作用于柱腿,减少柱腿的弯曲变形,结构体系如图4所示。该模型质量为139.4 g。

四种体系对比分析如表1所示。

表1 体系对比分析

体系对比	体系1	体系2	体系3	体系4(最终方案)
优点	挑檐轻巧; 柱腿受力均匀,承载能力较好	杆件数量少; 制作与拼装简单; 各构件受力单一	梁的强度低; 制作耗时低	结构简单; 传力明确; 模型质量小

续表

体系对比	体系1	体系2	体系3	体系4(最终方案)
缺点	杆件数量较多； 制作耗时长； 模型质量大	模型强度有较多富余； 节点保护要求高	柱腿棱角开裂可能性较大	手工要求高

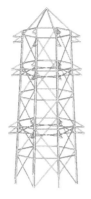

图1 体系1效果图

图2 体系2效果图

图3 体系3效果图

图4 体系4效果图

三、计算分析

(一)强度分析

经分析,各级荷载工况下的结构受力情况如图5~图7所示。

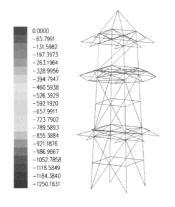

图5 第一级荷载压应力云图

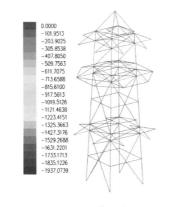

图6 第二级荷载压应力云图

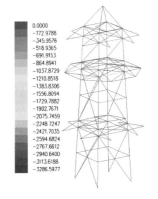

图7 第三级荷载压应力云图

(二)刚度分析

经分析,各级荷载工况下的结构变形情况如图8~图10所示。

(三)稳定性分析

经分析,各级荷载工况下的结构失稳情况如图11~图13所示。

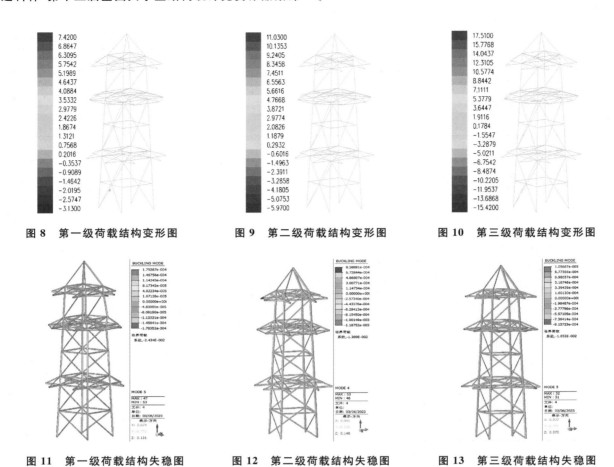

图 8　第一级荷载结构变形图　　图 9　第二级荷载结构变形图　　图 10　第三级荷载结构变形图

图 11　第一级荷载结构失稳图　　图 12　第二级荷载结构失稳图　　图 13　第三级荷载结构失稳图

四、心得体会

　　大学生结构设计竞赛是培养当代大学生创新精神、团队能力和实践能力的最高水平的学科竞赛。经过校赛的层层选拔,我们队非常荣幸参加本届全国大学生结构设计竞赛,与全国高水平队伍同台竞技,获得与各位老师、同学交流学习的珍贵机会。数月的准备工作也使我们收获良多,受益匪浅,其中有辛勤的努力、加载失败后的反思和成功后的喜悦。

　　既然选择了参加比赛,就要好好准备,珍惜这次同台竞技的机会。要想取得好成绩,需要锻炼能力与提升素养,首先便是团队合作能力。三个队员和指导老师相互沟通交流,每个人都彻底融入比赛的过程中,只有如此,才具备成为一个强大团队的基础。其次便是需要不断提高团队成员的动手实践能力,通过不断计算分析与制作实践,得到一个合理的结构体系并将其优化,使每个构件都发挥出它最大的作用。备赛过程中,我们经历了许多实际加载与理论计算不符的情况,明白了理论能够指导实践,但是与实际仍有一定的差距,只有理论与实际相结合,不断通过实际结果反思和修正理论模型再应用到实践中去,才能获得理想的结构方案。再次,竞赛结果不是最重要的,重要的是准备的过程中能够开发自己的创新思维,展开大胆的设想与实践,并通过模型加载进行验证。团队成员需要有创新精神,不断发现问题和解决问题;结构体系需要不断创新优化,结构设计方案只有更好,没有最好。最后,在准备比赛的过程中,我们还熟练掌握了相关软件的使用。总之,这次比赛实践对我们来说,意义非凡,收获颇丰。

　　感谢学校提供的创新训练平台,让我们的大学生活更为丰富多彩。感谢指导老师长期认真细致的启发式指导,让我们真正体验到理论联系实际的重要性。感谢学长学姐在空闲时间对我们的关心与帮助,让我们不断改进与完善自己。感谢主办方和组委会能够给我们提供一个与其他高校学子进行学习交流的平台,让我们体会到自己的不足。同时祝主办方和全国大学生结构设计竞赛越来越精彩!

南京航空航天大学　一不小心爱上塔(一等奖)

一、队员、指导教师及作品

参赛队员
毛嘉辉
邱梓杰
陈康泽
指导教师
唐敢
王法武
领队
程晔

二、设计思想及方案选型

我们广泛阅读有关"山西应县木塔"及"结构竞赛"的文献,对传统木塔的结构形式、受力特点,以及结构竞赛中常用的杆件截面形式、制作方法及关键节点的制作等方面都有了一定的理论积累;在此基础上,经过一段时间的探索,根据有限元软件模拟得到确定的实验结果。在满足承载能力的情况下,结构中柱子的数量应尽量减少。因此在方案1、方案2中均采用四塔柱单斜杆中心支撑框架结构,方案3采用四塔柱双斜杆中心支撑框架结构,均能够满足各级荷载要求。三种方案的对比如表1所示,模型效果图如图1～图3所示。

表1　三种方案的对比

方案对比	方案1(最终方案)	方案2	方案3
优点	结构体系合理,方形截面立柱制作容易	结构体系合理,制作较快	空间利用率高,整体刚度大
缺点	拼装时间较长	竹皮、竹条、复合柱缺陷大	质量较大,挑檐过长

三、计算分析

(一)强度分析

经分析,各级荷载工况下的结构受力情况如图4～图6所示。

(二)刚度分析

经分析,各级荷载工况下的结构变形情况如图7～图9所示。

图 1　方案 1 模型效果图

图 2　方案 2 模型效果图

图 3　方案 3 模型效果图

图 4　第一级荷载结构应力图

图 5　第二级荷载结构应力图

图 6　第三级荷载结构应力图

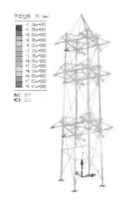

图 7　第一级荷载结构变形图

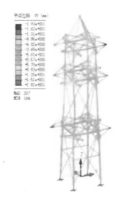

图 8　第二级荷载结构变形图

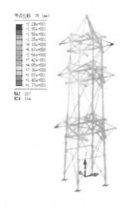

图 9　第三级荷载结构变形图

(三)稳定性分析

由于在 NIDA 建模中已考虑失稳因素,根据应力比是否大于 1.0 即可判断其稳定性,经分析,各级荷载工况下的结构应力情况如图 10～图 12 所示。

四、心得体会

在本次结构设计大赛的准备过程中,我们收获了很多知识。通过赛前的准备,我们对结构概念、结构设计等有了更深层次的理解,同时也将学到的知识与实践结合在一起,真正在具体结构模型中体会到结构设计的意义。通过阅读大量的结构设计资料,我们丰富了自己的知识储备,通过各种软件的

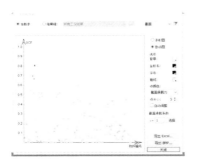
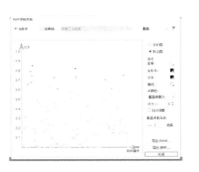
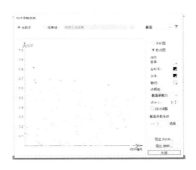

图 10　第一级荷载结构应力图　　图 11　第二级荷载结构应力图　　图 12　第三级荷载结构应力图

学习和使用,我们掌握了模型结构的设计、分析与优化方法。可以说,这次比赛对我们学科知识层面的提升起到极大的促进作用。我们也充分体会到团队合作的重要意义,合理的分工使我们能各自发挥专长,做到效率的最大化。

　　在此,我们首先要感谢主办方太原理工大学,衷心感谢大赛主办方为我们提供这样一次锻炼的机会。其次,我们要感谢学校、学院以及土木系的大力支持,使我们在准备过程中有了更大的信心。最后,我们要感谢指导老师,他们总是陪伴在我们左右,总能在我们失败的时候给予我们鼓励,在我们困惑的时候给我们指明方向。

　　最后,预祝第十五届全国大学生结构设计竞赛圆满成功!

哈尔滨工业大学　弗届（一等奖）

一、队员、指导教师及作品

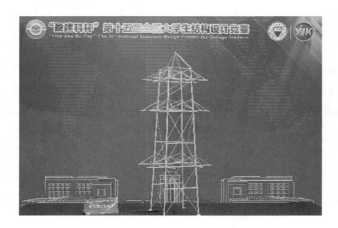

参赛队员
何泰鹏
肖洪硕
李杰
指导教师
邵永松
领队
邵永松

二、设计思想及方案选型

我们针对本次赛题设计了四种结构体系，分别是体系 1"四柱模型 1"、体系 2"四柱模型 2"、体系 3 "三柱模型"和体系 4"四柱模型 2 加强"。我们对体系 2 进行加强改造，在挑檐斜拉与主支撑杆连接处增加了拉条，大大减少了主支撑杆的形变，得到了强化后的体系 4。表 1 列出了四种体系的优缺点对比。四种模型的轴侧图如图 1～图 4 所示。我们最终选择了体系 4。

表 1　四种体系的优缺点对比

体系对比	体系 1	体系 2	体系 3	体系 4
优点	模型相对稳定；挑檐方向好控制；质量相对较小；杆件数量较少，模型制作时间相对宽裕	模型相对稳定；杆件数量少；质量小；易于制作；挑檐受力和传力效果好	设计巧妙，思路新颖；杆件数量少；质量小	设计巧妙，思路新颖；模型相对稳定；杆件数量少；质量小；易于制作；挑檐受力和传力效果好
缺点	部分方向的挑檐不好固定；从压杆中间伸出的挑檐对模型整体影响大	挑檐方向不好确定；精度要求高；不易通过规避区	杆件跨度大；不稳定	对手工要求高；挑檐位置不好确定；不易通过规避区

三、计算分析

(一)强度分析

经分析,各级荷载工况下的结构应力情况如图 5～图 7 所示。

图 1　四柱模型 1
轴侧图

图 2　四柱模型 2
轴侧图

图 3　三柱模型
轴侧图

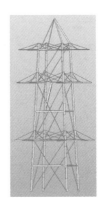

图 4　四柱模型 2
加强轴侧图

图 5　第一级荷载结构应力图

图 6　第二级荷载结构应力图

图 7　第三级荷载结构应力图

(二)刚度分析

经分析,各级荷载工况下的结构变形情况如图 8～图 10 所示。

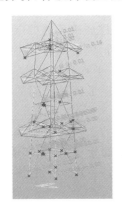

图 8　第一级荷载结构变形图

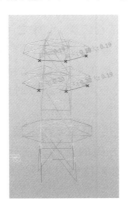

图 9　第二级荷载结构变形图

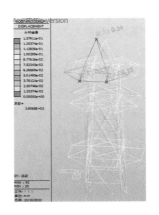

图 10　第三级荷载结构变形图

(三)稳定性分析

经分析,各级荷载工况下的结构失稳情况如图 11～图 13 所示。

图 11　第一级荷载结构
失稳模态图

图 12　第二级荷载结构
失稳模态图

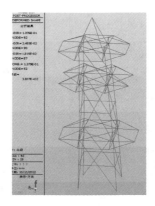

图 13　第三级荷载结构
失稳模态图

四、心得体会

感谢主办方为我们提供这次机会来参加全国大学生结构设计竞赛。大学生结构设计竞赛是一项极富创造性、挑战性的科技竞赛,旨在通过对所学知识的综合运用和团队精神,提高学生的动手能力与思维能力,激发创新意识,培养科学思维,加强团队协作,提升大学生的综合创新实践素质。本小组力争在比赛中不断探索和创新,对结构和力学的了解更进一步。

计算书包括赛题分析、方案构思、结构选型、结构有限元建模、参数分析、受力分析、变形分析、承载力分析、节点构造、模型尺寸图等主要内容。同时,结合本小组的研究经历,计算书中增加了结构优化、杆件设计等内容,各部分有机结合在一起,形成我们自己独特的理论见解及实践过程记录。

本小组成员根据概念设计并制作了初步模型,综合力学与结构设计理论,对各个构件进行了受力分析与稳定性计算,并运用大型有限元软件对设计模型进行了有限元分析,选出合理的结构模型,再综合运用材料力学、结构力学中的相关知识,经过不断优化和创新,最终设计和制作出满足赛题要求的结构模型。

在这个过程中,我们不仅全面地锻炼和培养了各方面的综合能力,同时还把课本上学到的理论知识和实际力学模型相结合,深深感受到了结构之美、设计之美、力学之美。通过这次竞赛的准备,我们不仅进一步提升了对力学和结构知识的理解,同时也掌握了建模、有限元分析、模型制作等不少技能。更为重要的是,在长期的备赛过程中,一次次的制作、优化与改进的过程磨炼了我们的意志。沉下心来做好这个模型是我们这四个月来的共同心愿。这一段时间的通力协作增进了队员之间的感情,提高了我们动手实践、团队合作和沟通的能力。

同时我们也看到了自身掌握知识的不足,坚定了今后更加认真学习的决心。从方案的确定、模型的制作、试验,到最终的定型,都离不开各方面的支持。在此,非常感谢我们的指导老师、实验室老师和学院的支持,还有给予我们建议、帮助的各位师兄师姐、同学们。感谢他们一直以来的热情帮助。愿我们能以好成绩来回报他们!

安徽工业大学　百事可乐(一等奖)

一、队员、指导教师及作品

参赛队员
林靖
朱海帆
郭星雨
指导教师
张辰啸
谭坦
领队
张辰啸

二、设计思想及方案选型

　　我们经过三代木塔模型的试验、测试、改进,确定将第三代模型作为我们的最终方案。这里我们展示试验过程中的三代经典模型,如图1~图3所示。三代模型结构体系优缺点对比见表1。

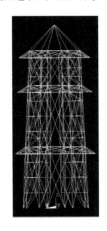
图1　第一代模型图

图2　第二代模型图

图3　第三代模型图

表1　三代模型结构体系优缺点对比

体系对比	第一代模型	第二代模型	第三代模型
优点	主塔主体挠度小,加载过程较稳定	主塔受力较好,能有效把加载点上的力传到塔上	主塔质量较小,加载过程较为稳定

续表

体系对比	第一代模型	第二代模型	第三代模型
缺点	挑檐超过规避区,且自重过大	主塔柱底屈曲过大	主塔的加载重量几乎全部依靠两根压杆承受

三、计算分析

(一)强度分析

经分析,各级荷载工况下的结构应力情况如图4～图6所示。

   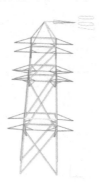   

图4 第一级荷载结构应力图　　**图5 第二级荷载结构应力图**　　**图6 第三级荷载结构应力图**

(二)刚度分析

经分析,各级荷载工况下的结构变形情况如图7～图9所示。

图7 第一级荷载结构变形图　　**图8 第二级荷载结构变形图**　　**图9 第三级荷载结构变形图**

(三)稳定性分析

经分析,各级荷载工况下的结构失稳情况如图10～图12所示。

四、心得体会

　　参加全国大学生结构设计竞赛,无疑是我们大学生涯浓墨重彩的一笔,通过参加比赛,我们学到了许多在平时学不到和感受不到的东西。在这个过程中所学到的经验对以后的学习、工作和生活都很重要。我们收获的不仅是理论知识和技术,更是团队之间的完美合作。同样在这次比赛中我们也

图 10　第一级荷载结构　　　　　图 11　第二级荷载结构　　　　　图 12　第三级荷载结构
　　　　　失稳模态图　　　　　　　　　　失稳模态图　　　　　　　　　　失稳模态图

收获了队友们的友谊,大家因为同一兴趣而联系在一起,为共同目标而努力奋斗,因此成为要好的朋友。总结我们团队的成败得失并吸取其他成功团队的宝贵经验,一个团队要想取得成功,以下几点非常重要。

首先,需要有一个优秀的领导者,在拥有必要的基本知识技能外还能够统筹全局,充分调动整个团队的积极性,发挥每个团队成员的长处,挖掘每个成员的潜能。这需要领导者能够准确把握宏观的方向,也能够注意到细节问题。

其次,需要明确的目标、坚定的信念和不灭的斗志。坚持到最后就是胜利,说得容易但做起来却很难,在很多最需要坚持的时刻,我们往往忘记了这句话。生活最怕没有目标,做一件事如此,参加一个比赛亦如此。没有一个明确和强烈的目标就很难取得比赛的成功。

然后,需要各方面的支持。很感谢指导老师和学校的支持,在我们遇到困难的时候,指导老师总是耐心地帮助我们。同时,我们互相的支持也很重要。

不仅如此,此次大赛给了我们将实际制作与理论分析相结合的亲身经历,让我们明白两者是相辅相成、相互成就的。在备赛过程中,我们利用有限元软件,发挥想象,设计了一个八根柱子的模型,但是在实际制作中发现在模型材料和制作时间限定的条件下不可能完成,因此放弃了这个设计。后续的模型设计主要往结构简单、制作方便方向入手,以保证模型制作顺利。在结构逐渐简化的同时,模型的质量也在减小,这也是一个进步的过程。

在结构优化的同时,我们的制作工艺和制作速度也在逐渐提升,模型的外观明显美化和精巧。初期模型加载时,实际加载结果与软件分析结果往往不匹配,在相同的荷载工况下,软件分析得出的模型各杆件应力、变形等数值相对保守,但在实际模型加载中会出现意想不到的失稳状况。随着制作模型数量的增加和制作工艺的提高,实际加载结果与软件分析结果不断接近,实际模型的承载力及外观都有了质的飞跃。

装配式结构制作无疑给我们带来很大的挑战。这也是结构设计大赛的魅力所在,挑战与成就感的获得成正比,在问题中探索,在逆境中成长,我们的"逆商"也得到了很大锻炼。装配式意味着整体结构的截断,这给我们带来以下困难。首先,第一次接触装配式结构,我们的认知中存在空缺,且没有任何制作经验;其次,上下柱子不贯通会大大削减结构的抗倾覆能力,在第二级扭转荷载和第三级水平荷载的作用下,上部结构变形会大幅增加,挑檐的变形也将变大进而折断挑檐;再者,在第三级水平荷载的作用下,承受拉力的柱子容易在截断处发生上下结构脱节而导致模型加载失败。经查阅资料、讨论研究后,我们开始使用榫卯结构连接上下柱子,但在多次实际操作时发现难以控制其松紧程度,过松会导致加载过程中结构脱节,过紧会导致上下结构难以组合。

参与比赛是一次次试错的过程,在这个过程中,我们经历模型倒塌时的不知所措,经历某个细节优化成功时的喜不自胜;参与比赛是一个不断提高心理抗压能力的过程,比赛的战线拉得很长,虽然模型的制作已经将近"麻木",但是没有一个人放弃,对于所有的未知,我们都不遗余力;参与比赛是一个不断提高团队合作能力的过程,大家的想法有异有同,在这个过程中,为了达到最优的效果,队友之间不断磨合,不断提高合作能力。

　　我们通过比赛收获良多,收获了老师不断给予的鼓励,收获了拥有共同目标且能为之奋斗的队友,更重要的是收获了打开结构设计奥秘的钥匙。我们必将勠力同心,也相信我们会在这次大赛中创造出更加辉煌的成就。

黑龙江科技大学　永远不会塔(一等奖)

一、队员、指导教师及作品

参赛队员
朱振宇
于薇
李圣超
指导教师
孟丽岩
张春玉
领队
孟丽岩

二、设计思想及方案选型

　　我们根据赛题设计了体系1、体系2两种结构体系。两种体系非常相似,考虑到实际情况,我们选择体系1作为最终结构方案。表1列出了两种体系优缺点对比。虽然模型搭建难度大,但是可以通过多练习来提高效率。

表1　两种体系优缺点对比

体系对比	体系1	体系2
优点	质量较小	模型搭建难度小
缺点	模型搭建难度大	质量较大

　　模型结构体系1如图1所示,模型结构体系2如图2所示。

三、计算分析

(一)强度分析

　　经分析,各级荷载工况下的结构受力情况如图3~图5所示。

(二)刚度分析

　　经分析,各级荷载工况下的结构变形情况如图6~图8所示。

图 1　模型结构体系 1

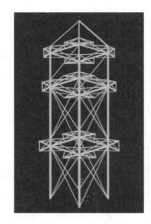

图 2　模型结构体系 2

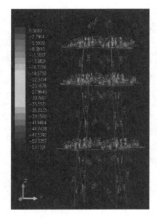

图 3　第一级荷载结构应力图

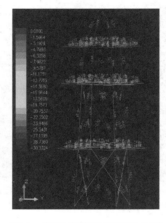

图 4　第二级荷载结构应力图

图 5　第三级荷载结构应力图

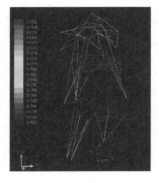

图 6　第一级荷载结构变形图

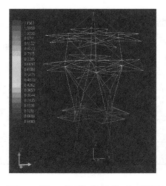

图 7　第二级荷载结构变形图

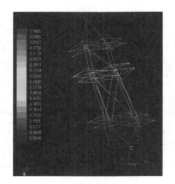

图 8　第三级荷载结构变形图

(三)稳定性分析

经分析,各级荷载工况下的结构失稳情况如图 9～图 11 所示。

四、心得体会

从去年五月开始的黑龙江赛区选拔赛到今年三月的全国竞赛,历时十个月。我们有幸成为经历了整个赛程的选手,不仅从中学到了大量理论知识,而且领悟到了不少人生哲理。

参赛使我们收获了珍贵的友谊。通过这次竞赛我们认识了许多来自不同专业和年级的同学,我

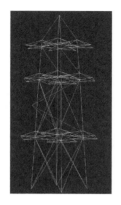

图 9　第一级荷载结构
　　　失稳模态图

图 10　第二级荷载结构
　　　失稳模态图

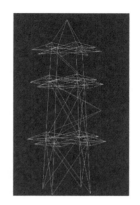

图 11　第三级荷载结构
　　　失稳模态图

们不仅交流了理论知识,更培养了深厚的感情。参赛过程中那种你追我赶、互相学习、互相帮助的气氛,在生活中互相照顾、互相体谅的情景,比赛结束后一起庆祝的场面依然历历在目。所有的这些并没有因为比赛的告终而淡化,相反地,它成了我们难忘的记忆,那就是友谊。也许在若干年以后学到的理论知识慢慢淡忘了,但是这份纯真、珍贵的友谊以及这种为了荣誉积极向上、奋力拼搏的精神是不会磨灭的。这种友谊与精神恰恰是我们所追求的,能让我们受益无穷。我们相信对于所有的选手来说,比赛的成绩早已经不重要了,重要的是我们能够拥有这次机会,我们能够相聚在一起。

　　参赛使我们增强了生活的信念。众所周知,比赛是残酷的,淘汰是毫不留情的,而最终的胜利是属于那些锲而不舍的勇士的。此次比赛也不例外。或许在旁观者看来,这类竞赛靠的无非是做手工的能力,但是事实并非如此。在漫长的比赛过程中,我们经过了无数次的数值推演,经过了无数次的模型加载失败,更需要的是能吃苦耐劳的毅力和团结友爱的合作精神。我们相信“坚持就是胜利”这句名言。只有坚持到最后,才有机会获得胜利,否则留给我们的只有无法弥补的遗憾。在生活中,我们也应当本着一种锲而不舍的信念,坚持到终点。

　　参赛使我们提高了个人的素质。此次的结构设计大赛,不只是理论知识和动手能力的比赛,更是一次各方面潜力的展现。结果并不是最重要的,重要的是在大赛中学到的东西。这次比赛重要的不是名次,而是在相互切磋的过程中学习到对手的优点,发现自身的不足,从中获得新的知识和经验。这对我们以后走向社会也有很大的帮忙,我们相信今后的学习和生活会因为此次大赛而变得不一样。

　　欧洲数学家笛卡儿有一句名言“我思故我在”,可以理解为“因为我们不断地学习,不断地丰富自我的知识系统,不断地提高自身素质和修养,所以才能够适应今后竞争激烈的社会,能够体现自身的价值。”我们通过这次比赛受益匪浅,从中学到了很多在课本上学不到的东西,真正体会到只有真心付出,才会有丰硕的果实;只有经历过付出的辛苦,才会理解收获的喜悦。我们相信此次比赛对于今后的人生道路而言是一笔不小的财富。

　　最后,我们要感谢指导老师在比赛过程中对我们一如既往的支持,感谢他们对我们的帮助;感谢竞赛组委会精心组织这次活动,为我们提供这次展现自我风采的机会。

广西理工职业技术学院　铸梦为塔(一等奖)

一、队员、指导教师及作品

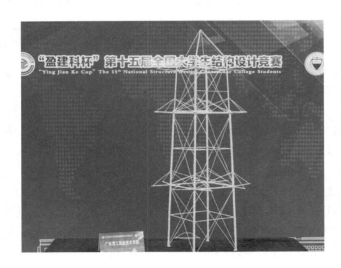

参赛队员
韦林辰
王志辉
曾国凯
指导教师
王华阳
胡顺新
领队
温云杰

二、设计思想及方案选型

根据赛题,我们设计了以下两种结构体系。

体系1:八面塔结构。我们从赛题出发,首先想到的结构为八面塔结构。塔架主体由八根主杆构成,并设置交叉支撑抵抗扭矩和第三级水平荷载,挑檐采用悬挂结构。图1为体系1模型效果图。

体系2:四面塔结构。经过对赛题受力特征的进一步分析,我们选择将主塔设置为四面塔。该模型采用悬挂结构体系,设置较大的挑檐以承担第一级荷载;悬挂结构体系将一部分的力通过拉杆传至塔架主杆,在不改变材料的前提下,增加了空间跨度;同时在主杆间设置交叉支撑抵抗扭矩和第三级水平荷载。图2为体系2模型效果图。

图1　体系1模型效果图

图2　体系2模型效果图

两种结构体系优缺点对比见表 1。我们最终选择了体系 2。

表 1 两种结构体系优缺点对比

体系对比	体系 1	体系 2
优点	八面塔结构冗余度较高,安全性好	塔身采用四面塔结构,挑檐采用悬挂结构,传力合理,提高了主杆的利用率
缺点	荷重比大;受力合理度欠佳	挑檐长,加载点竖向位移相对于体系 1 较大

三、计算分析

(一)强度分析

经分析,各级荷载工况下的结构受力情况如图 3～图 5 所示。

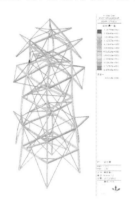  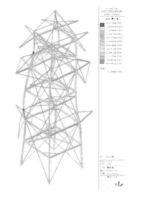

图 3 第一级荷载结构应力图　　**图 4 第二级荷载结构应力图**　　**图 5 第三级荷载结构应力图**

(二)刚度分析

经分析,各级荷载工况下的结构变形情况如图 6～图 8 所示。

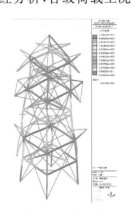 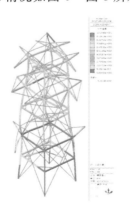 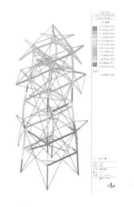

图 6 第一级荷载结构变形图　　**图 7 第二级荷载结构变形图**　　**图 8 第三级荷载结构变形图**

(三)稳定性分析

经分析,各级荷载工况下的结构失稳情况如图 9～图 11 所示。

图 9　第一级荷载结构失稳
　　　模态图(特征值 5.35)

图 10　第二级荷载结构失稳
　　　模态图(特征值 3.35)

图 11　第三级荷载结构失稳
　　　模态图(特征值 5.35)

四、心得体会

很荣幸能够参加这次的结构设计大赛,对于喜欢动手做模型的我们来说,这无疑是一次充满考验和挑战的有趣之旅!

从拿到赛题开始,我们就全身心地投入对模型的研究中。在此过程中,课本上的知识真正得到了运用。通过多方查找资料,不知不觉中我们学得了许多新知识,而且加强了团队意识。在这里要特别感谢我们的指导老师,以及帮助我们的其他老师和学长,由于你们的指导和鼓励,我们得到了很大的进步,我们喜欢并享受这个过程!

在此也代表我们团队向竞赛主办方和组委会致以诚挚的谢意,祝大学生结构设计竞赛越办越成功!

东北林业大学 通佛塔(一等奖)

一、队员、指导教师及作品

参赛队员
张瑶
张嘉阳
焦隆阳
指导教师
徐嫚
贾杰
领队
贾杰

二、设计思想及方案选型

在这次比赛的备战过程中,我们对数个结构方案进行了讨论,选择了三种结构体系,如图1~图3所示。

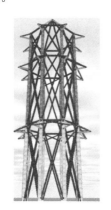

图 1 体系 1 示意图

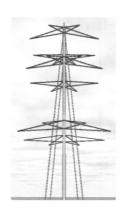

图 2 体系 2 示意图

图 3 体系 3 示意图

表 1 列出了三种体系的优缺点。最终我们选择体系 3 作为参赛方案。

表 1 三种体系优缺点对比

体系对比	体系 1	体系 2	体系 3
优点	受力安全稳定	质量小	质量较小
缺点	制作工艺复杂	整体性差	受力安全不如体系 1

三、计算分析

(一)强度分析

经分析,各级荷载工况下的结构受力情况如图4~图6所示。

图4　第一级荷载结构应力图　　图5　第二级荷载结构应力图　　图6　第三级荷载结构应力图

(二)刚度分析

经分析,各级荷载工况下的结构变形情况如图7~图9所示。

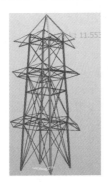

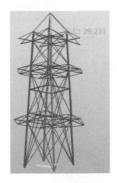

图7　第一级荷载结构变形图　　图8　第二级荷载结构变形图　　图9　第三级荷载结构变形图

(三)稳定性分析

经分析,各级荷载工况下的结构失稳情况如图10~图12所示。

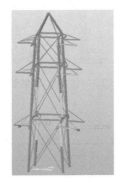

图10　第一级荷载结构
　　　失稳模态图　　　　　　图11　第二级荷载结构
　　　　　　　　　　　　　　　失稳模态图　　　　　　图12　第三级荷载结构
　　　　　　　　　　　　　　　　　　　　　　　　　　　失稳模态图

四、心得体会

首先,通过此次竞赛我们明白了团队合作的重要性。其次,参赛增强了我们对专业知识的理解,如刚度与强度代表的意义、截面尺寸与构件长度对两者的影响,等等。同时,我们也体会到了理想状态分析与现实操作之间的差距。软件给予我们的分析结果是理想状态下的,而实际操作总会偏差很大,因此不能只想不做。最后,此次比赛锻炼了我们的动手能力,也增强了我们对本专业的兴趣。

长春工程学院 吉塔(一等奖)

一、队员、指导教师及作品

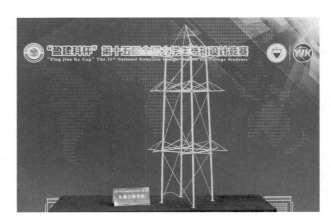

参赛队员
李帅奇
焦俊
黄昊
指导教师
倪红光
温泳
领队
倪红光

二、设计思想及方案选型

结合赛题探究和对先前失败方案的改进,我们选择了两种结构体系。体系 1 采用八柱落地方式。体系 2 采用四柱落地方式,且支座基础处有两种不同的制作方式。表 1 列出了体系 1 与体系 2 的对比。最终我们选择了体系 2 作为参赛方案。

表 1 体系 1 与体系 2 的对比

体系对比	体系 1	体系 2
优点	结构整体形变小	质量较小,制作容易
缺点	质量大,制作烦琐	结构整体在容许范围内形变较大

结构体系 2 如图 1 所示。

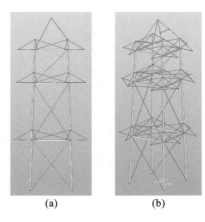

(a) (b)

图 1 结构体系 2

(a)立面图;(b)轴侧图

三、计算分析

(一)强度分析

经分析,各级荷载工况下的结构受力情况如图2~图4所示,可知结构满足强度要求。

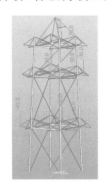 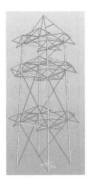 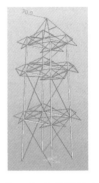

图 2　第一级荷载结构应力图　　图 3　第二级荷载结构应力图　　图 4　第三级荷载结构应力图

(二)刚度分析

经分析,各级荷载工况下的结构变形情况如图5~图7所示。

图 5　第一级荷载结构变形图　　图 6　第二级荷载结构变形图　　图 7　第三级荷载结构变形图

(三)稳定性分析

经分析,各级荷载工况下的结构失稳情况如图8~图10所示。

 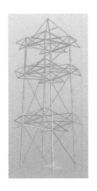 

图 8　第一级荷载结构失稳模态图　　图 9　第二级荷载结构失稳模态图　　图 10　第三级荷载结构失稳模态图

四、心得体会

记得第一次接触结构设计竞赛是在大一的校赛,当时我们还对结构设计竞赛不怎么了解,只觉得新奇。学长学姐们只用胶水、木条等材料便能建造出一座桥,而且它还能承受比自身质量大一倍的荷载,令人惊叹结构的奇妙。接下来,我们秉持着对结构设计的探索精神参加了第二年的校赛,这时才真正体会到结构设计竞赛的魅力所在。

我们在大学中学了许多专业知识,但这些知识却一直停留在理论阶段,没有与实践相结合,所以老师提倡理论要联系实际。在参赛过程中,我们尽可能地提高自己提出问题、分析问题、解决问题的能力,同时提高自己的实际工作能力和与团体合作的能力。

我们仍记得制作模型时的酸甜苦辣,记得模型刚制作完成时的欢呼雀跃,记得每次加载时的紧张忐忑,记得改进方案时的烦琐谨慎,记得比赛结束时的浓浓不舍……就结构设计竞赛而言,心得可以简单概括为遇到困难绝不放弃。所有的努力都需要在一件事情上专注和坚持才能有所收获,这个过程也许会很艰难、很漫长,却能帮助我们看清未来,如此便是坚持的意义所在。

辽宁工程技术大学　知信塔(一等奖)

一、队员、指导教师及作品

参赛队员
张值源
汲鹏
吴蓉艳
指导教师
吴秀峰
包宇洋
领队
包宇洋

二、设计思想及方案选型

我们根据赛题设计了三种结构方案,并对其优缺点进行了对比分析(见表1)。考虑到结构在加载过程中受到多向荷载的作用,结合初选方案的优缺点分析,我们最终选择结构方案3,设计出满足要求的结构模型,如图1所示。

表1　结构方案对比

体系对比	结构方案1	结构方案2	结构方案3
优点	具备良好的整体稳定性与抗剪、抗弯刚度	结构十分稳定,安全储备高	结构简约,采用五层格构梁的形式,充分发挥了各个杆件的作用,传力路径明确,承载力、刚度和稳定性较好,抗扭性能较好
缺点	节点受力复杂,结构较重	制作烦琐,材料性能无法充分利用,质量过大	计算复杂,模型制作烦琐

三、计算分析

(一)强度分析

经分析,各级荷载工况下的结构受力情况如图2～图4所示。

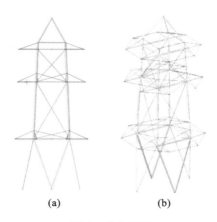

图 1　结构模型

(a)正视图；(b)轴侧图

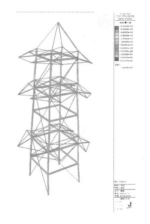

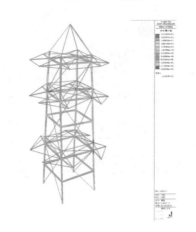

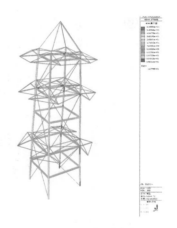

图 2　第一级荷载结构应力图　　　　**图 3　第二级荷载结构应力图**　　　　**图 4　第三级荷载结构应力图**

(二)刚度分析

经分析，各级荷载工况下的结构变形情况如图5～图7所示。

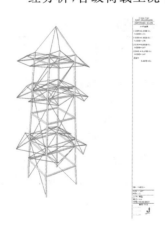

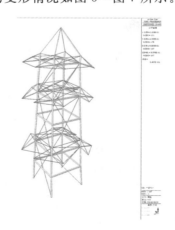

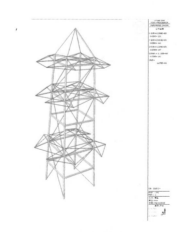

图 5　第一级荷载结构变形图　　　　**图 6　第二级荷载结构变形图**　　　　**图 7　第三级荷载结构变形图**

(三)稳定性分析

经分析，各级荷载工况下的结构失稳情况如图8～图10所示。

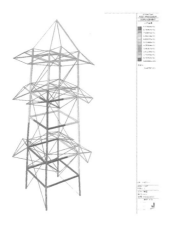 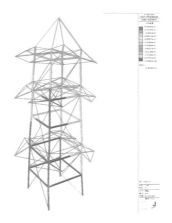 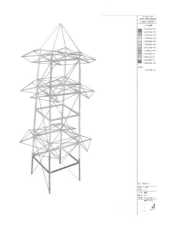

图 8　第一级荷载结构　　　图 9　第二级荷载结构　　　图 10　第三级荷载结构
　　　　失稳模态图　　　　　　　　失稳模态图　　　　　　　　失稳模态图

四、心得体会

　　衷心感谢北京盈建科软件股份有限公司为我们本次结构设计竞赛提供软件和技术服务支持。学习建模分析的过程，无论是在意志锻炼方面，还是在知识利用方面，对我们都是一次难得的机会，既拓宽了知识面，也提高了运用知识解决实际问题的能力。

　　参赛初期，我们对赛题认识不深，没有思路，只能从最简单的受力特点来考虑模型的制作，工艺比较粗糙，节点位置极易发生破坏，速度和进程相对来讲也特别慢。将柱腿简化到用四根杆件作为塔楼的支撑，在实验成功之前这是我们不敢去想的。这样的进步离不开我们进行的建模受力分析，有了理论支撑，才敢突破。这个过程更多的是教会我们要敢于尝试，既要不断否认自己，也要不断支持和肯定自己的决定。时间会检验真理，当然基础理论也是我们实践的方向和动力。

　　参赛中期，我们改变思路，否定了原有比较成功的方案。这时候，大家对赛题都有了自己的见解，并且对模型的改进方向也更加清晰。这时，出现的问题也越来越多，越来越复杂，如何在保证承载力的条件下，把结构做得质量更小、刚度更高，成为这个阶段最关键的问题。指导老师带给我们的是有理论支撑的方案体系，我们在这个基础上尝试改进，然后老师再提建议，我们再完善，不断优化，不断进步。对我们参赛队员而言，真的是把所学应用到实践中来，加深了对所学课程的理解。与老师建立互动与联系，比闭门造车更有益于我们的进步，老师带来灵感与启示，我们按照自己的理解去检验想法的可靠度，不是纯粹按部就班，而是进行有建设性的改变。

　　参赛后期，也就是优化阶段，这个时间段的工作既简单又困难，在承载力不变的基础上进行模型减重是首要难题。此时涉及的高程位置改变、点位分布变化等技术难题对我们来讲已经不见得是挑战，感谢队友之间的信任和理解。

　　探求的过程也并非尽如人意，有结构荷载极限突破时的欣喜，也不乏尝试失败的失落。在与队友不断地探索、尝试和与指导教师反复地交流之下，我们的结构才得以不断完善，进而达到一个较为理想的状态。团队的协调对于整个工作起到了十分重要的作用，队友的支持与鼓励也是遇困时坚持下去的动力。

沈阳建筑大学　更上一层楼(一等奖)

一、队员、指导教师及作品

参赛队员	
于海涛	
熊元	
解协庆	
指导教师	
金路	
侯翀驰	
领队	
金路	

二、设计思想及方案选型

根据赛题,我们设计了以下三种结构体系。

体系1:八立柱框架,如图1所示。根据赛题的加载点要求及外边界的八边形禁空要求,我们很自然地提出了八立柱框架体系。该体系的八根主杆与八个加载点一一对应,形成中心对称结构,在随机抽取加载点的比赛规则下,该体系能很好地应对各级荷载。

体系2:四立柱框架(一杆三挑),如图2所示。该体系由于有一半的挑檐在两根主杆之间,需要由最靠近它们的两根主杆来承担其上施加的荷载。同时由于比体系1少了四根主杆,主杆在三级荷载下几乎都受到与体系1相比2倍的力,对主杆的强度要求高。体系2由于减少了四根主杆,减重优势明显。

体系3:四立柱框架(一杆二挑),如图3所示。针对体系2四立柱框架由于转角问题带来的难以拼接的缺点,体系3将主杆的角度调整为对应各面平行而不是面朝中心。这样就可以将结构放在桌面上对着图纸进行拼接,解决了各面难以拼接的问题。

三种结构体系的优缺点对比如表1所示。

表1　三种体系的优缺点对比

体系对比	体系1	体系2	体系3(最终方案)
优点	单一杆件应力最小,传力路径清晰,抗扭性能好	单一杆件应力较小,各工况适应性较好	杆件数量较少,拼接难度小,需处理的节点较少
缺点	杆件数量最多,拼接难度大,需处理的节点多	杆件数量多,拼接难度最大,节点处理难度最大	杆件受力比较集中,传递路径明确,抗扭性能需要加强

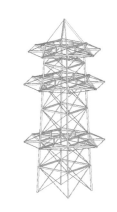

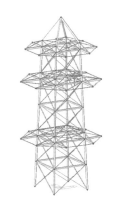

图1　八立柱框架　　　　　图2　四立柱框架（一杆三挑）　　　　图3　四立柱框架（一杆两挑）

三、计算分析

（一）强度分析

经分析，各级荷载工况下的结构受力情况如图4～图6所示。

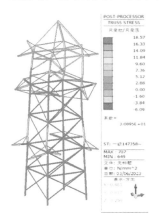

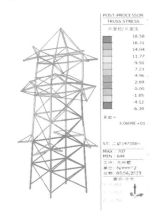

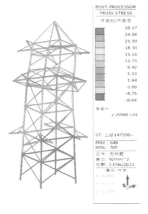

图4　第一级荷载应力分析图　　图5　第二级荷载应力分析图　　图6　第三级荷载应力分析图

（二）刚度分析

经分析，各级荷载工况下的结构位移情况如图7～图9所示。

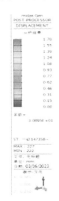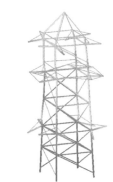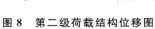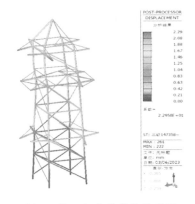

图7　第一级荷载结构位移图　　图8　第二级荷载结构位移图　　图9　第三级荷载结构位移图

（三）稳定性分析

经分析，各级荷载工况下的结构失稳情况如图10～图12所示。

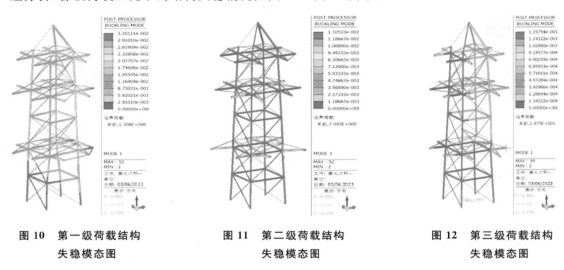

图10 第一级荷载结构
失稳模态图　　图11 第二级荷载结构
失稳模态图　　图12 第三级荷载结构
失稳模态图

（四）小结

综上所述，本组选取的参赛模型满足强度、刚度和稳定性条件，在完成软件计算后，需要验证计算结构准确度及理想模型与实际模型差异，根据试验数据选择杆件截面，制作实体模型并加载，验证杆件的实验数据、构造及解决措施。

四、心得体会

参加结构设计竞赛，既是比拼理论知识的过程，也是考验动手能力的过程。通过本次结构设计竞赛，全组队员受益匪浅。通过赛题分析、模型结构体系构思、软件分析、制作和加载，我们体验了土木工程专业中的设计建造过程，这是对我们专业知识的检验，为以后工作中的设计、施工及建造奠定了基础。参加结构设计竞赛重要的不是结果，而是在比赛中学到的新的知识和技能，这对我们以后走向社会也有很大的帮助。

从准备省赛到进阶国赛，将近九个月的模型制作时间，加深了我们对工程结构体系的理解和感受，为之后的专业课学习奠定了良好的基础。模型制作看似简单，但考虑到时间的因素，也是个浩大的工程。在制作过程中，我们相互配合，学会了团队合作、不畏困难、坚持不懈，提高了动手能力，这在人生旅途中是一次宝贵的经验。每一次的制作都是一次新的开始，每一次的制作和加载都是对自己的一次考验，每一次的失败都如同一盆冷水浇在我们头上，但是我们相互鼓劲，在失败中不断总结经验，苦苦思索解决问题的办法，想想自己当时参加比赛时立下的雄心壮志，终于让模型有了质的飞跃，无限逼近模型承重的极限。经过了百余次的试算和加载调试，最后我们的模型质量从最初的240 g减到150 g以内，达到了预期的质量。那种为了目标竭尽全力的感觉只有亲身经历的人才能体会，其中的乐趣是不能用言语表达的。只有真心付出，才会有丰硕的果实；只有历经磨炼，才能体会其中的快乐，理解收获时的喜悦。

太原理工大学 光(一等奖)

一、队员、指导教师及作品

参赛队员
刘浩然
孙柏乾
王佳
指导教师
王永宝
张家广
领队
都静

二、设计思想及方案选型

根据赛题,我们设计了五种模型方案。

方案 1:四柱三框小塔,如图 1 所示。这是五种模型结构中最轻的一种结构,充分发挥了拉条的作用,将挑檐轻量化,将荷载直接传递给塔柱,传力更直接,传力路径最简明。缺点体现为塔身受压杆件过少,被施加第二级扭转荷载后塔身形变过大导致塔柱的极限承载力大幅降低,从而整体失稳。

方案 2:四柱三框大塔,如图 2 所示。所有大塔结构都可以大幅增加力矩,缩短挑檐长度,使塔身拉条与脚点的受力更加合理。但质量较大是大塔结构的通病,材料利用率低是大塔结构的常态,在前期手工有待提高时大塔结构不失为一种很好的选择。

方案 3:四柱四框小塔,如图 3 所示。在方案 1 的设计基础上添加了一个抗扭转桁架,补足了方案 1 的不足,在轻量化的同时保证了塔身整体的形变小,并且对于手工的要求并没有那么苛刻,制作流程简便。当然,质量会有小幅的增大。

方案 4:四柱五框小塔,如图 4 所示。这是在方案 3 的基础上演化出的安全版本,大幅度减小了塔身整体形变,最重要的是可以减少塔柱的质量,从而平衡一些框架增多的质量。

方案 5:八柱三框大塔,如图 5 所示。这是最安全的版本,初代塔的代表,质量是最大的,形变是最小的,承载是最好的,为后续的规避区检测和挑檐制作提供了充足的实践经验。

我们最终选择方案 3 作为参赛模型方案。

三、计算分析

(一)强度分析

从加载与力学结构分析中,不难看出主柱弯矩最大的两个地方分别为二层 350 mm 段与 310 mm

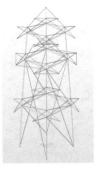

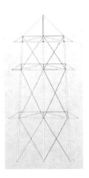
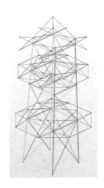

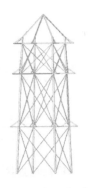

图1 四柱三框小塔轴侧图　图2 四柱三框大塔立面图　图3 四柱四框小塔轴侧图　图4 四柱五框小塔轴侧图　图5 八柱三框大塔轴侧图

段,故对以上两段受力进行研究,如图6和图7所示,图中横轴为出现概率,纵轴为受力大小。不难看出中间两条黑线之间为高概率区间,这样我们就可以调整主柱极限设计承载力,从而确定模型坍塌的风险等级。根据图6、图7第一级荷载下的高概率区间,我们可以确定抗拉杆件的质量选择。

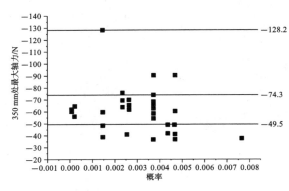

图6 第一级荷载350 mm段恶劣工况概率的轴力分布图

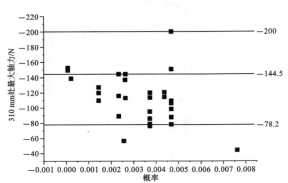

图7 第一级荷载310 mm段恶劣工况概率的轴力分布图

(二)刚度分析

经分析,各级荷载工况下的结构变形情况如图8~图10所示。

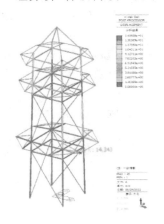
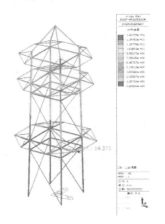
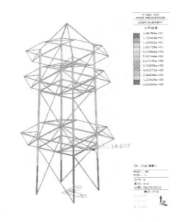

图8 第一级荷载结构变形图　图9 第二级荷载结构变形图　图10 第三级荷载结构变形图

四、心得体会

我们团队十分荣幸能够代表我校参加结构设计竞赛。大学生结构设计竞赛旨在提高大学生的创新能力、团队精神和实践动手能力，而本次的结构设计大赛以山西省的应县木塔为赛题背景，在让同学们得到锻炼的同时，也引起了大家对应县木塔的关注和对山西省建筑文化的关注。在此次备赛过程中，我们团队经过不断磨合形成一个优秀的团队，也在这次竞赛中找到了更好地保护山西古建筑的方法。

我们团队的每个人在每个环节都是不可或缺的，从建模、书写计算书到成功把模型建造出来并实现加载，每个人都在竭尽自己所能去完成自己应该完成的内容。会就认真完成，不会就去学，成为我们团队在前期备赛的一大特色，这个团队也慢慢地成为一个更为优秀的团队。关于这次比赛，我们有以下心得体会。

首先，理论指导实践。制作模型之前必不可少的一步就是利用软件进行有限元分析，在科学合理的理论基础上进行分析可以让制作的模型更具科学性、实践性。我们从前期建模一直到现在总共建了不下 100 个模型，并一一进行受力分析来判断模型的合理性和可行性。在此基础上，我们组还将科学合理的模型建造出来并进行加载，并根据实际情况一一分析需要修改和完善的结构。同时，在结构制作过程中，我们组分工明确，每个人都不可或缺，各有各的任务。备赛过程中一遍又一遍的结构制作使我们形成了更佳的默契。

其次，善于学习和借鉴前人的经验。正所谓英雄所见略同，虽然不同的塔的建造材料、结构形式不同，但是可以把前人的智慧应用到木塔上。基于材料力学等科目的学习，我们也把课本上的知识落实到实践上。当然，结构设计竞赛已举办多届，学长学姐们相较于我们而言有一定的经验和优势，我们也学习了他们的一些结构和方法，并借为己用。同时，只有模仿是不够的，我们也敢于突破和创新。我们团队在备赛期间做了大量的实验来研究杆件的性能，具体到每一根杆件的质量，并尝试把原来的正方形杆件做成三角形杆件来实现材料利用的最大化，在保证性能的同时，节省更多的材料，从而可以将剩余材料用到其他需要的地方。由此可见，突破和创新需要大量的实验的支撑，此外，我们团队不仅自己做实验，还会参考和借鉴老师和学长学姐们的研究论文。

然后，一个优秀的团队可以不都由十分优秀的人组成，但每个人却要各有专攻。我们组的三个人就是各有所长。组长的组织力、亲和力让组员动手效率高且关系和谐，这对于一个团队而言是必不可少的。当然组长的硬实力是最让人敬佩的，包括超强的逻辑分析能力、超震撼的演讲能力、足够扎实的力学基础。除此之外，组长还负责粘杆，速度和质量无可挑剔。其中一位组员负责对杆件进行挑选，并进行打磨和改造，让每一个杆件都尽可能做到完美无瑕；另一位组员负责测量和裁剪，以保证最后建造出来的模型是我们想要的尺寸，并达到赛题的要求。各有专攻，各有所长，方能打造出一支优秀的团队。

再次，细节决定成败，每一个不起眼的地方都可能成为成功的垫脚石，当然也可能成为绊脚石。比赛同样是有时间限制的，为了保证快速，我们团队会保证自己的工作台整洁和有序，东西不乱放，可以迅速找到自己想要的工具。细小的节点处理不好必然会成为失败的源头，我们团队也针对不同的节点采用不同的处理方法。一个模型是由很多根杆拼接而成的，每一根杆由竹条、竹皮粘接而成，要想把塔做好，就要把每一个小零件做好，而零件所用的材料也要做好。细节的处理是我们团队的一大亮点。

最后，任何一支队伍没有指导老师的认真指导和耐心帮助是很难取得了不起的成就的。老师的指导和帮助对我们组而言更是如虎添翼，我们需要做各种实验来支撑自己的模型、需要借鉴老师们的论文来支持自己的观点，这些材料的背后都离不开老师对我们的指导与帮助。同时，也十分感谢这次结构设计大赛把我们团队的三个人聚集到一起，拧成一股绳，做好一件事，成为一支优秀的团队。

浙江大学 登峰(一等奖)

一、队员、指导教师及作品

参赛队员
陈建业
袁梦
陈雨晴
指导教师
万华平
邹道勤
领队
陈相权

二、设计思想及方案选型

在确定了横梁数量与位置,以及塔柱如何放置后,结构设计主要对挑檐层体系、主体拉索分布、塔顶体系进行选择、组合和测试。模型结构体系迭代过程如表1所示。

表1 模型结构体系迭代过程

体系对比	模型结构第1版(体系1)	模型结构第2版(体系2)	模型结构第3版(体系3)	模型结构第4版(体系4)
模型体系整体图				

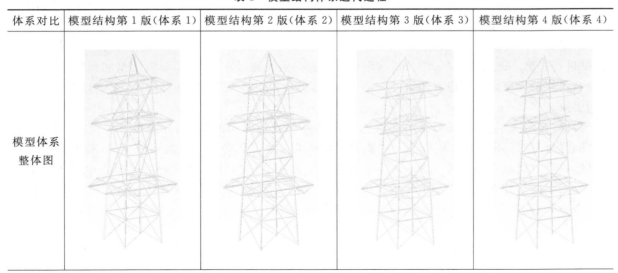

续表

体系对比	模型结构第 1 版(体系 1)	模型结构第 2 版(体系 2)	模型结构第 3 版(体系 3)	模型结构第 4 版(体系 4)
塔柱截面图				
描述	采用 3 明层、1 暗层的设计,在较长的中段塔柱布置了撑杆进行补强	主体拉杆分布采用体系 1;挑檐层体系采用体系 2;塔顶采用体系 1	主体拉杆分布采用体系 2;挑檐层体系采用体系 3;塔顶采用体系 2	主体拉杆分布采用体系 3;挑檐层体系采用体系 3;塔顶采用体系 2
优点	结构整体性好	结构整体性好;塔柱强度合适	刚度高;挠度小;结构稳定	受力明确;结构轻盈简单;模型质量控制较好
缺点	模型质量较大;冗余杆件较多;塔柱强度不足	冗余杆件较多;挑檐层挠度较大	逆时针方向的拉索几乎不受力;杆件连接复杂	挠度较大;整体刚度小;杆件连接复杂;模型在自然状态下不稳定

　　基于材料集中使用及模型荷重比高的原则,我们最终选定模型结构第 4 版(体系 4)作为最后的参赛模型。模型渲染图如图 1 所示,模型实物图如图 2 所示。

图 1　模型渲染图

图 2　模型实物图

三、受力分析

(一)强度分析

经分析,各级荷载工况下的结构受力情况如图 3～图 5 所示。

(二)刚度分析

经分析,各级荷载工况下的结构变形情况如图 6～图 8 所示。

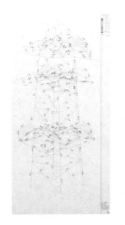
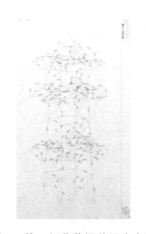

图 3　第一级荷载梁单元应力图　　图 4　第二级荷载梁单元应力图　　图 5　第三级荷载梁单元应力图

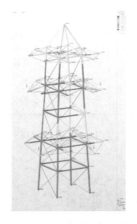
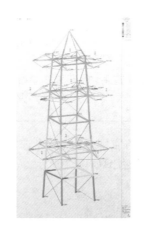

图 6　第一级荷载结构变形图　　图 7　第二级荷载结构变形图　　图 8　第三级荷载结构变形图

（三）稳定性分析

经分析，各级荷载工况下的结构失稳情况如图 9～图 11 所示。

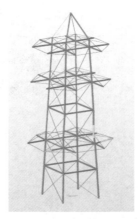

图 9　第一级荷载结构　　　　图 10　第二级荷载结构　　　　图 11　第三级荷载结构
　　　失稳模态图　　　　　　　　　　失稳模态图　　　　　　　　　　失稳模态图

四、心得体会

能够参加第十五届全国大学生结构设计竞赛,我们感到十分荣幸。在数个月的备赛过程中,我们收获颇丰,感触良多。

首先,通过这次比赛,我们锻炼了团队协作能力。由于结构杆件数量多,模型拼装复杂,只有良好的团队合作才能在规定的时间内完成结构模型的制作。其次,通过这次比赛,我们学到了许多理论知识。只有具备扎实的理论知识基础才能在设计和制作模型过程中游刃有余。当然,在备赛过程中良好的心态与坚定的毅力也必不可少。即使模型结构一次次发生破坏,我们依然要调整好心态,继续迎难而上。

在备赛过程中,我们也遇到过许多理论与实际不符的情况,明白了理论只能帮助我们走完80%的路,需要我们不断实践与调整才能获得理想的方案。此外,我们也开始明白,结构设计不能仅仅停留在设计一个性能优异的结构体系上,还应该在材料、构件截面上下功夫。只有在材料和构件截面上有更优的设计,模型的质量才能更小。

自2022年3月的校赛开始,这一年来我们经受了许多磨炼,并在这一路中不断反思、总结与提高,对结构竞赛也有了独一无二的感情,我们成长了许多,也收获了很多。

从模型的构思、制作、优化,到最后定型,都离不开各方面的支持。在此,我们非常感谢为我们提供帮助的各位老师。最后,预祝第十五届全国大学生结构设计竞赛取得圆满成功。

重庆大学　浮屠屠(一等奖)

一、队员、指导教师及作品

参赛队员
刘桐昊
王逸伦
杜骁
指导教师
指导组
领队
舒泽民

二、设计思想及方案选型

在试验初期我们尝试了多种结构体系,试验后期主要集中于以下四种结构方案的优化。

四柱方案 1:矩形截面管柱四柱模型(见图 1)。

四柱方案 2:五边形截面四柱模型(见图 2)。

两柱方案 1:变截面正八边形(粗柱)、正六边形(细柱)两柱张拉式模型(见图 3)。

两柱方案 2:变截面正六边形(粗柱)、正五边形(细柱)两柱张拉式模型(见图 4)。

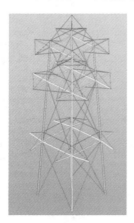

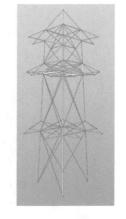

| 图 1　四柱方案 1 轴侧图 | 图 2　四柱方案 2 轴侧图 | 图 3　两柱方案 1 轴侧图 | 图 4　两柱方案 2 轴侧图 |

表 1 列出了四种结构方案的优缺点对比。我们最后综合结构质量及模型加载表现,选择两柱方案 2 为最终模型体系。

表1 四种结构方案的优缺点对比

方案对比	四柱方案 1	四柱方案 2	两柱方案 1	两柱方案 2
优点	截面构造最简单,制作耗时最少;每层杆件属于同一标准批次,易于制作和检查	杆件数量少;质量较小;结构形式较为简单,制作耗时较少;在六种工况下的加载表现相对稳定	轴压杆件数量较少,拉条单元数量多;体系的形变主要由斜拉杆件与主次梁来抑制	轴压杆件数量较少,拉条单元数量多;体系的形变主要由斜拉杆件与主次梁来抑制;变截面形式充分考虑了结构体系的材料力学性质
缺点	没有考虑不同柱体间的荷载工况差异,浪费材料的力学性能;轴心受力构件的刚度较低,模型的可靠度不高	对拉条的制作要求及安装要求较高,拉条在安装过程中容易松,在加载过程中易断裂,需要在缺陷处补强	大量使用桁架,部分杆件的利用率较低	大量使用桁架结构,部分杆件的利用率较低;尺寸定位较复杂,稳定性一般

三、受力分析

(一)强度分析

经分析,各级荷载工况下的结构受力情况如图5~图7所示。

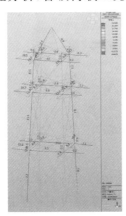  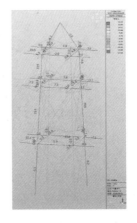

图5 第一级荷载结构应力图　　图6 第二级荷载结构应力图　　图7 第三级荷载结构应力图

(二)刚度分析

经分析,各级荷载工况下的结构位移情况如图8~图10所示。

(三)稳定性分析

稳定性分析计算结果表明,对于大部分荷载工况,结构的稳定性能够得到保证。但对于部分工况,结构的失稳模态系数小于1。

几乎所有屈曲都发生在挑檐压杆处。挑檐压杆属于附属结构,失稳形式以弯曲平面内的局部屈曲为主。附属结构需要具有较高的安全系数,需要保证挑檐压杆的抗扭刚度、抗弯刚度满足要求,制作时需要在两侧布置侧向拉条防止失稳破坏。

在不利工况下,刚性柱易发生整体失稳。两结构柱出现明显S形屈曲,需要加设肋板协助抗扭、抗弯。

图 8　第一级荷载结构位移图　　　图 9　第二级荷载结构位移图　　　图 10　第三级荷载结构位移图

四、心得体会

　　能够代表学校参加本次全国大学生结构设计竞赛,我们三人都感到格外荣幸(图 11 为我们的照片)。参加本次结构设计竞赛,可以说感慨颇多。我们从开始着手设计模型到制作模型,从理论到实践,不仅巩固了以前所学的力学知识,而且学到了很多书本上没有的工程实践经验。这让我们明白只有把所学的理论知识与实践相结合,从理论中得出结论,才能提高自己的实际动手能力和独立思考的能力,从而真正为社会服务。

图 11　参赛队员照片

　　参加本次结构设计竞赛,也可以说困难重重。小组成员在备赛过程中遇到过各种各样的问题,在设计的过程中也发现了自己的不足之处,比如对学过的知识理解得不够深刻、掌握得不够牢固,对柱体结构的方案选型、整体设计计算不太擅长等。

　　在此要向团队成员、指导老师和学院表示感谢。感谢团队成员近几个月的辛勤付出与不懈努力,感谢老师们的辛勤指导,感谢学院给予我们团队这次宝贵的机会。

　　总之,结构设计竞赛中的每一件作品都是知识的沉淀和智慧的结晶。在这里,我们相互竞争,我们相互欣赏,我们相互学习。本届结构设计竞赛中的经历无疑会成为我们珍贵和难忘的回忆!

河北建筑工程学院 独具匠心塔(一等奖)

一、队员、指导教师及作品

参赛队员

吴培林
李培梁
周明宇

指导教师

乔春蕾
贾吉龙

领队

刘仲洋

二、设计思想及方案选型

根据赛题,我们设计了以下四种结构体系方案。

方案1:十六柱三层木塔(见图1)。

方案2:八柱三层木塔(见图2)。

方案3:四柱三层木塔(见图3)。

方案4:四柱五层木塔(见图4)。

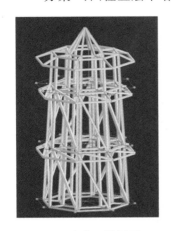

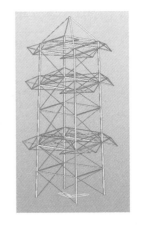

图1 方案1轴侧图　　图2 方案2轴侧图　　图3 方案3轴侧图　　图4 方案4轴侧图

四种方案优缺点对比见表1。

表1　四种方案优缺点对比

体系对比	方案1	方案2	方案3	方案4
优点	稳固牢靠,变形小	抗压、抗扭能力强,制作难度适中	结构新颖,较为轻便,制作方便	稳固,变形小,质量小
缺点	制作烦琐,质量大	施工工序多,质量较大	受力复杂,抗变形能力差	制作工序复杂,手工要求高

　　从结构强度和刚度要求及节省材料的角度出发,木塔结构体系选择方案4,其具有较好的强度且能够节省材料,通过计算,设计结构满足加载要求。在视觉上,我们通过合理的设计尽量减小杆件截面尺寸,保持各杆件之间的粘接和开角满足规避区要求,使结构从各个角度来看具有不错的视觉效果。

三、计算分析

(一)强度分析

　　经分析,各级荷载工况下的结构受力情况如图5～图7所示。

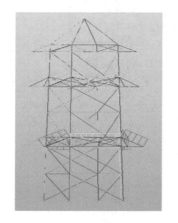 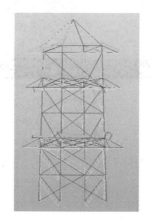 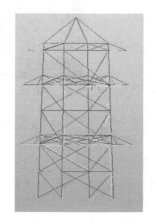

图5　第一级荷载结构应力图　　图6　第二级荷载结构应力图　　图7　第三级荷载结构应力图

(二)刚度分析

　　经分析,各级荷载工况下的结构变形情况如图8～图10所示。

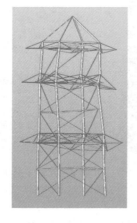 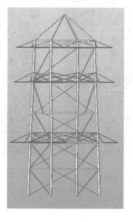 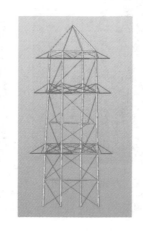

图8　第一级荷载结构变形图　　图9　第二级荷载结构变形图　　图10　第三级荷载结构变形图

（三）稳定性分析

经分析，各级荷载工况下的结构失稳情况如图 11～图 13 所示。

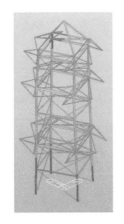

图 11 第一级荷载结构
失稳模态图

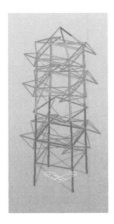

图 12 第二级荷载结构
失稳模态图

图 13 第三级荷载结构
失稳模态图

四、心得体会

本次结构设计竞赛的赛题是三重木塔结构模型的设计与制作，作为土木工程学院的学生，我们从中学到了很多超越课本并与所学专业相关的知识。同时，此次比赛是对我们每个人各个方面能力的全面锻炼，是一次提升自我能力的机会。在这个过程中，我们所得到的经验对以后的学习、工作和生活都有很大的帮助。我们收获的不仅是理论知识和技术，更是团队之间的完美合作及动手能力的提升。

"实践是检验真理的唯一标准。"我们的团队由三名男生组成，相对来说我们三个人的手工活是比较差的，然而在制作模型初期，我们将大部分时间用在了结构设计、材料准备与理论研究上，却忽略了实际的动手能力。当理论应用于实践，在第一次给予模型加载时，我们发现制作出来的模型有较多的误差，与理想中的有很大差距，还有很大的改善空间，比如模型的底座强度很低，无法保证结构整体的稳定性，竹材的实际性能也很难达到理论预期。综合以上因素，后期我们将更多时间投入实践中，制作了多种组合杆，尝试了很多模型底座，自主设计并试验了多种模型方案，以增加其抗拉、抗压、抗扭的性能，通过一次又一次的试验，我们摸索出了相对更为适合的方案。通过这次比赛，我们真真切切地体会到了理论与实践的统一，注重理论学习的同时，不能忽略实践。

在设计过程中，我们初步掌握了从空间结构选型、设计到数值计算、应力应变分析试验等一系列有用的设计计算与研究方法。从材料的选择与使用、杆件的加工制作、节点的连接，到模型的搭建与承载，我们深切地体会到作为一个土木人的严谨与责任。同时，我们深入了解了比赛的各项流程，积累了丰富的经验，知道了自己目前专业知识的匮乏和视野的局限，我们更有热情去学习知识和运用知识。在这次比赛中我们也收获了队友们的友谊，大家因为同一兴趣而联系在一起，为共同目标而努力奋斗，因此成为要好的朋友。感谢比赛组委会、指导老师和学校的支持，是学校给了我们这次参赛的机会。在我们遇到结构设计、结构搭建方面的困难时，指导老师总是耐心地为我们答疑解惑。

团队三人共同经历了较为艰难的备赛时期。伴随着晨光，迎接我们的是实验室浓郁的胶水味，是做不完的模型，是每天的外卖盒；跟随着月光，送走我们的是不断优化的方案，是每天巨大的工作量，是无法停止运转的大脑。此时，一幕幕如电影般在脑海中闪过，我们多年后也不会忘记这段为了本次比赛一起共同奋斗的时光。

暨南大学　笃敬塔(一等奖)

一、队员、指导教师及作品

参赛队员
谈帅
冯渝璇
林荣吉
指导教师
曾岚
高若凡
领队
曾岚

二、设计思想及方案选型

根据赛题,我们设计了以下三种结构体系。

体系1:八柱桁架结构(见图1)。参考赛题标准,将塔身设计为八柱结构,能够很好地满足赛题要求,且各杆件的轴力较小,能够很好地减小因手工误差导致的模型破坏风险。但该体系由于采用八柱设计,各柱受力远低于强度极限,材料性能未得到充分发挥,模型质量较大。此外,当八根柱(箱型截面)的壁厚减到一定程度时,杆件挠曲过大,P-δ 效应显著,导致柱子在达到承压极限前发生破坏,无法充分利用竹材性能,模型效率较低。

体系2:对角四柱结构(见图2)。由于八柱桁架结构效率不高,我们将模型结构设计为对角四柱结构,能够减少一半的柱子数量,较大限度减小模型质量,提高模型效率。但该结构挑檐的处理较为困难且竖向位移过大,有一半的挑檐无法直接作用于柱上,传力路径较多,增加了模型的制作难度。

体系3:对边四柱结构(见图3)。该体系柱子的数量依然减少一半,且全部挑檐都能作用于柱上,传力路径简单,模型效率高,能够较大限度地利用竹材的性能。我们在受力较大的两根柱上添加张弦结构以提升稳定性,并在层间柱跨位置添加一圈拉带以减小负弯矩引起的挠曲。

表1列出了三种体系优缺点对比。我们最终选择了体系3。

表1　三种体系优缺点对比

体系对比	体系1	体系2	体系3
优点	制作要求较低,方便制作	模型利用效率较高	模型效率高,传力路径简单

续表

体系对比	体系1	体系2	体系3
缺点	无法充分利用竹材性能	传力路径较为复杂	挑檐区加载对层间竹施加负弯矩较大，在三级加载时立柱为偏心受压状态

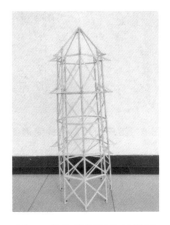

图1　八柱桁架结构轴侧图

图2　对角四柱结构轴侧图

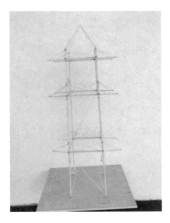

图3　对边四柱结构轴侧图

三、计算分析

（一）强度分析

经分析，各级荷载工况下的结构受力情况如图4～图6所示，可知结构满足强度要求。

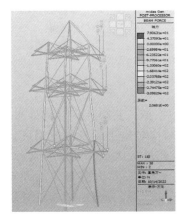

图4　第一级荷载轴力云图

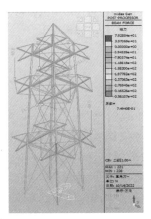

图5　第二级荷载轴力云图

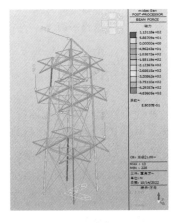

图6　第三级荷载轴力云图

（二）刚度分析

经分析，各级荷载工况下的结构变形情况如图7～图9所示，可知结构满足刚度要求。

（三）稳定性分析

经分析，各级荷载工况下的结构失稳情况如图10～图12所示。

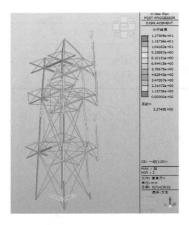
图 7　第一级荷载结构变形图

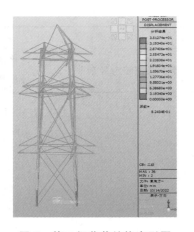
图 8　第二级荷载结构变形图

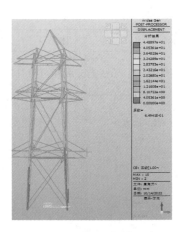
图 9　第三级荷载结构变形图

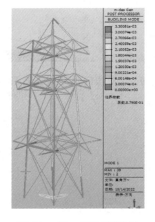
图 10　第一级荷载结构
失稳模态图

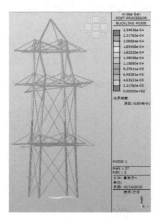
图 11　第二级荷载结构
失稳模态图

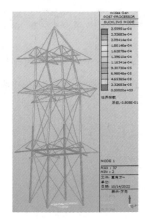
图 12　第三级荷载结构
失稳模态图

四、心得体会

纵观本次比赛,从方案构思到实物加载的整个过程是对实际工程的模拟。要想达到好的效果,不仅要考虑结构的合理性和科学性,还要考虑结构本身对施工的影响及结构对施工质量的敏感度。施工质量和节点处理直接影响最终的加载效果。十六个小时的制作离不开团队成员之间的密切配合。队员们能在困难的时候积极交流、互相交换意见,使得整个过程有条不紊地进行,并且每个人都充分运用了理论力学、材料力学、结构力学的相关知识,使自己的知识体系更加完善。此外,结构竞赛还培养了我们的动手能力和解决实际工程问题的能力。感谢学院给予的帮助,在指导老师以及学院领导的悉心指导和帮助下,我们的模型设计及制作能够顺利进行。在此,向老师们致以最诚挚的谢意。

最后,感谢主办方的每位工作人员!整个赛期较长,正是因为同伴的优秀想法和周围人的不断鼓励,我们才能从校赛一路坚持到国赛。图 13 是对我们团队胜利的留念。

图 13　团队合影

佛山科学技术学院 隐铃悠云（一等奖）

一、队员、指导教师及作品

参赛队员
朱骏轩
张石林
陈杰明
指导教师
陈泽鹏
陈舟
领队
陈舟

二、设计思想及方案选型

本次竞赛的结构荷载包含竖向荷载、扭转荷载和水平荷载，需要考虑多方面的因素，在整个结构设计过程中，我们对以下三种结构体系进行设计和加载试验。

体系1：该结构体系的优点在于方便拼接与加载点定位。但由于设计结构不合理，原本抗压能力优于抗弯能力的竹制杆件发生较大弯曲，模型第一级荷载无法成功加载，最终此体系被淘汰。体系1轴侧图如图1所示。

体系2：加大塔身横截面以减小模型的扭转变形；为使主要受力杆件受力分配与传力合理，我们重新设计了挑檐位置及节点连接的方式；为了尽可能地减小模型的扭转变形，同时满足赛题要求，我们将整体模型框架增大并调整了挑檐位置。体系2轴侧图如图2所示。

体系3：在体系2的试验与加载过程中，存在大部分同向（逆时针）方向上的拉条无受力的情况，这是因为受第二级荷载顺时针扭转的影响，塔身上仅顺时针方向的拉条受力，因此我们通过大量模型制作与加载试验将塔身拉条减少。体系3轴侧图如图3所示。我们最终选择体系3作为参考方案。

三、计算分析

（一）梁单元应力分析

经分析，梁单元应力情况如图4～图6所示。

（二）受拉桁架单元应力分析

经分析，受拉桁架单元应力情况如图7～图9所示。

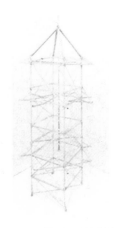

图 1　体系 1 轴侧图

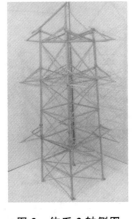

图 2　体系 2 轴侧图

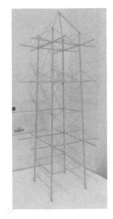

图 3　体系 3 轴侧图

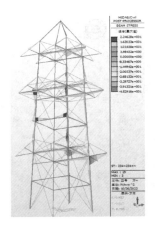

图 4　第一级荷载梁单元应力图

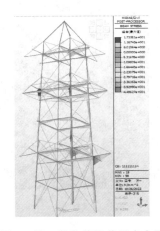

图 5　第二级荷载梁单元应力图

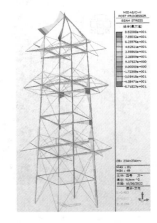

图 6　第三级荷载梁单元应力图

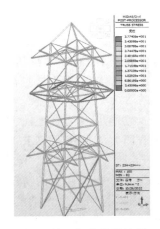

图 7　第一级荷载受拉桁
架单元应力图

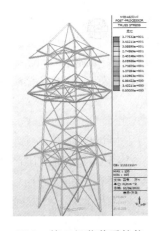

图 8　第二级荷载受拉桁
架单元应力图

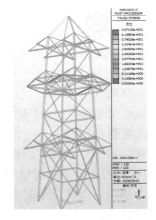

图 9　第三级荷载受拉桁
架单元应力图

（三）变形分析

经分析,各级荷载工况下的结构变形情况如图 10～图 12 所示。

四、心得体会

古人云:一分耕耘,一分收获。从赛题公布,我们就开始了模型方案的构思,在此期间,我们累过、

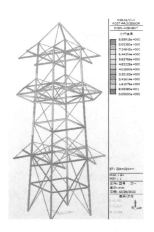 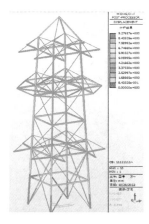 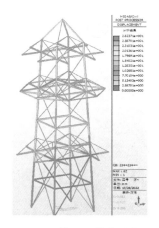

图 10　第一级荷载结构　　　　图 11　第二级荷载结构　　　　图 12　第三级荷载结构
　　　变形图　　　　　　　　　　　变形图　　　　　　　　　　　变形图

争吵过,也笑过、激动过。特别在五一假期,老师每天早上都会过来和我们一起备赛,一直到下午才回去。感谢老师对我们的关心和付出。虽然备赛很苦,但我们也收获了很多。为了杆件的精细,我们可以切片数次;为了节点的稳固,我们可以拆补多次;为了结构的合理,我们可以讨论至深夜。大学四年匆匆,有的人过得碌碌无为,有的人却过得精彩纷呈。很高兴能有机会参加结构设计竞赛,让我们有了为之奋斗的目标,有了精彩的大学生活。

　　模型成功满载的那一刻是短暂的,而这背后枯燥的模型制作过程却是漫长的。为了制作好这个模型,我们团队常常工作至深夜,尽管身体已疲惫不堪,但内心却依然充满热情,也许,这就是模型的魅力吧! 在这个过程中,虽然遭遇过许多挫折,但我们没有放弃,从失败中总结经验,努力尝试着解决问题。在此,非常感谢我们的指导老师及工作室的师兄,是他们宝贵的意见、默默的陪伴和积极的鼓励才使我们战胜困难! 最终,在团队所有人的努力下,我们完成了模型的实验,制作出理想的模型。

　　在参赛过程中,我们痛并快乐着。我们觉得,既然选择了结构设计竞赛,便只顾风雨兼程。由衷感谢主办方给了我们一个展现自我的舞台,这让我们倍感荣幸与骄傲! 最后,期待能在此次比赛中取得好成绩,也祝全国大学生结构设计竞赛越办越好!

南京工业大学 遇见塔（一等奖）

一、队员、指导教师及作品

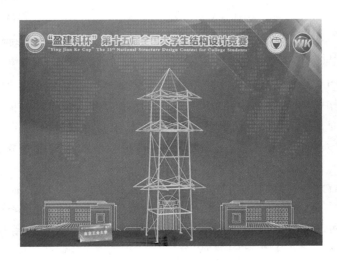

参赛队员
陈星宏
孙传斌
徐双
指导教师
孙小鸾
赖韬
领队
徐汛

二、设计思想及方案选型

在整个备赛过程中，我们的三层木塔结构体系历经数次调整，其中最具代表性的三种结构体系模型轴侧图如图 1～图 3 所示。综合考虑三种体系优缺点，我们选择竹皮杆主杆＋矩形梁五层体系（体系 3）作为最终方案。

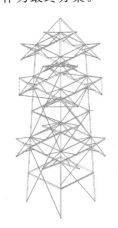

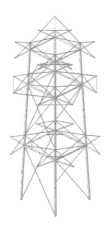

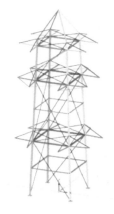

图 1 体系 1 模型轴侧图　　　图 2 体系 2 模型轴侧图　　　图 3 体系 3 模型轴侧图

表 1 列出了三种结构体系性能对比。

表 1　三种结构体系性能对比

	体系 1	体系 2	体系 3
优点	受力清晰,多箍体系将弯剪转化为轴压,材性利用率高	质量小,构件少,主杆强度高	结构受力明确,制作简便,质量小,结构稳定,对荷载工况适应性强
缺点	杆件多,主杆弱,无法承受较大竖向荷载,挑檐处尼龙绳易滑移	稳定性差,横梁易失稳,对偏心荷载承载能力弱	个别极端荷载工况失稳

三、计算分析

(一)强度分析

经分析,各级荷载工况下的结构受力情况如图 4~图 6 所示。

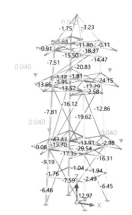 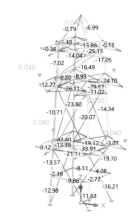 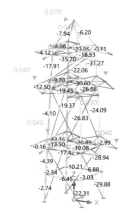

图 4　第一级荷载结构应力图　　图 5　第二级荷载结构应力图　　图 6　第三级荷载结构应力图

(二)刚度分析

经分析,各级荷载工况下的结构变形情况如图 7~图 9 所示。

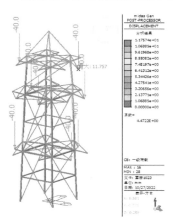 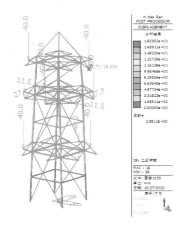 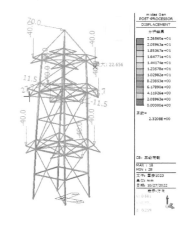

图 7　第一级荷载结构变形图　　图 8　第二级荷载结构变形图　　图 9　第三级荷载结构变形图

(三)稳定性分析

经分析,各级荷载工况下的结构失稳情况如图 10~图 12 所示。

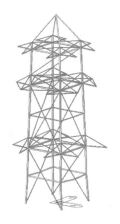

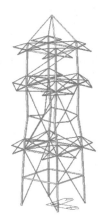

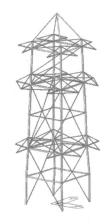

图 10　第一级荷载结构　　　　图 11　第二级荷载结构　　　　图 12　第三级荷载结构
　　　　失稳模态图　　　　　　　　　　失稳模态图　　　　　　　　　　失稳模态图

四、心得体会

（一）理论与实践相结合，是解决实际工程问题的法宝

　　针对此次比赛的复杂性，我们团队应用数值模拟、理论分析及不断试验验证的方式，逐步形成最终的比赛模型。在接近一年的备赛过程中，成员为了更好地判断试验模型对象的可靠性，学习了多个软件，应用多个软件分析验算，确保结构体系合理可靠。我们坚持实践是检验真理的唯一标准，在软件分析的基础上，不断试验纠错。随着对赛题要求解读的不断深入，小组在模型结构体系上不断创新，从最初的十字形主杆八层环箍框架体系、箱形主杆＋T字钢三层梁框架体系到最后的箱形主杆＋矩形梁五层框架体系，对梁和挑檐的结构构造进行多次制作和加载尝试并选取了最优的方案；同时，对模型的整体构造和细节也不断根据加载情况进行打磨，细化截面尺寸、增减模型构件、优化节点连接；另外，将试验模型受力特点与力学验算知识相结合，应用结构力学、理论力学和材料力学等力学知识分析结构受力原理，合理利用竹材的受拉性能，尽可能减少受压构件，充分提高材料利用率。

（二）团队协作、齐心协力、工匠精神是竞赛成功的必要条件

　　一方面，队员们集思广益，新想法的碰撞使得结构设计趋于简约与合理。另一方面，模型制作时队员们互相配合，对提高制作精度及制作效率具有较大帮助。在结构设计竞赛的备赛过程中，我们领悟到制作模型需要创意巧妙而又富有现实意义的想法，需要精湛而又饱含真情实感的制作工艺，需要我们敢于突破传统，专注细节。弘扬工匠品格，既蕴含"爱国、敬业"的社会主义核心价值观，又凸显"空谈误国、实干兴邦"的中国梦内涵。在当下，坚持传播的这些价值观，正是全社会最需要的正能量。

　　人们总说，前进的路上，别忘了欣赏沿途的风景。整个备赛期间，我们并没有碰到接连不断的好运，更多的是挑战与压力。但挑战孕育着机遇，我们也享受着克服挑战的感觉。这一路走来，我们不仅互相熟识，更认识了很多朋友和老师，我们也得到了学院的帮助和大力支持，这些是我们这次比赛所收获的最宝贵的财富。

黑龙江大学　大禹志塔(一等奖)

一、队员、指导教师及作品

参赛队员
刘毅
陈龙
代玉龙
指导教师
徐树全
曾庆龙
领队
柳艳杰

二、设计思想及方案选型

　　我们的方案本着简单、安全、美观、合理的设计要点,通过对结构体系、节点构造、杆件设计的选择来设计和优化结构。我们以此为切入点,重点讨论塔体的最小外径,设计出符合赛题要求的方案1、方案2、方案3,如图1～图3所示。综合分析,方案3在最大限度减轻模型质量的同时,具有较高的承载能力和稳定性,因此最终选型为方案3。

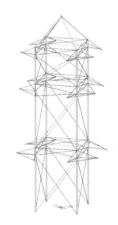

图1　方案1模型结构轴侧图　　图2　方案2模型结构轴侧图　　图3　方案3模型结构轴侧图

　　表1列出了三种方案优缺点对比。

表1 三种方案优缺点对比

方案对比	方案1	方案2	方案3
优点	制作简便,具有极高的强度与较好的稳定性	结构整体简洁,受力合理,传力路径明确,强度、刚度较高,稳定性、抗扭性能较好	具有较强的承载能力和稳定性,材料利用率较高,且结构装配简便,有利于限时操作
缺点	柱子较多,结构质量太大	误差较大,对结构影响较大;装配花费时间较长,不利于限时操作	结构杆件种类较多,对制作工艺要求较高

三、计算分析

(一)强度分析

经分析,各级荷载工况下的结构受力情况如图4~图6所示。

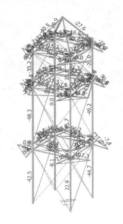
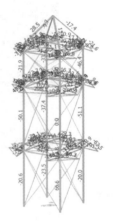

图4 第一级荷载结构应力图　　图5 第二级荷载结构应力图　　图6 第三级荷载结构应力图

(二)刚度分析

经分析,各级荷载工况下的结构变形情况如图7~图9所示。

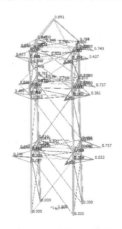
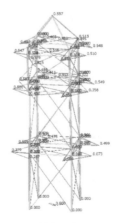
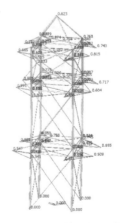

图7 第一级荷载结构变形图　　图8 第二级荷载结构变形图　　图9 第三级荷载结构变形图

（三）稳定性分析

经分析，各级荷载工况下的结构失稳情况如图10～图12所示。

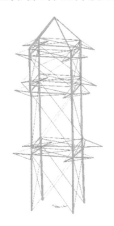

图10 第一级荷载结构
失稳模态图

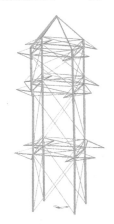

图11 第二级荷载结构
失稳模态图

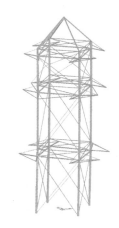

图12 第三级荷载结构
失稳模态图

四、心得体会

参加这次大学生结构设计竞赛，使我们加深和拓宽了所学理论知识，让我们有机会将理论联系实践，在实践中获得新的知识。在过去的一年里我们共制作了43个模型，在这个过程中我们掌握了建模、有限元分析、模型制作及各种工具的正确使用方法，自身的能力得到极大的提升。同时在这个过程中我们也认识到自己的不足，比如执行力差、手工不够精细等。此外我们从方案确定、模型制作、加载试验一直到最终定型都离不开学长和老师的指导与建议，希望我们能取得好成绩来回报他们。参加本次比赛是我们莫大的荣幸，比赛所带给我们的一切能力、经验、思想都将成为我们今后人生的宝贵财富。随着地球资源的日渐减少，我们在寻找新材料的同时，更应注意新结构形式的探索，好的结构形式能为我们节省更多的材料，因此，结构创新是我们共同的责任和希望。在今后的求学之路上，我们要更加努力以取得更好的成绩回报社会，为社会主义现代化建设尽一分力量。

在这里真诚感谢大赛组委会及各位领导、老师的支持与帮助！最后祝全国大学生结构设计竞赛越办越精彩！

台州学院　飞到六和塔(一等奖)

一、队员、指导教师及作品

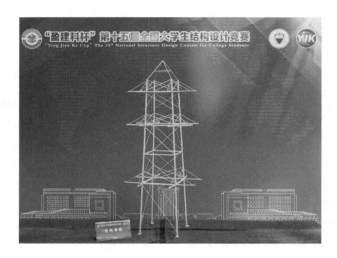

参赛队员
崔子恒
赵晓雨
许泽骏
指导教师
指导组
领队
沈一军

二、设计思想及方案选型

　　我们针对赛题特点,考虑材料特性和荷载分布情况,进行了最不利荷载分析、结构内力分析,以及结构和构件的强度、刚度和稳定性分析,并反复进行加载试验,优化结构体系和构件截面。在整个备赛过程中,模型结构从八根主杆到四根主杆,结构分层从三层到四层,构件从单一材料到组合优化,逐步达到结构的相对优化状态。方案选型有以下三种,如图1~图3所示。

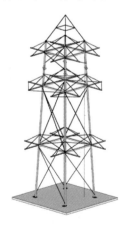
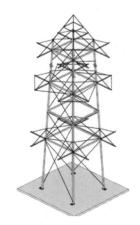

图1　方案1模型轴侧图　　　　图2　方案2模型轴侧图　　　　图3　方案3模型轴侧图

　　综合对比各方案的优缺点,并结合赛制要求、模型尺寸、加载能力、模型质量,以及耗材和耗时等方面的因素,确定方案3为最终方案。该方案在方案2基础上优化演变而来。考虑到主杆的上下连续性,采用 0.8 mm×6 mm 竹片(1 mm×6 mm 竹片磨薄)组合成正方形空心管,并在底层位置的主杆上包上竹皮。其中,水平荷载下受压侧主杆四边均贴上 0.5 mm 厚的竹皮,受拉侧主杆两邻边贴上 0.35 mm 厚的竹皮,结构分为四层,横梁截面为正方形空心管,不同位置截面形式及尺寸不同。节点之间用斜杆(1 mm×2 mm)连接,考虑到扭转荷载、水平荷载方向确定,斜杆仅在受拉的部位配置。挑檐由压弯杆和斜拉杆(1 mm×2 mm)组成,在足够承载力和刚度的前提下质量最小。其优点在于构件刚度较大,上下层主杆的长细比、截面惯性矩等比例合适,受力合理;结构体系简单、规则,传力路径明确;挑檐压弯杆充分利用材料特性,在保证承载力和刚度的前提下,质量较小。而缺点也同样明显,那便是对挑檐制作要求较高。

三、计算分析

(一)强度分析

经分析,各级荷载工况下的结构受力情况如图 4~图 6 所示。

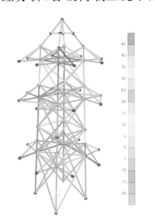 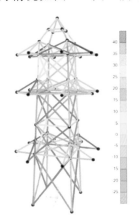 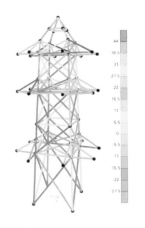

图 4　第一级荷载应力云图　　　图 5　第二级荷载应力云图　　　图 6　第三级荷载应力云图

(二)刚度分析

经分析,各级荷载工况下的结构变形情况如图 7~图 9 所示。

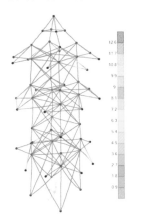 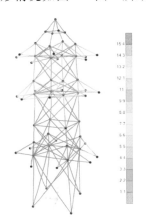 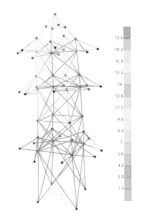

图 7　第一级荷载结构变形图　　　图 8　第二级荷载结构变形图　　　图 9　第三级荷载结构变形图

(三)稳定性分析

经分析,各级荷载工况下的结构失稳情况如图10～图12所示。

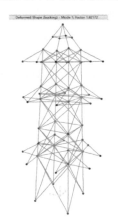 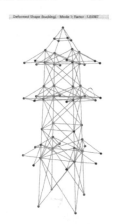 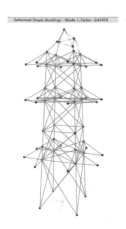

图 10　第一级荷载结构　　　　图 11　第二级荷载结构　　　　图 12　第三级荷载结构
　　　　　失稳模态图　　　　　　　　　　失稳模态图　　　　　　　　　　失稳模态图

四、心得体会

大学生结构设计竞赛作为土木工程学科本科阶段的"奥林匹克"赛事,吸引了各大高校参与,竞争无比激烈。而我作为大三的学生参加此次竞赛,更是有许多感触。

在大一下学期,我们第一次接触到结构竞赛,那时作为省赛的志愿者在加载现场看到了真实的加载情况。大二和同学一起参加校内选拔赛,和队友在一次次的磨合和研究中冲出重围,拿到了参赛资格。随着拿到了国赛资格,我们暑假留在模型室开始了夜以继日的琢磨。万事开头难,对于"萌新"来说,我们还不理解赛题和材料性能,力学原理掌握程度和手工制作水平也不高,直到正式参赛了我们才发现和自己想象的比赛不一样。暑假过得很快,但是一点也不枯燥。每天按时去模型室工作,晚上回去了还要研究讨论一会儿。每当加载时,我们都无比紧张。我记得暑假第一次加载时结构模型重达 200 g,显然是不行的。第二次、第三次、第四次……最后我们通过改进将结构模型做到了 130 g 左右。但随着补充说明的发布,我们重新设计了结构,模型回到了 160 g,又要重新开始减重。比赛经历了延期和再延期让我们猝不及防,除了时间战线的拉长,我们好不容易获得的手感和默契就这样减弱了。随着大三最后一个学期的开始,我们收到比赛继续的通知,重新开始训练,最后模型质量减到 148 g。不过我们面临的问题是发挥还不够稳定,我们希望到赛前可以克服。

整个备赛过程很艰辛,但收获也很大,对我们学习生涯的影响是非常深远的。

第一是专业知识和能力的快速提升。我们报名参赛的时候,力学和结构的相关知识还相对薄弱。但在指导老师的讲解和自己反复的探索实践中,我们对结构和力学的感受是非常直观的,提升也非常快速,为结构方案的探索和结构的优化奠定了良好的基础。

第二是培养了我们精益求精的精神。在备赛初期,虽然结构模型质量很大,但承载效果并不理想。一方面是结构体系不够合理,另一方面是制作工艺不够精细。在反复训练的过程中,我们每制作一个模型,在制作工艺上都有提升,比如对竹材的选择、构件的粘贴、节点的处理、点的定位、杆件的笔直度等,都更加精益求精。实践证明,工艺对结构的受力有很大的影响。在后面的制作过程中,我们注重各个环节的精准度,加载的成功率更高了。

第三是结构分析软件的应用能力提升。我们一开始对结构分析完全是懵懂的,在指导老师的辅导下,我们开始接触结构分析软件。在任务的驱动下,我们发现掌握其应用也不是那么难。还有绘图软件的应用,比如我们发现有各种截面的惯性矩计算功能,为我们进行优化设计提供了很大的便利。

　　第四是增强了我们团队分工协作的意识。明确合理的团队分工是非常重要的,合理的分工可以让团队每一个人都做自己适合的工作,提高效率;明确的分工可以让目标清晰,有奋斗的方向。我们经过前期的磨合,最后根据个人所长明确了分工,一人专攻加载面的优化设计和制作,一人专攻主体结构的优化设计和制作,一人专攻材料精细化处理。同时,每个改良的方案大家都一起讨论,分析其优劣性、可行性等。

　　感谢竞赛组委会给我们搭建了全国性的擂台;感谢母校对我们的支持和培养;感谢指导老师夜以继日地陪伴我们反复打磨方案。希望能在这次比赛中争取优异的成绩。

东南大学　文明塔(一等奖)

一、队员、指导教师及作品

参赛队员	
李书浩	
李硕	
刘凌	
指导教师	
孙泽阳	
戚家南	
领队	
鲁聪	

二、设计思想及方案选型

根据赛题,我们设计了以下三种结构体系。

体系1:八柱三层楼阁式塔。该体系采用八根主柱作为结构主体,柱间通过横梁及拉索连接,每层挑檐制作方法统一。该体系整体结构稳定性强,但质量较大,改进空间小,同时,使用杆件较多,节点处制作复杂,制作时间过长。

体系2:偏四柱五层楼阁式塔。该体系采用四根主柱,形式上突破了规避区域的思维限制。该体系整体稳定性相对较差,但质量更小,传力路径更加明确,制作容易,施工简单。

体系3:正四柱五层楼阁式塔。该体系同样采用四根立柱,其挑檐仅有一种形式,相邻两个挑檐加在一根立柱上。挑檐采用单根压杆及两根拉索的形式,以提高结构稳定性。柱间支撑主要分为两类,一类支撑抵抗第一级竖向荷载,另一类支撑抵抗第二级扭转荷载及第三级水平荷载。

最终我们选择体系3作为参赛方案。体系3如图1所示。

表1列出了三种体系优缺点对比。

表1　三种体系优缺点对比

体系对比	体系1	体系2	体系3
优点	结构位置精度高,整体刚度大	传力直接,结构简洁,质量小	精度易控,受力均匀
缺点	构件过多,制作复杂,质量大	结构位置精度控制难度大,立柱受力不均匀	挑檐构件传力不直接

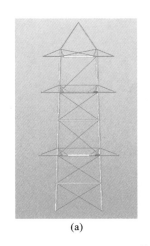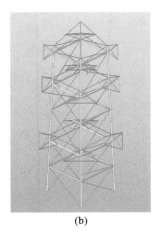

(a)　　　　　(b)

图 1　体系 3 示意图

(a)立面图;(b)轴侧图

三、计算分析

(一)强度分析

经分析,各级荷载工况下的结构受力情况如图 2~图 4 所示。

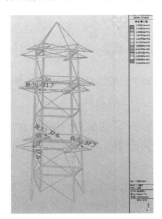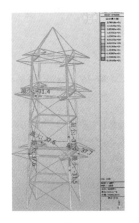

图 2　第一级荷载结构应力图　　图 3　第二级荷载结构应力图　　图 4　第三级荷载结构应力图

(二)刚度分析

经分析,各级荷载工况下的结构变形情况如图 5~图 7 所示。

(三)稳定性分析

经分析,各级荷载工况下的结构失稳情况如图 8~图 10 所示。

四、心得体会

    本团队从 2022 年 4 月开始备赛,经历了校赛、省赛选拔,最终进入全国总决赛。全国大学生结构设计竞赛是土木工程学科竞赛中的顶级赛事,由于在结构方案、计算分析、计算书整理及模型制作过程中有大量的工作要做,模型制作要在比赛现场完成,这就要求我们具有团队合作精神,成员之间分

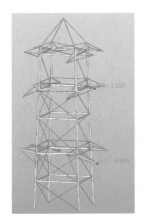

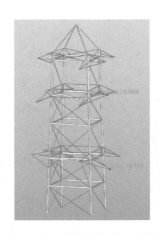

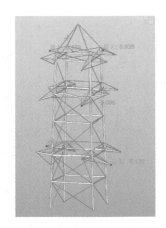

图 5　第一级荷载结构变形图　　　　图 6　第二级荷载结构变形图　　　　图 7　第三级荷载结构变形图

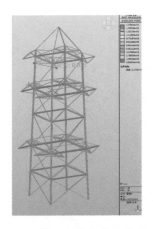

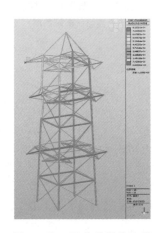

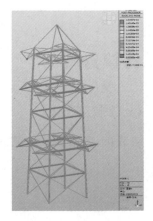

图 8　第一级荷载结构失稳　　　　　图 9　第二级荷载结构失稳　　　　图 10　第三级荷载结构失稳
　　　模态图　　　　　　　　　　　　　模态图　　　　　　　　　　　　模态图

工明确、配合默契、充分发挥各自的长处,方能在竞赛中取得优异的成绩,比如小组成员要么擅长手工制作,要么力学知识扎实,要么善于计算分析,对于需要进行方案陈述的竞赛,还应有较好的表达能力。

本组成员在备赛过程中,编写计算书、绘制结构图并不断精进对软件的使用技巧,更好地掌握了有限元软件;自主学习,积极探索超出对本科生能力要求的知识;通过实际制作模型、加载模型来验证所学的理论知识;不断磨炼手工,制作精益求精;持续学习结构知识,勇于创新。

本次竞赛活动,促使我们有兴趣、有目的、有动力地学习各方面的知识,综合能力得到极大提高。结构竞赛让知识获取连接实践创作,将所学用到实处,在实践中内化所学。为期一年的结构竞赛备赛是我们本科阶段难忘的经历,也会让我们受益终身。

辽宁工业大学　工学塔(一等奖)

一、队员、指导教师及作品

参赛队员
李优点
李洋
龙尚琳
指导教师
孙洪军
刘伟
领队
刘伟

二、设计思想及方案选型

　　对于本次竞赛,我们一共进行了三种结构体系的尝试,分别为八柱体系、六柱体系、四柱体系,如图1~图3所示。结合三个结构体系的优缺点分析,四柱体系质量小、承载能力强、做工简单,比较符合本次竞赛优中选优的要求,所以我们最终选择四柱体系作为此次竞赛的最终方案。

图 1　八柱体系实物图

图 2　六柱体系实物图

图 3　四柱体系实物图

表 1 为三种结构体系优缺点对比。

表 1 三种结构体系优缺点对比

体系对比	八柱体系	六柱体系	四柱体系
优点	承载能力强,结构体系稳定,不易失稳	杆件相对较少,结构稳定,抗扭能力强	杆件少,质量小,结构稳定,承载能力强,做工简便
缺点	杆件多,质量大,做工复杂,需处理节点较多	做工复杂,组合梁挑檐位置不易确定,挑檐易破坏	易失稳

三、计算分析

(一)强度分析

经分析,各级荷载工况下的结构受力情况如图4~图6所示。

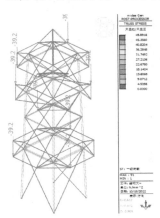 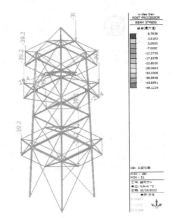 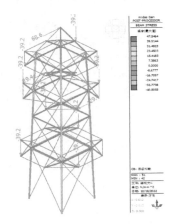

图 4　第一级荷载结构应力图　　图 5　第二级荷载结构应力图　　图 6　第三级荷载结构应力图

(二)刚度分析

经分析,各级荷载工况下的结构位移情况如图7~图9所示。

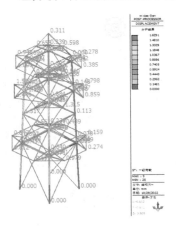 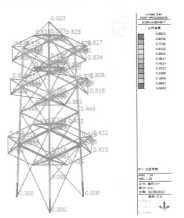 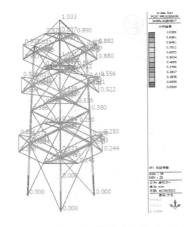

图 7　第一级荷载结构位移图　　图 8　第二级荷载结构位移图　　图 9　第三级荷载结构位移图

(三)稳定性分析

经分析,各级荷载工况下的结构失稳情况如图10~图12所示。

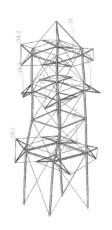 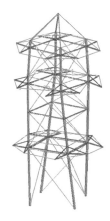 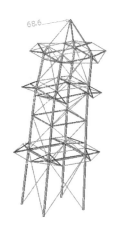

图 10　第一级荷载结构失稳图　　　　图 11　第二级荷载结构失稳图　　　　图 12　第三级荷载结构失稳图

四、心得体会

在整个准备比赛的过程中,我们的方案从最开始的八柱体系到六柱体系,最后确定使用四柱体系。在材料使用方面,我们在经过了长期的模型制作及加载试验后,发现竹皮有自重大、吸水性高、不易加工等缺点,所以决定全部采用比赛所提供的竹条进行二次加工。

根据实际加载来看,对结构不利的加载点可能会导致模型破坏。在模型制作过程中,我们的制作工艺水平还有一定的提升空间。例如,处理节点时把握不好胶水及竹屑的用量,导致做出来的模型不够精美,挑檐位置存在一定误差。

本次比赛以三重木塔结构为赛题,使我们对古建筑结构有了一定的认识,也让我们将自己所学的专业知识应用到实际中,同时向社会宣扬古建筑文物的结构文化及其保护。本次比赛参赛者需要用竹材制作出经软件设计模拟过的模型来进行实际加载,在多次制作及加载试验中,我们发现模型的加载效果与手工制作精度有着紧密的联系,这也提示我们只有手工制作再细致一点,模型的加载效果和精美程度才会有相应的提升。

在这次比赛中,我们用自己有限的水平勾画着心中的蓝图,相信自己能够成功。当然可能仍有疏漏、有不足,恳请评审专家提出批评意见和建议,以利于我们学习与改进。全国结构设计竞赛自举办至今已走过多届的历程,祝全国大学生结构设计竞赛越办越好!

浙江树人大学　阳光之塔（一等奖）

一、队员、指导教师及作品

参赛队员

金彬
叶卓琛
徐文龙

指导教师

沈骅
楼旦丰

领队

金小群

二、设计思想及方案选型

　　针对本次赛题，我们的结构设计按主杆数量大致分为两种体系，分别为横截面为正方形的四根主杆体系和横截面为正八边形的八根主杆体系。八根主杆体系如图1所示，虽然结构简单，但由于主杆数量多，所以质量相对较大。四根主杆体系分为两种，第一种主杆每一层连接一个挑檐，另一个挑檐连接在每一层的横梁上，如图2所示，利用杠杆和拉条将力传导于主杆的节点之上，但拉条使用数量较多。为了保证受压构件不失稳，要确定合理的长细比。在选型过程中我们对各种长细比进行了试验，最终确定使用第二种四根主杆体系，即结构分为5层，如图3所示。

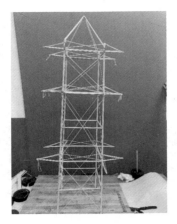

图1　八根主杆体系　　　　图2　第一种四根主杆体系　　　　图3　第二种四根主杆体系

表 1 列出了三种结构体系优缺点对比。

表 1   三种结构体系优缺点对比

体系对比	八根主杆体系	第一种四根主杆体系	第二种四根主杆体系
优点	结构坚固、简单	挑檐主体基本受拉,强度大	结构简明,传力简单
缺点	质量大	结构复杂,制作难度大	制作要求较高,难度大

三、计算分析

(一)强度分析

经分析,各级荷载工况下的结构受力情况如图 4～图 6 所示。

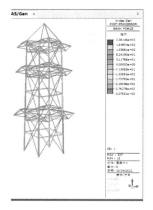   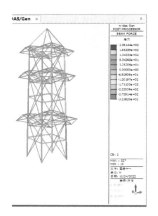   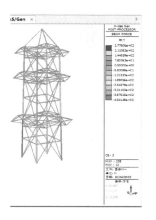

图 4   第一级荷载结构内力图   图 5   第二级荷载结构内力图   图 6   第三级荷载结构内力图

(二)刚度分析

经分析,各级荷载工况下的结构变形情况如图 7～图 9 所示。

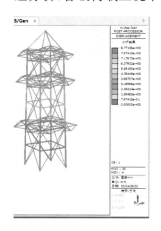   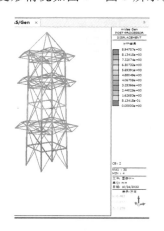   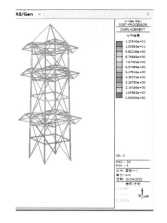

图 7   第一级荷载结构变形图   图 8   第二级荷载结构变形图   图 9   第三级荷载结构变形图

(三)稳定性分析

经分析,各级荷载工况下的结构失稳情况如图 10～图 12 所示。

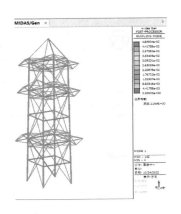

图 10　第一级荷载结构
失稳模态图

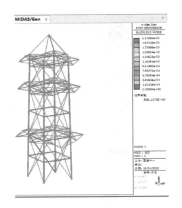

图 11　第二级荷载结构
失稳模态图

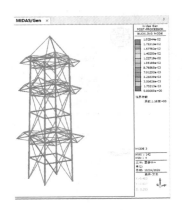

图 12　第三级荷载结构
失稳模态图

四、心得体会

　　我们参赛完全是出于对结构的热爱。我们想通过尝试,去感受结构的真实性、可行性,以及加深我们对结构本身的认识。所以我们开始了这场对结构的探索之旅。那么既然开始了,何不做到最好?于是,我们投入越来越多的时间和精力,最初的尝试慢慢也变成了想要证明自己能力的强烈愿望。

　　通过这次比赛,我们深刻地体会了理论与实际是密不可分的,在实践中学习和检验理论会让我们进步更快,学到更多。模型的设计与制作让我们深刻感受到力学中材料的真实性和结构的可行性,使我们知道了我们能够通过双手创造出我们不曾想过的成功!

海口经济学院 藏经楼(一等奖)

一、队员、指导教师及作品

参赛队员
计承历
陈子扬
刘佳欣
指导教师
唐能
钟孝寿
领队
文闻

二、设计思想及方案选型

在备赛过程中,通过反复的模型受力分析、加载,我们对模型不断进行改进,对赛题有了更加深刻的认识,经过概念分析和实验研究,很快确定结构方案为框架+柔性支撑的结构体系,备赛过程中的主要工作为优化构件、节点处理,以及提高结构的可靠性。我们设计了以下三种结构体系进行比选。

体系 1:采用四根柱子,按最大外规避区布置柱子,挑檐用梭形截面。

体系 2:选择四根柱子,按最小内规避区布置柱子,挑檐由加二元体方式构成。

体系 3:使用三根柱子,按最大外规避区布置柱子,一部分挑檐由加二元体方式构成,另一部分挑檐用拉杆悬吊以传力至塔顶。

表 1 列出了三种结构体系优缺点对比。我们选择了体系 2 作为参赛方案。

表 1 三种结构体系优缺点对比

体系对比	体系 1	体系 2	体系 3
优点	传力较明确,刚度相对较大,挑檐节点可靠	框架传力明确,柔性支撑有效提高刚度且充分利用受拉能力;各层挑檐相同,标准化程度高,制作方便,且拉压分明;模型质量小,结构合理	模型结构新颖,创新尝试,利用拉杆多
缺点	挑檐悬挑长度不等,标准化程度不高;梭形挑檐增加竹皮用量,模型质量增大;横梁长度大,受压容易破坏	拉杆较细且受力大,节点处理困难,破坏风险较大	很难形成稳定结构,整体刚度很小;部分挑檐依靠悬挂构造,变形大,可靠性差,传力不明确

三种结构体系模型实物如图 1 所示。

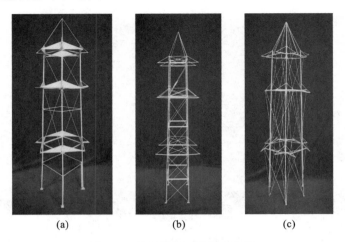

(a)　　　　(b)　　　　(c)

图 1　三种结构体系模型实物图

(a)体系 1;(b)体系 2;(c)体系 3

三、计算分析

(一)强度分析

经分析,各级荷载工况下的结构受力情况如图 2~图 4 所示。

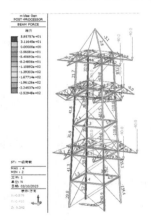 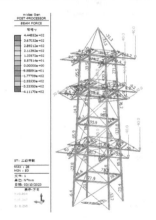 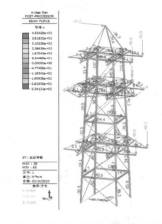

图 2　第一级荷载结构内力图　　**图 3　第二级荷载结构内力图**　　**图 4　第三级荷载结构内力图**

(二)刚度分析

经分析,各级荷载工况下的结构变形情况如图 5~图 7 所示。

(三)稳定性分析

经分析,各级荷载工况下的结构失稳情况如图 8~图 10 所示。

四、心得体会

感谢全国大学生结构设计竞赛提供了知识的综合应用和团队协作的平台,有效提高了我们的创新意识、应用能力和合作精神,提高了我们的创新设计能力、动手实践能力和综合素质。

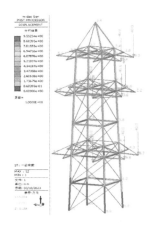 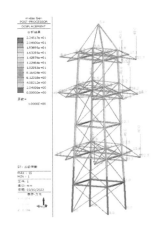 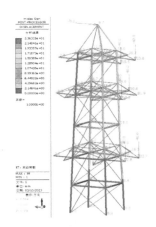

图 5　第一级荷载结构变形图　　　图 6　第二级荷载结构变形图　　　图 7　第三级荷载结构变形图

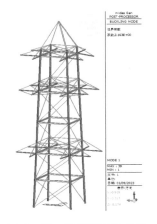 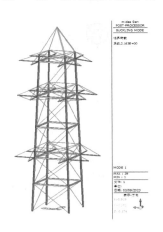 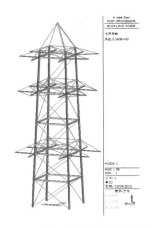

图 8　第一级荷载结构失稳　　　　图 9　第二级荷载结构失稳　　　　图 10　第三级荷载结构失稳
　　　模态图　　　　　　　　　　　　　模态图　　　　　　　　　　　　　　模态图

　　我校以结构设计竞赛为依托,于 2014 年成立了结构社。社团自成立以来,一直秉持"创思维、想天开、结良友、构未来"的文化理念,以"校赛做大、省赛做强、国赛做精"为发展思路,成功打造优秀的学术科学类社团、第二班级和第二课堂。

　　自从参加结构设计竞赛,我们更多的课外活动和话题围绕着结构设计竞赛展开,对专业知识形成感性的认识和浓厚的兴趣,提高了专业学习的自主性,助力优良学风的形成。

　　制作结构模型,可以将复杂的问题简单化,枯燥的理论趣味化;让抽象在感知中理解和应用;让我们敢于试错,获得快乐和成长。

　　经过数十次的模型制作、试验,我们从失败中吸取教训、从成功中总结经验,将结构优化再优化,直到得到满意的结果。从结构设计开始,我们在实践中磨炼了坚韧不拔的意志品格和精益求精的工匠精神,深刻体会到确保工程安全的重要性。

　　结构社一届届传承,逐渐形成我们校园学术活动的品牌项目,成为一个向外界展示创新意识和创造能力的重要窗口,成为构建科技活动体系的一道美丽风景线。社员们努力取得的好成绩,增强了我们的信心。

　　结构设计竞赛考验的不仅是个人能力,更多的是团队在面临困难时能不能齐心协力、咬紧牙关坚持下去。每一个模型都有近百个节点及单元需要仔细处理,每一个无意中忽视的节点都可能导致一直以来的努力全部白费。很庆幸我们是一个能互相信任、彼此依赖的团队,在失败面前能冷静分析问题、及时纠正,不让同样的错误第二次发生。结构设计竞赛锻炼了我们的力学分析能力、手工制作能力,更锻炼了我们的心态与合作意识。相信这些比最后的结果更加重要。

阳光学院 飞虹(一等奖)

一、队员、指导教师及作品

参赛队员
郑进锋
李海
陈炜桥
指导教师
陈建飞
程怡
领队
陈建飞

二、设计思想及方案选型

根据赛题,我们设计了参赛结构模型,如图 1 所示。结构平面、立面布置简单、规则、对称,质量和刚度变化均匀。表 1 为几种结构截面形式对比。

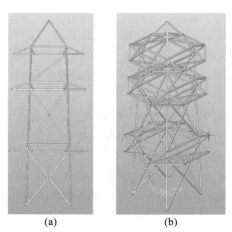

(a)   (b)

图 1 结构模型示意图

(a)立面图;(b)轴侧图

表 1　结构截面形式对比

截面形式对比	圆形	正方形	长方形	三角形
受力特点	本身产生张力	稳定	稳定	稳定
制作工艺	复杂	简单	简单	简单
制作用料	对杆件质量要求高,容易破坏	用料省	用料省	用料省
简图	⃝	▢	▭	△

　　通过实验研究,我们认为正方形截面结构稳定性好、用料节省、制作简单,可以达到较好的效率比,故选用该截面形式。

三、计算分析

(一)强度分析

经分析,各级荷载工况下的结构受力情况如图 2～图 4 所示。

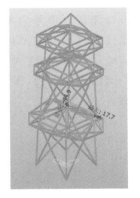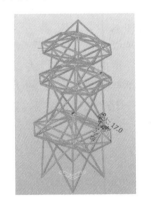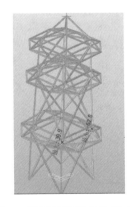

图 2　第一级荷载结构应力图　　图 3　第二级荷载结构应力图　　图 4　第三级荷载结构应力图

(二)刚度分析

经分析,各级荷载工况下的结构变形情况如图 5～图 7 所示。

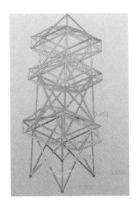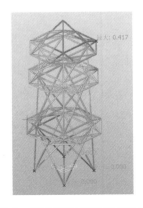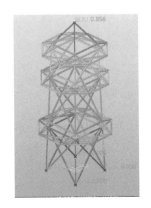

图 5　第一级荷载结构变形图　　图 6　第二级荷载结构变形图　　图 7　第三级荷载结构变形图

（三）稳定性分析

经分析，各级荷载工况下的结构失稳情况如图 8～图 10 所示。

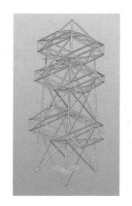 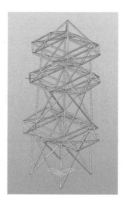 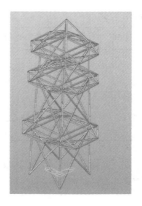

图 8　第一级荷载结构　　　　图 9　第二级荷载结构　　　　图 10　第三级荷载结构
　　　失稳模态图　　　　　　　　　失稳模态图　　　　　　　　　失稳模态图

四、心得体会

　　结构是建筑的骨架，是支撑荷载的脊梁。结构设计旨在用最少的材料、最佳的工艺、最极致的搭接来达到安全性的要求和最好的结构设计效果。艺术性与技术性对结构设计而言显得尤为重要，任何好的结构都是简单且传力明确的。如何以更高超、更精准、更简洁的专业技术水平开展结构设计，值得每一位土木专业学习者不懈探究。合理的受力和传力结构形式使结构极具美感，蕴含大道至简的结构艺术内涵。全国大学生结构设计竞赛为敢想敢创的大学生提供了广阔的发挥平台，彰显了踏实肯干、众志成城的土木精神。动手实践，让理论变成实际，让理想照亮现实。

成都理工大学工程技术学院 核心力量(二等奖)

一、队员、指导教师及作品

参赛队员

罗镟吉
刘帅宏
许力川

指导教师

姚运
章仕灵

领队

李金高

二、设计思想及方案选型

根据赛题,我们设计了两种结构方案。

方案1:塔外边缘均采用八根900 mm直立塔柱,各截面挑檐采用三角锥式结构,每截面相邻挑檐节点通过复合压杆相互连接以增强结构整体性;外塔为正八边形环形框架结构,内部设置双支撑鱼腹结构以增强杆件抵抗负弯矩的能力;塔顶采用锥式结构;挑檐间设置水平拉条,各截面间设置斜向揽风绳以提高结构的抗扭性能;在Ⅲ—Ⅲ截面与Ⅳ—Ⅳ截面间设置交叉斜拉皮以提高结构的抗侧移刚度。方案1结构模型如图1(a)所示。

方案2:塔外边缘采用四根900 mm立柱,各截面挑檐采用三角锥式结构,同时同一截面相邻挑檐作用在同一立柱上,每截面相邻挑檐节点通过复合压杆相互连接以增强结构整体性;立柱各截面中点位置设置系杆,以避免立柱长细比过大导致立柱受力时失稳,在立柱间设置斜拉鱼腹式结构以减小受力挑檐的拉力;塔顶采用对称锥式结构;立柱间设置斜向拉条增强模型的抗扭能力和提高模型的侧移刚度。方案2结构模型如图1(b)所示。

两种方案结构体系对比如表1所示。我们选择方案2作为参赛模型结构体系。

表1 两种方案结构体系对比

体系对比	方案1	方案2
优点	稳定性好,各杆件刚度大,抗侧移刚度大,模型抗扭转性能好	传力明确,各杆件抗屈服能力强,充分利用材料性能
缺点	过度依靠单根立柱承受荷载,模型传力差,质量大	挑檐刚度较小,同时承受水平和竖向荷载时容易失稳

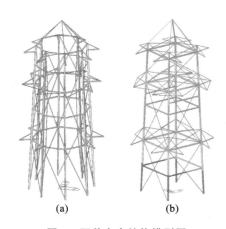

图1 两种方案结构模型图

(a)方案1 GEN 模型图;(b)方案2 GEN 模型图

三、计算分析

(一)强度分析

经分析,各级荷载工况下的结构受力情况如图2~图4所示。

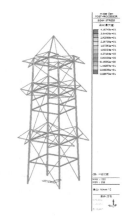 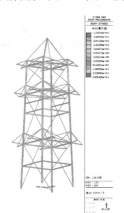 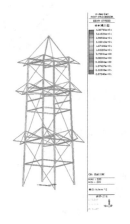

图2 第一级荷载结构应力图   **图3 第二级荷载结构应力图**   **图4 第三级荷载结构应力图**

(二)刚度分析

经分析,各级荷载工况下的结构变形情况如图5~图7所示。

(三)稳定性分析

经分析,各级荷载工况下的结构失稳情况如图8~图10所示。

四、心得体会

本次竞赛让我们将理论知识更好地运用于实践,学习了课本以外的知识与技能,同时加深了队员之间的相互配合。我们一方面通过竞赛不断丰富自己的大学经历,另一方面使自己的理论知识更加扎实和牢固。

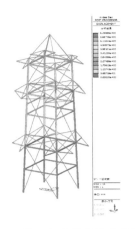 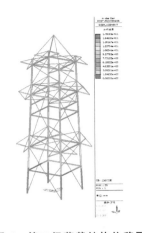 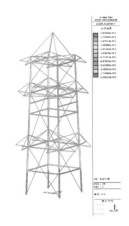

图 5　第一级荷载结构位移图　　图 6　第二级荷载结构位移图　　图 7　第三级荷载结构位移图

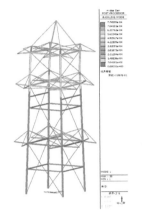 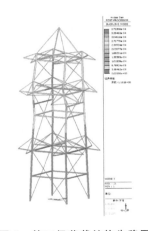 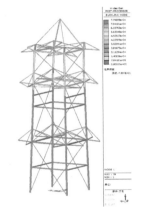

图 8　第一级荷载结构失稳图　　图 9　第二级荷载结构失稳图　　图 10　第三级荷载结构失稳图

　　感谢全国大学生结构设计竞赛组委会及全国第十五届大学生结构设计竞赛的承办方——太原理工大学,让我们拥有这样的一个机会站在这样的舞台上与各大高校同台竞技;感谢学校对我们的支持,对我们提供物质上的帮助和精神上的鼓励;感谢指导老师对我们的谆谆教导和无微不至的关怀;感谢工作室同学们的互勉互励和队员间的相互配合。优秀的作品源于经典的理念,而经典的理念源于不同的思路。队员们的不同思路,碰撞出激烈的火花,在争吵中不断升华,一个经典的理论就在火花中产生了。所以,我们在每一阶段的总结中,都会听取每一位队员的想法,认真斟酌考量,做出最优的决定,从而不断地完善作品。一个团队不仅包括参赛学生,还包括身旁的指导老师,老师的建议能给我们带来很多启发,给我们提供更深的理论支持。此外,我们的老师还常常给予我们鼓励与问候,让我们既温暖又感动,极大地鼓舞了我们。

　　同时也非常感谢四川省教育厅、四川省大学生结构设计竞赛组委会给我们提供了一个向川内各高校学习的平台,给我们提供了一个和大家同场竞技的机会;还要特别感谢第七届四川省大学生结构设计竞赛承办方——西南石油大学,你们做到了极致的专业、公平、公正,没有你们敢于担责和公平、公正的评判,就不会有我们学校省赛比赛结果的再次突破——连续三届代表四川省闯入国赛。

　　最后衷心祝愿我们土木人自己的全国大学生结构设计竞赛越办越好!

华侨大学　贝塔(二等奖)

一、队员、指导教师及作品

参赛队员
王浩
张志坤
张竣斌
指导教师
指导组
领队
阮羿佑

二、设计思想及方案选型

根据赛题,我们设计了两种结构体系。两种体系优缺点对比如表1所示。

表1　两种体系优缺点对比

体系对比	体系1	体系2
优点	质量较小,受力较明确,稳定性好	不受净空参数的影响,易承受较大荷载,制作工艺相对简单
缺点	制作工艺较复杂,加载点会偏移,承受荷载相对较小	过于笨重,节点处理较复杂,受制作工艺影响较大,受力复杂

结构体系1示意图如图1所示。结构体系2示意图如图2所示。我们最终选择了体系1。

三、计算分析

(一)强度分析

经分析,各级荷载工况下的结构受力情况如图3~图5所示。

(二)刚度分析

经分析,各级荷载工况下的结构变形情况如图6~图8所示。

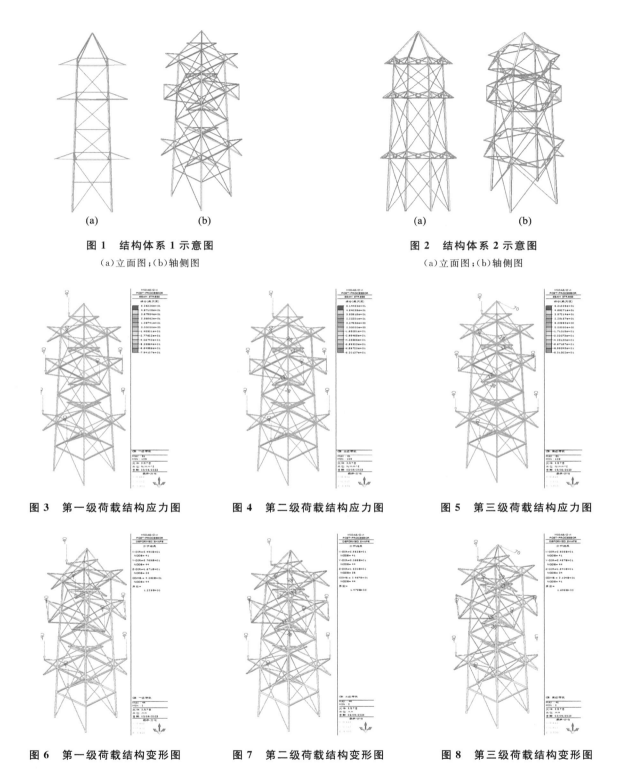

图1 结构体系1示意图
(a)立面图;(b)轴侧图

图2 结构体系2示意图
(a)立面图;(b)轴侧图

图3 第一级荷载结构应力图   图4 第二级荷载结构应力图   图5 第三级荷载结构应力图

图6 第一级荷载结构变形图   图7 第二级荷载结构变形图   图8 第三级荷载结构变形图

(三)稳定性分析

经分析,各级荷载工况下的结构失稳情况如图9~图11所示。

四、心得体会

本次结构设计竞赛的备赛历时九个多月,我们表现出极大的热忱并投入了很多的时间和精力。

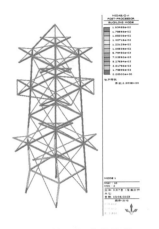
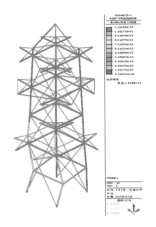
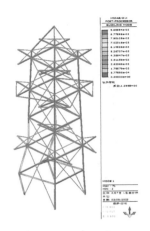

图 9　第一级荷载结构
　　　　失稳模态图

图 10　第二级荷载结构
　　　　失稳模态图

图 11　第三级荷载结构
　　　　失稳模态图

从对竞赛试题的分析和计算,到结构方案的比选和改进,再到确定方案后的进一步优化和模型制作的训练,每一步都得到了老师们和同学们的倾心指导和无私支持。在结构形式的设计选择、荷载分析、内力分析、位移分析、节点构造设计、材料准备、材料特性试验、结构拼装成型、编制设计说明书与计算书的整个过程中,我们三个人逐渐了解并熟悉了结构设计及实际建筑工程行业中从拿到任务书至工程交付使用的全过程,极大地锻炼了我们的创新意识、团队协同和工程实践能力,同时也为我们今后从事土木工程相关领域工作打下了坚实的基础,在此代表我队向竞赛主办方致以诚挚的感谢。

　　作为代表学校参加比赛的选手,这九个多月我们付出了很多,也收获了许多,有试验成功的喜悦,也有模型失效的失落感。面对模型的失效,我们从不气馁,更加积极地去改进模型,让模型越来越合理。结构设计竞赛的比赛时间延迟,这也给我们进一步改进模型方案提供更多的时间。我们没有因为比赛时间的推迟而停止改进,依旧怀着对结构设计竞赛的热爱,不断地改进我们的模型。在一次次团队集体复盘分析、录像回放分析、破坏分析的过程中,我们不断发现自己模型存在的问题,迎难而上,积极解决问题。遇到难以解决的问题,团队之间积极交流。遇到在目前我们的水平没办法解决的问题,我们会向老师寻求帮助,努力探讨方法来解决问题。在备赛的过程中,我们收获了原来学习生活中不曾有过的东西,我想这也是举办本次大赛的目的之一。我们用自己有限的水平勾画着心中的蓝图,坚信自己能够成功。当然其中仍可能有疏漏和不足,恳切地希望评审专家提出批评意见和建议,我们会努力学习并积极改正,不断提升自己的水平和能力。

　　全国大学生结构设计竞赛举办至今已走过十四届的历程,在此谨代表我校在此预祝第十五届全国大学生结构设计竞赛取得圆满成功!

郑州大学 劈波斩浪(二等奖)

一、队员、指导教师及作品

参赛队员
林伟杰
李炎龙
胡思哲
指导教师
张普
钱辉
领队
杨建中

二、设计思想及方案选型

根据赛题,我们设计了三种结构体系,如图1~图3所示。表1列出了这三种体系优缺点对比。我们最终选择了四柱双横撑塔体系。

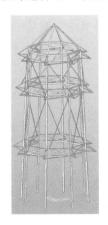

图1 八柱塔体系示意图　　图2 四柱单横撑塔体系示意图　　图3 四柱双横撑塔体系示意图

表1　三种体系优缺点对比

体系对比	八柱塔体系	四柱单横撑塔体系	四柱双横撑塔体系
优点	模型稳定性佳；每个杆件受力均匀，能承受较大荷载；辅助杆件较多，能有效避免失稳问题	将八柱塔体系中的立柱合二为一，传力效率更高，大大减少了模型质量；受拉和受压杆件分工明确，在制作方面也更加简单	比八柱塔体系质量更小，比四柱单横撑塔体系更稳定，模型受力矩影响小，失稳问题得到解决，抗一级荷载的能力提升
缺点	质量较大，杆件数量多，制作时间较长，部分杆件作用较小，效率不高	重复节点较多，需要一定的手工基础；扭转和挑檐的拉压杆产生的力矩影响较大，模型容易产生失稳问题，危险系数较大	增加了辅助杆件，但连接精度要求更高，第三级荷载更容易发生失稳问题

三、计算分析

(一)强度分析

经分析，各级荷载工况下的结构受力情况如图4～图6所示。

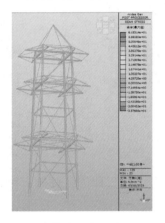 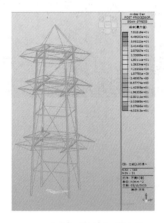 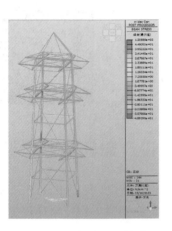

图4　第一级荷载结构应力图　　图5　第二级荷载结构应力图　　图6　第三级荷载结构应力图

(二)刚度分析

经分析，各级荷载工况下的结构变形情况如图7～图9所示。

 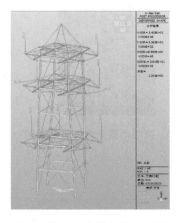 

图7　第一级荷载结构变形图　　图8　第二级荷载结构变形图　　图9　第三级荷载结构变形图

（三）稳定性分析

经分析,各级荷载工况下的结构失稳情况如图10~图12所示。

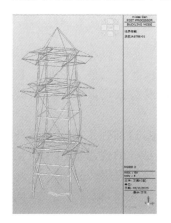 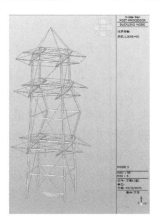 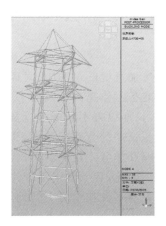

图 10　第一级荷载结构　　　　图 11　第二级荷载结构　　　　图 12　第三级荷载结构
　　　　失稳模态图　　　　　　　　　　失稳模态图　　　　　　　　　　失稳模态图

四、心得体会

（一）队员一

从高中开始,我就想参加这个比赛,因为我热爱它。我从小就喜欢做手工,我主动寻找老师希望能够参赛,虽然没有参赛学长学姐的帮助,但是我和队友们还是一路坚持了下来。作为队长,从我和队友们从开始准备这个比赛到现在已经过去两年多了,我们从零开始,一次次地失去希望又重新振作。为了国赛我们经常在实验室吃泡面,为了国赛我们经常呼吸着凌晨三点的空气,为了国赛我延迟了三个月出国,尽管国赛还是没有按时举办,而且在我出国以后国赛和我的期末考试日期冲突了,但我还是回国来参加比赛了,因为我热爱这个比赛,我也不想对不起我的队友。我开始看见更多的事情,不单是比赛,我发现我的队友们才是最重要的,在他们知道我可能无法回国参赛后,他们依然想两个人独自参赛,不让别人替代我,因为他们想把我的名字带上国赛的舞台。这是这个比赛带给我最重要的东西。我感谢这一路上给我帮助的老师和同学们,感谢我的队友,更感谢我的爸妈,他们无私地帮助我,就算是我突然决定回国也毫不犹豫地给我所有的支持。我要感谢这次比赛,它让我成长了。我常常告诉自己,没事的,这次撑过去,下次你就会更强。我不会再悲观地看待巨大的压力,我发现了比比赛更重要的东西,就是一直在我身边的人。对于比赛,除了在加载时的巨大压力,让我印象深刻的就是理论和实际的差异,让我更加明白了具体问题要具体分析,虽然理论和实践常常存在差异,但是扎实的理论基础可以缩小这段距离,而熟练的实践操作和坚持不懈的结构竞赛能提高作品的上限。在结构设计的路上我走了不少的弯路,在刚开始时也有过不少错误的理念和想法,但我认为这就是成长的过程。

（二）队员二

时间匆匆,从最开始接触这个比赛到现在已经过了快两年的时光。从准备院赛到国赛,中间经历了许许多多。

这个比赛对我们身体和心理上的压力是巨大的,为了能进国赛,所有参赛者都铆足了劲。我还记得在最后选拔进国赛的时候,我们和另一队一起竞争,他们也是很优秀的,同样花了相当大的功夫在比赛上,我们本来做好了一个比较稳定的模型准备加载,但当他们说做了很轻的模型后,我们连夜赶出一个相对较轻的模型,虽然没有他们说的那样轻,但我们已经尽力了。到了加载那一天,他们的模型比我们的还重,而且连第二级加载也没通过,毫无疑问,我们成功晋级国赛。

回首这段经历,我的确成长了许多,不管是模型的手工制作上,还是心理的承受上。关于这次比赛,我相信只要持续不断地努力,总会迎来收获的。

(三)队员三

参加竞赛的过程中,我经历了很多,也学会了很多。刚刚报名竞赛时,我手工能力较弱。长期的竞赛准备工作提高了我的手工制作能力,也强化了我克服困难的能力。没有人可以在一开始就获得成功,长期以来不断地坚持及努力是我在竞赛准备过程中的最大助力。

在长期的竞赛准备中,我将学习到的专业知识应用于模型结构设计中,这加强了我对于专业知识的理解及体会。在生活中,我会遇到各种不同的建筑,并会吸取不同建筑结构的优点应用于模型制作之中。因此,我了解了不同建筑的功能以及特点,并且对结构设计具有较深的理解和感悟。

竞赛不仅在学习上帮助了我,也在生活中帮助了我,在竞赛中我收获了友谊,锻炼了意志,同时人际交往能力也得到显著的提升。

天津城建大学　竹峰天成（二等奖）

一、队员、指导教师及作品

| 参赛队员 |
| 杜可 |
| 芮海清 |
| 张恩泽 |
| **指导教师** |
| 罗兆辉 |
| 张海 |
| **领队** |
| 王培鹏 |

二、设计思想及方案选型

本次比赛我们共设计了两种结构体系：四柱结构体系和八柱结构体系。

四柱结构体系：由四根柱子撑起整个塔身结构，制作节省时间，但挑檐粘接难度较大，角度不易控制。

八柱结构体系：由八根柱子撑起塔身结构，由于需要的构件较多，制作较为费时，但挑檐粘接较为容易。

两种结构体系轴侧图如图1和图2所示。

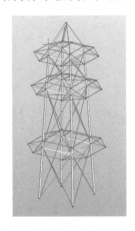

图1　四柱结构体系轴侧图

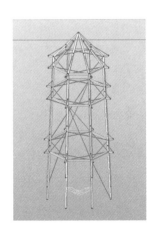

图2　八柱结构体系轴侧图

表1中列出了两种结构体系的优缺点对比。

表1　两种结构体系的优缺点对比

体系对比	四柱结构	八柱结构
优点	质量小,杆件制作耗时短	模型刚度大,抗扭能力强;单根立柱受力较小
缺点	挑檐粘接难度大,单根立柱受力较大,模型抗扭能力较弱	质量大;主体拼装难度大,制作耗时

由上述分析比较,考虑到比赛时长以及装配式制作问题,我们最终选用四柱结构体系。

三、计算分析

(一)强度分析

经分析,各级荷载工况下的结构受力情况如图3～图5所示。

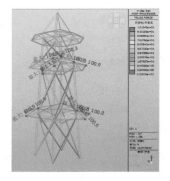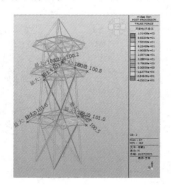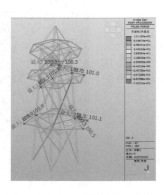

图3　第一级荷载结构应力图　　图4　第二级荷载结构应力图　　图5　第三级荷载结构应力图

(二)刚度分析

经分析,各级荷载工况下的结构变形情况如图6～图8所示。

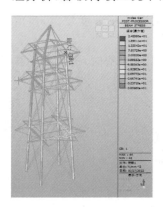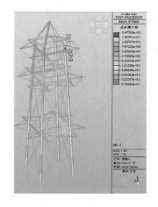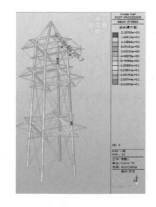

图6　第一级荷载结构变形图　　图7　第二级荷载结构变形图　　图8　第三级荷载结构变形图

(三)稳定性分析

经分析,各级荷载工况下的结构失稳情况如图9～图11所示。

四、心得体会

首先,我们要向大赛组委会、承办方以及学校表示感谢,感谢你们给予本队一个参赛机会,能够让

 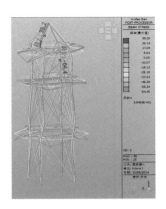 

图 9　第一级荷载结构　　　　图 10　第二级荷载结构　　　　图 11　第三级荷载结构
　　　失稳模态图　　　　　　　　　　失稳模态图　　　　　　　　　　失稳模态图

我们在结构设计大赛中学习、实践。正是你们的辛苦付出让同学们有了磨炼手工、学习软件和将所学理论知识运用于实际模型制作与优化的机会。在有限的试验过程中，我们认真记录各种试验数据，分析录像，进行各种结构选型、杆件制作及节点处理的讨论，从而更好地完善模型。

然后，我们要感谢的是指导老师。正是他们在我们参赛过程中的悉心指导让我们在困惑时能及时找到方向，走出困境；是他们教会我们以一颗平常心去对待比赛，教会我们在模型制作中需要把方方面面的细节都处理好。老师们的细心指导给我们的模型优化指明了方向和方法。

最后，还要感谢队员们的不懈努力。在这两个多月的赛前备战中，我们整个团队团结协作，共同努力，共制作了 13 个模型，进行了 70 多次试验，对每一次的试验结果都仔细分析、记录和比较，从而在此基础上完成了结构设计说明书，它记录了整个备赛过程中的计算分析和模型试验情况。虽然其中有失败有成功，但我们都从中得到了进步。失败时，我们吸取教训；成功时，我们感到欣慰。我们认为在模型制作过程中不仅要有空间想象能力、结构分析能力和制作耐心，还需要有对各种工具和所用材料的操控能力，因此还需要我们学会利用身边的东西制作工具来满足要求。模型制作所用材料为竹材，竹材作为一种生物材料，是植物中作为结构材的最好的原料之一，它具有强度高、弹性好、性能稳定、密度小、顺纹抗拉强度高的特点。当顺纹裁剪时，较容易裁出长而直的竹条片，也能保证它的性能在受力时尽可能发挥出来。

参赛过程中我们还养成了一个好习惯：尽可能完全利用好每一个模型。当做好一个模型，在加载测试之前，我们会一起分析讨论，找出可能会出现的问题，也会在制作工艺上相互比较，怎样才能做到高效、美观，实现我们的目标。在加载测试完成之后，我们不会直接将坏掉的模型丢弃，而是先仔仔细细研究它是怎么坏的，尽可能科学地还原出它破坏的过程，这对找出模型的问题所在有很大的帮助。之后我们还会再根据模型的破坏程度判断能否修补再利用，尽可能多地让模型在加载测试之后反映出更多的信息。除此之外，我们在每次加载结束之后都会认真总结，队员互相说出自己认为存在的优缺点，之后再讨论解决的办法，这在很大程度上培养了我们团队的协作能力和个人思考分析的能力。

一个成功的模型的制作，不仅呈现的是制作者对结构受力的合理分析，也包含着其对材料的充分了解和工具的合理利用。结构设计是大学里非常难得的一门真正能锻炼学生手脑协调的课程，模型完成之后让我们受益匪浅！

西安建筑科技大学　玲珑宝塔(二等奖)

一、队员、指导教师及作品

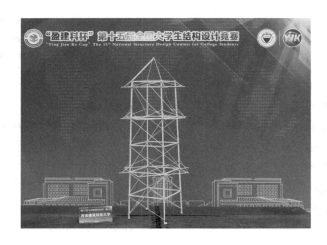

参赛队员
唐毛毛
李年午
赵博恒
指导教师
惠宽堂
冯雪益
领队
门进杰

二、设计思想及方案选型

根据赛题,我们设计了两种结构方案。

方案1:四根柱子的柱脚在八边形的顶点位置,模型结构如图1所示。

方案2:四根柱子的柱脚在八边形的四个边的中点处,模型结构如图2所示。

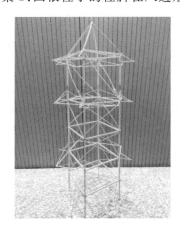

图1　方案1结构实物图

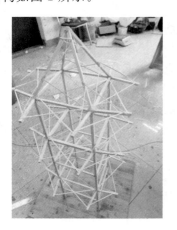

图2　方案2结构实物图

通过理论分析和加载试验,我们得出了两种方案结构体系的优缺点,如表1所示。

表 1 两种方案结构体系的优缺点

体系对比	方案 1	方案 2
优点	传力路径简明、清晰，受力性能合理；造型典雅、简洁，棱角分明，刚劲有力，具有传统建筑结构美感；挑檐有两种类型；第一级荷载作用时四根柱子的受力较为均匀	传力路径简明、清晰，受力性能合理；用料省；造型舒展、典雅、优美，具有现代结构的特征和气息，时代感强；挑檐只有一种类型，制作方便
缺点	第三级荷载作用时，四根柱子的受力不均匀，3 号柱子受到的压力最大，风险最大	第一级荷载作用时，四根柱子的受力不均匀，一根柱子最多可能有 6 种荷载，单根柱子的极端荷载较大

三、计算分析

(一)强度分析

经分析，各级荷载工况下的结构受力情况如图 3～图 5 所示。

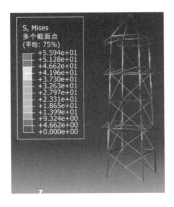

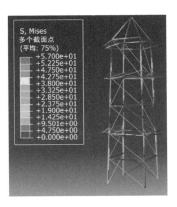

图 3 第一级荷载结构应力图　　图 4 第二级荷载结构应力图　　图 5 第三级荷载结构应力图

(二)刚度分析

经分析，各级荷载工况下的结构变形情况如图 6～图 8 所示。

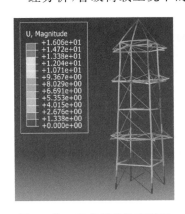

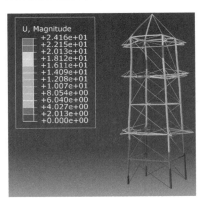

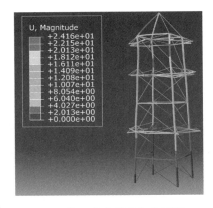

图 6 第一级荷载结构变形图　　图 7 第二级荷载结构变形图　　图 8 第三级荷载结构变形图

(三)稳定性分析

经分析，各级荷载工况下的结构失稳情况如图 9～图 11 所示。

图 9 第一级荷载结构
失稳模态图

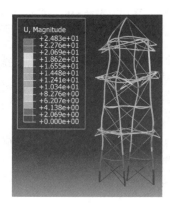

图 10 第二级荷载结构
失稳模态图

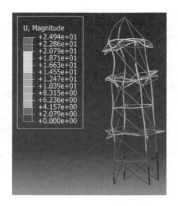

图 11 第三级荷载结构
失稳模态图

四、心得体会

　　首先,非常荣幸参加此次结构设计竞赛。"宝剑锋从磨砺出,梅花香自苦寒来。"经过五个月的千锤百炼,我们终于站上了国赛这个大舞台。

　　开始时,目睹自己不太精巧的、三个人花费一周时间才做好的模型,在加载中却撑不过十秒,我们迷茫过,失落过,也被质疑过,甚至想过要放弃。但"天将降大任于斯人也,必先苦其心志,劳其筋骨",在老师和队友的鼓励和支持下,我们及时调整心态,认真总结每次失败的教训,向参加过比赛的同学求教。在不断摸索过后,我们的模型变得越来越好,三个人的配合也越来越默契。人生难得几回搏,此时不搏待何时,终于在三个人的不懈努力下,我们来到了国赛的舞台,尽展我们的风采。

　　通过此次比赛,我们深刻体会到团结的重要性,俗话说"众人拾柴火焰高",三个人因为心中同一个目标聚到一起,在五个月中,我们经过磨合变得更具默契,互相支持、互相鼓励,才有了如今的胸有成竹。我们心中永远相信"有志者事竟成,破釜沉舟,百二秦关终属楚;苦心人天不负,卧薪尝胆,三千越甲可吞吴"。怀揣着这样的魄力,我们必将成功!

　　最后,感谢老师和学院领导的辛勤培养和鼓励支持,感谢主办方对比赛的付出与精心安排!

广东工业大学　装配式莲魁塔(二等奖)

一、队员、指导教师及作品

参赛队员

梁泽锋
罗景
戴凯瑶

指导教师

何嘉年
陈士哲

领队

朱江

二、设计思想及方案选型

根据赛题,我们设计了三种结构体系。表1列出了三种体系的优缺点对比。

表1　三种体系的优缺点对比

体系对比	空间桁架八立柱结构	挑檐装配式四立柱结构	装配式框架四立柱结构
立面图			
优点	挑檐失稳可能性较小;抗扭性能较高;模型整体变形小,刚度大	制作方式较合理,制作效率高;模型整体刚度大,在全工况荷载情况下变形小;模型承载力大,稳定性高	传力路径明确、简单;提高了该截面处的抗扭性能;较八立柱结构体系柔度更大,采用特定杆件可在形变允许范围内达到承载力要求;结构简单,具有经济性,材料利用率高;模型整体强度、刚度能应对恶劣工况荷载作用

续表

体系对比	空间桁架八立柱结构	挑檐装配式四立柱结构	装配式框架四立柱结构
缺点	总体传力路径较复杂；部分构件布置不合理，材料利用效率低；模型制作体量大，制作难度大、时间长	连接节点处理数量较多，较复杂，处理难度较大；传力路径较复杂，加载点与主体结构连接性不佳，加载点处下沉明显；材料利用效率不高	挑檐长度较长，立柱受力大，若加载过程不稳定，可能出现局部失稳的情况；模型在全工况下形变较大；抗扭性能不及八立柱结构
优化方法	减小挑檐处杆件截面积，简化其制作工艺，如使用强度更大的竹条制杆件代替拼杆	改变装配式的制作方式，选用连接性能更好的组装方法，加强挑檐与塔身之间的连接，简化传力路径	增大挑檐的刚度，降低挑檐在荷载作用下失稳的可能性；模型总体支柱材料可用强度更大竹条替换，以此增强结构模型的整体刚度

我们最终选择装配式框架四立柱结构作为参赛方案。

三、计算分析

（一）强度分析

经分析，各级荷载工况下的结构受力情况如图1～图3所示。

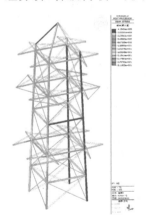 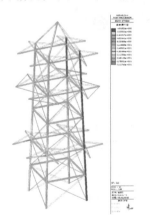 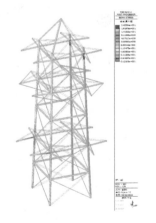

图1　第一级荷载结构应力图　　　图2　第二级荷载结构应力图　　　图3　第三级荷载结构应力图

（二）刚度分析

经分析，各级荷载工况下的结构变形情况如图4～图6所示。

（三）稳定性分析

经分析，各级荷载工况下的结构失稳情况如图7～图9所示。

四、心得体会

在这段时间的备赛中本组成员收获了许多，无论结果如何，我们都在过程中体会到制作模型的快乐、团队合作的重要性并对专业知识有了更为深刻的认识。

本组成员将大量的时间和心血投入结构模型的设计和制作过程中，这次参赛不仅是为了竞技，同

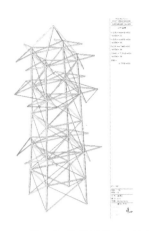 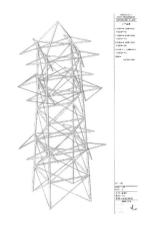 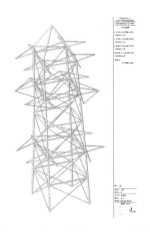

图 4   第一级荷载结构变形图   图 5   第二级荷载结构变形图   图 6   第三级荷载结构变形图

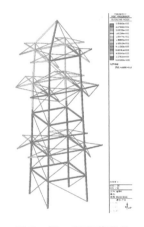 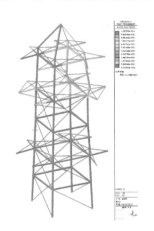 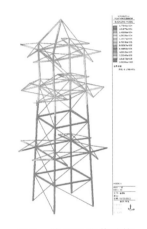

图 7   第一级荷载结构   图 8   第二级荷载结构   图 9   第三级荷载结构
　　　　失稳模态图   　　　　失稳模态图   　　　　失稳模态图

时也是为了成员们内心的信念与热爱。这份坚持让成员们在艰苦的条件下依旧没有放弃。在备赛过程中,有笑也有泪,成员们会因为一次次实验的成功而喜悦,也会因为一次次优化失败而苦恼,在不断成功和失败的过程中,本小组最终得到了想要的结果。

在这个过程里,我们体会到了团队合作的重要性,虽然成员之间有过分歧,但也在不断磨合中产生了十足的默契。我们曾在恶劣的环境下制作模型,也曾在不断质疑的声音中发现问题,不断前进。即使比赛结束了,但参赛过程中的点点滴滴都会一直留在我们的心里。

本小组参加竞赛不仅是为了竞技择优,更多的是为了在比赛中发掘学科兴趣,提高学科素养。我们来自土木类的各个专业,学科思维的碰撞在竞赛中得以体现,成员们在这个过程中更加了解书本上的内容,同时也拓宽了自己的眼界,模拟了许多在现实中不可预测的情况,对我们的学习意义重大。

这一路走来,非常感谢各位指导老师和各位师兄师姐为我们提供的指导和帮助,也很感谢所有在背后默默支持着我们的所有同学们。最后,希望我们能够以最好的成绩来回报他们,并为这段时间自己的努力画上完美的句号!

安徽科技学院　徽州塔(二等奖)

一、队员、指导教师及作品

参赛队员

李星月
孔维柱
赵自豪

指导教师

马露
吴伟东

领队

张远兵

二、设计思想及方案选型

前期:立柱采用两片竹片和两片 0.35 mm 厚的竹皮制作,作为受力主体;采用三层圈梁,其中主要受力圈梁采用 6 mm×6 mm 矩形圈梁,辅助圈梁采用边长 6 mm 的三角形圈梁。

后期:为了最大限度地将荷载传递到支座,我们最终选择两片竹片和两片 0.5 mm 厚的竹皮主体作为主受力体系;根据赛题分析,竖向荷载作用较大,且为随机分布荷载,故制作对称结构;因为检测板不可触碰模型,为减轻材料质量和缩小尺寸做成单层塔,满足塔内净空要求。由于第一、二级加载点位置不确定,制作时应考虑不利的加载点情况。

前期模型结构体系立面图、轴侧图如图 1 所示。后期模型结构体系立面图、轴侧图如图 2 所示。

三、计算分析

(一)强度分析

经分析,各级荷载工况下的结构受力情况如图 3~图 5 所示。

(二)刚度分析

经分析,各级荷载工况下的结构变形情况如图 6~图 8 所示。

(三)稳定性分析

经分析,各级荷载工况下的结构失稳情况如图 9~图 11 所示。

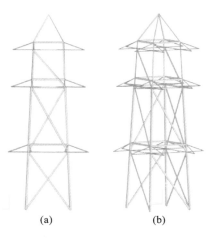

图 1　前期模型结构示意图

(a)立面图;(b)轴侧图

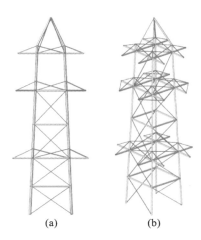

图 2　后期模型结构示意图

(a)立面图;(b)轴侧图

图 3　第一级荷载结构应力图

图 4　第二级荷载结构应力图

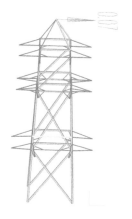

图 5　第三级荷载结构应力图

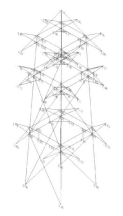

图 6　第一级荷载结构变形图

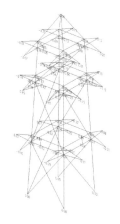

图 7　第二级荷载结构变形图

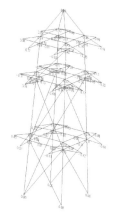

图 8　第三级荷载结构变形图

四、心得体会

　　第十五届全国大学生结构设计竞赛从 2022 年 3 月的校赛拉开帷幕,到省赛阶段,再到现在的国赛筹备阶段,毫不夸张地说,大二的整个学年我们都在为此准备。学习任何知识,如果仅从理论上去求知,而不去实践、探索,是远远不够的,因此本次结构设计竞赛是检验我们专业知识水平的一次千载

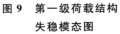

图 9　第一级荷载结构　　　　　　　图 10　第二级荷载结构　　　　　　　图 11　第三级荷载结构
　　　失稳模态图　　　　　　　　　　　　　失稳模态图　　　　　　　　　　　　　失稳模态图

难逢的机会。在模型的设计与制作过程中我们不仅对所学的知识有了更深一步的认识,而且还提高了自己的动手能力,同时还获得了一次深入学习并实际操作建模软件的机会。在备赛的过程中我们还深刻认识到,一个看似简单的模型绝对不是仅凭一个人就能设计并制作完成的,我们真切地认识到团队合作的力量。这次参赛让我们体会到团队合作的快乐,获益良多。

本次比赛我们获得了几份十分珍贵的"礼物"。

第一份礼物是我们的团队合作精神。我们组的所有指导老师与参赛队员齐心协力,共同探讨,每个人都提出了不同的意见和建议,正是我们共同的努力才使我们的模型趋向完美。感谢每个人的参与。

第二份礼物是自我提高和锻炼。我们先在网上学习了大量优秀的作品和优秀的方案设计,在此基础上设计了一个个方案,再一个个尝试,一次次失败,一次次重来,直至最终定稿。方案的每次设计、模型的每次制作对我们都是一次锻炼和提高。

第三份礼物是认识到自身的不足。在制作过程中我们发现了自身的不足:方案不够大胆,手工不够精细,时间分配不佳。通过这次比赛,我们确实收获较大。今后,我们要不断完善自己的处事方法,提高学习和工作效率,做好每一件事,把备赛期间我们对自己的严格要求作为一项长期任务来抓。

云南大学 攀云塔(二等奖)

一、队员、指导教师及作品

参赛队员
黄生铜
张杨
王树金
指导教师
翁振江
王宪杰
领队
任骏

二、设计思想及方案选型

在备赛过程中,为提高结构效率和性能,我们不断对模型结构方案进行迭代和改进。其中比较有代表性的三种结构方案如表1所示。

表 1　三种结构方案优缺点对比

体系对比	方案 1	方案 2	方案 3
结构体系图			
优点	底层柱计算长度小,截面较小,塔顶构件数量少,构件总数量适中	底层柱计算长度小,截面较小,模型对称性好,手工制作难度适中	杆件数量最少,制作简单,布置简洁
缺点	模型制作难度偏大	塔顶结构复杂	柱子截面大,变形大,节点易破坏,做工要求高

　　方案 1 注重结构空间的有效利用,塔顶杆件数量少,但连接相对复杂,构件两端应力极不均匀,容易出现应力集中的薄弱点。方案 2 主要改进了塔顶的结构,使得构件对称且规则,制作相对简单。另外,对加载点所在截面进行了加强,有利于提高木塔的抗扭性能,但材料用量有所增加,结构质量加大。方案 3 构件数量最少,制作简单,但模型整体刚度略有降低,承载力依然满足要求;由于杆件材料的利用率更高,经过不断打磨,在模型质量、模型制作、材料利用等方面均有较大改善。我们最终选择方案 3 作为参赛方案。

三、计算分析

(一)强度分析

　　经分析,各级荷载工况下的结构受力情况如图 1~图 3 所示。

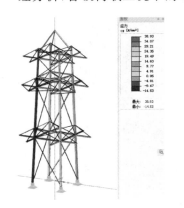
图 1　第一级荷载结构应力图

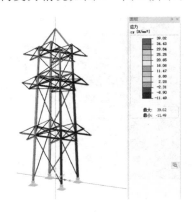
图 2　第二级荷载结构应力图

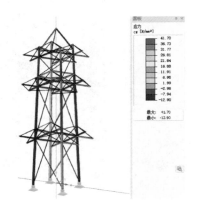
图 3　第三级荷载结构应力图

(二)刚度分析

　　经分析,各级荷载工况下的结构变形情况如图 4~图 6 所示。

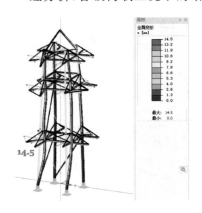
图 4　第一级荷载结构位移云图

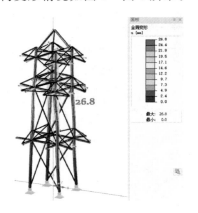
图 5　第二级荷载结构位移云图

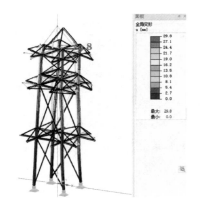
图 6　第三级荷载结构位移云图

(三)稳定性分析

　　经分析,各级荷载工况下的结构失稳情况如图 7~图 9 所示。

图 7 第一级荷载结构   图 8 第二级荷载结构   图 9 第三级荷载结构
　　失稳模态图   失稳模态图   失稳模态图

四、心得体会

　　大学生结构设计竞赛让我们对结构设计的理解和运用更加清晰,各方面素质都得到有效锻炼和提高,主要可以概括为增强了主动学习能力,提高了分析和解决问题的能力,培养了动手能力,锻炼了沟通交流和团队协调能力,深刻理解了学以致用的精髓。

　　大学生结构设计竞赛提供了一个展示才华、提升能力的平台,能把第一课堂教学与第二课堂实践创新深度融合,并使之相互促进。我们的参赛过程充满挑战、压力、紧张、未知、惊奇和沮丧,是那么令人难忘。在这个快乐而迷人的实践过程中,我们形成团队协作的默契,感悟到结构设计创新的魅力,体验到"创意、创新、创业、创造"精神,同时有效地培养了自身的软件应用能力、实践动手能力和沟通交流能力。

　　在方案设计过程中,我们深刻感受到专业知识的重要性,既要掌握所学专业知识,又要灵活地应用于实践之中。在模型制作过程中,我们领悟到团队协作的重要性,组员之间必须分工合作,各司其职,才能提高模型制作效率。在竞赛过程中,组员们分享自己的想法,相互学习交流,取长补短,进行思维之间的碰撞,最终形成一个相对最优的方案,使我们明白了相互沟通交流的重要性。

　　我们将铭记结构设计竞赛期间学到的"不服输、能吃苦、敢挑战、敢担当和敢创新"的精神,不忘初心和使命,积极面对未来的学习、生活和工作,为成为一名土木工程领域真正的"卓越工程师"而不懈奋斗。

海南科技职业大学 木塔(二等奖)

一、队员、指导教师及作品

参赛队员

唐庄
唐俊贤
王馨月

指导教师

乔晨旭
彭勇

领队

张雅娴

二、设计思想及方案选型

根据赛题,我们设计了以下两种结构体系。

体系 1:拉杆连接各层节点,如图 1 所示。

体系 2:拉杆连接梁柱节点,如图 2 所示。

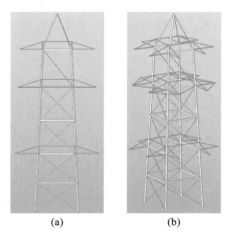

(a)   (b)

图 1   模型结构体系 1

(a)立面图;(b)轴侧图

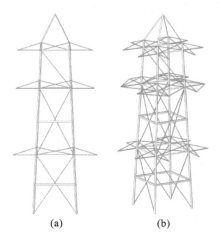

(a)   (b)

图 2   模型结构体系 2

(a)立面图;(b)轴侧图

表 1 列出了两种体系的优缺点对比。

表 1　两种体系的优缺点对比

体系对比	体系 1	体系 2
优点	可靠	简便
缺点	烦琐,质量大	有失稳风险

经分析体系 2 的结构更具优势。

三、计算分析

(一)强度分析

经分析,各级荷载工况下的结构受力情况如图 3～图 5 所示。

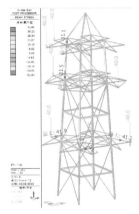 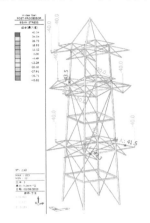 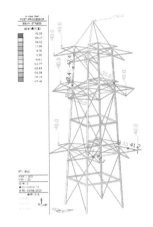

图 3　第一级荷载结构应力图　　图 4　第二级荷载结构应力图　　图 5　第三级荷载结构应力图

(二)刚度分析

经分析,各级荷载工况下的结构变形情况如图 6～图 8 所示。

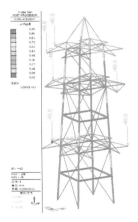 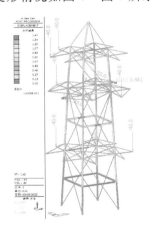 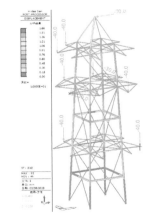

图 6　第一级荷载结构变形图　　图 7　第二级荷载结构变形图　　图 8　第三级荷载结构变形图

(三)稳定性分析

经分析,各级荷载工况下的结构失稳情况如图 9～图 11 所示。

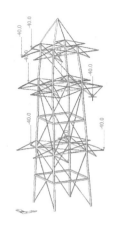 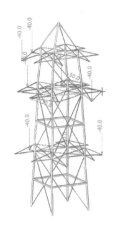 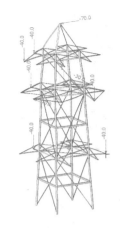

图 9　第一级荷载结构　　　　图 10　第二级荷载结构　　　　图 11　第三级荷载结构
　　　失稳模态图　　　　　　　　　　失稳模态图　　　　　　　　　　失稳模态图

四、心得体会

这次有幸进入国赛,我们的心情十分激动,在这 9 个多月的备赛过程中,我们学到了很多,也有一些心得和感受。

第一,团队队员之间的分工协作至关重要。队长负责时间管理与分工,同时协调与校核结果;两名队员一人负责管理设计图纸,一人负责材料准备;在结构制作时,手工弱的队员负责材料准备与协助,手工强的队员承担主要构件的黏接工作。

第二,要认真了解材料,控制材料,发挥创新思维做出更优质的模型。我们在不断训练中,对 502 胶水流速和用量的控制力加强了,对美工刀的握刀手型、发力程度、刀切入角度的掌握及剪刀、水口钳的裁剪精度加强了,构件的制作精度也得到了进一步提高。

第三,要加强对赛题的理解。比赛要求制作一个三层木塔模型,安装在加载装置上,用于抵抗第一级的竖向静力荷载、第二级的扭转荷载及第三级的模拟风荷载。我们根据自己的理解,计算选取最合适的模型设计方案和结构尺寸,既保证模型的承载能力,又尽量减轻模型自重,实现最大荷重比。

第四,要找到模型设计和制作的注重点。施工图绘制要考虑材料的切削所引起的构件尺寸的改变,下料时需保留长度余量。安全、经济、美观是结构设计的基本要求,模型荷重比体现模型结构的合理性和材料利用效率,结构设计不能太复杂,杆件数要尽量少而轻。

第五,要明确传力路径,充分考虑结构构件的拉、压、弯、剪、扭五种受力状态。模型制作时,应先制作构件,尽量保证按图制作无误差。进行模型组装时,必须确保柱脚在一个平面上,尽量不要悬空。最后处理节点时,用粉末进行缝隙填补。

在去年六月我们与同校小伙伴一起集训,一起不断创新和突破,参赛队员各方面素质得到了有效锻炼和提高,最终顺利参加省赛并取得不错的成绩。现在我们有幸进入决赛与更加优秀的队伍同台竞技,我们会不断学习与成长,怀揣着最初的赤诚和信念尽最大的努力为自己的青春圆梦!

感谢大赛的举行,为我们提供了竞技和学习的平台,增强了我们的主动学习能力,提高了我们的分析和解决问题能力,培养了我们的动手能力,锻炼了我们的组织协调能力。感谢我们的指导老师一直陪伴和帮助我们,让我们可以更加专注地备赛。最后非常感谢所有专家和评审老师们。人生旅程上,是你们为我们点燃了希望的光芒。

江苏海洋大学 敲钟奶牛哞利斯塔(二等奖)

一、队员、指导教师及作品

参赛队员

杨明宇
掌文浩
陶士恒

指导教师

骆辉
宋明志

领队

宋明志

二、设计思想及方案选型

方案 1:上部结构高 220 mm,采用竖向刚度与水平刚度较大的梁。此结构上部的梁要有足够的刚度,才能保证加载时梁的抗压和抗弯,要求梁的截面要足够大。

方案 2:上部结构采用 5 mm×5 mm 正方形截面的柔性梁,其上面、前面和后面增加中间伸出 80 mm 的拉索对柔性梁进行加固,目的是用柔性梁的变形来减弱整体结构的变形。

方案 3:上部结构中的 5 mm×5 mm 正方形截面的柔性梁和附加的体系用一根长度为 600 mm 的只产生拉伸变形的细杆替代,由两根近似纺锤体的压柱和两根拉索连接。

表 1 列出了三种结构方案的优缺点对比。最终我们选择方案 3 为本次参赛结构形式,如图 1 所示。

表 1 三种结构方案的优缺点对比

	方案 1	方案 2	方案 3
优点	刚度大,稳定性好	侧向刚度较优	减弱整体受力性能
缺点	侧向受力不均匀	抗剪问题较大	需要设置更多的支撑

三、受力分析

(一)第一级荷载

经分析,第一级荷载工况下的结构受力情况如图 2 所示。

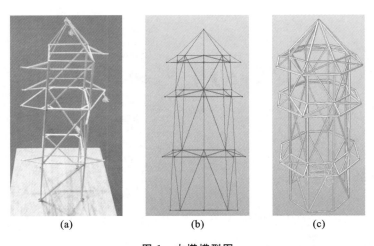

图 1　木塔模型图

(a)实物图;(b)立面图;(c)轴侧图

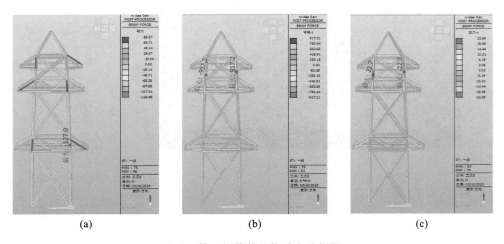

图 2　第一级荷载结构受力分析图

(a)最大轴力:126.98 N;(b)最大弯矩 M_z:1917.21 N·mm;(c)最大剪力 F_y:22.69 N

(二)第二级荷载

经分析,第二级荷载工况下的结构受力情况如图 3 所示。

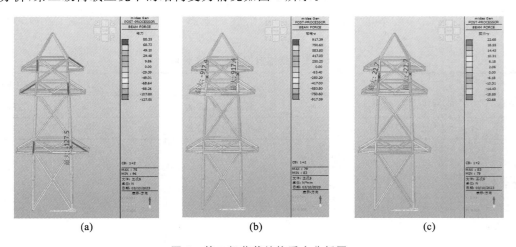

图 3　第二级荷载结构受力分析图

(a)最大轴力:127.5 N;(b)最大弯矩 M_z:917.39 N·mm;(c)最大剪力 F_y:22.68 N

（三）第三级荷载

经分析，第三级荷载工况下的结构受力情况如图4所示。

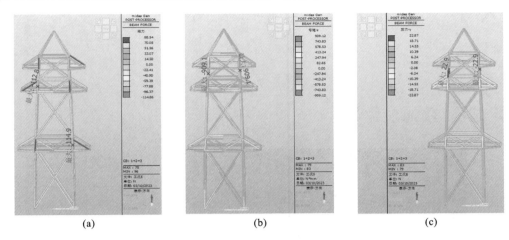

(a)   (b)   (c)

图 4　第三级荷载结构受力分析图

(a)最大轴力：114.86 N；(b)最大弯矩 M_z：909.12 N·mm；(c)最大剪力 F_y：22.87 N

四、心得体会

依稀记得第一次接触结构设计竞赛是在我们的力学课上，当时的任课老师一再强调这个比赛对我们自身以及学院的重要性，还特别说明此次比赛是首次允许新生参加，鼓励我们积极参与。对于我们2020级新生来说，理论上的知识当然比不上那些学长学姐了，更别提实际操作经验了。参加这个比赛必定是要投入大量的人力、物力的，有很大的可能最后换来的不会是奖牌，但是我们2020级新生骨子里有着初生牛犊不怕虎的精神，就算再累再苦，我想我们也会坚持下去。

一开始我们组队的时候就出现了许多问题，到底是同专业的人一起组队，还是选择其他专业的人，随着我们模型制作工作的推进，类似这样的问题不断出现，有那么一瞬间我们想过要放弃，但是看着团队的成员们在苦苦思索解决问题的办法时，再想想当时我们决定要参加比赛时的雄心壮志，我们坚信，我们一定能行。

虽然大赛已经过去有些日子了，但是我仍然记得我们在制作模型时的酸甜苦辣，记得模型刚制作完成时的欢呼雀跃，记得最终加载时它的坚强挺立，记得拆卸它时我们眼眶里浓浓的不舍……

同济大学　哈库纳玛塔塔(二等奖)

一、队员、指导教师及作品

参赛队员
成陪源
邱斌
毕雨晨
指导教师
施卫星
闫伸
领队
沈水明

二、设计思想及方案选型

由于结构在承受拉力时利用效率最高,承受压力时利用效率次之,而受弯时效率最低,考虑到受压柱的稳定性能,根据赛题要求,我们设计出了两种体系。

体系1:三层框架体系。按照赛题要求,我们将正八边形体系简化成正四边形的框架体系,取正八边形中的1—8中点、2—3中点、4—5中点、6—7中点为柱脚,建立四边形框架体系,在这四个点位设置柱脚可以使水平荷载通过两根受压主柱传至底板,而非单根柱受压,传力效率较高。在上述基础上,我们在310 mm、610 mm及860 mm高度处设置框架横梁,制作一个三层的框架体系,以较大柱截面的代价换取横梁的减少。

体系2:五层框架体系。柱脚位置同体系1一致,但是除了在310 mm、610 mm及860 mm处设置框架横梁,为了减少受压柱的计算长度,优化整个体系,我们在Ⅱ—Ⅱ截面和Ⅰ—Ⅰ截面之间高150 mm处及Ⅱ—Ⅱ截面和Ⅲ—Ⅲ截面之间高500 mm处增添两处横梁,用来减少受压柱的计算长度,从而减少柱截面的截面尺寸,起到减小质量的作用。

表1列出了两种体系的优缺点对比。最终我们选择体系2作为参赛方案。

表1　两种体系的优缺点对比

体系对比	体系1	体系2
优点	横梁数量大幅减少,受压柱截面尺寸较大,抵抗扭矩能力较强;对于横梁的截面刚度要求低,受力分析较为清晰	受压柱截面尺寸要求低,可以使用箱形柱代替竹皮柱,不存在局部失稳的现象,能够大幅度减小柱的质量
缺点	箱形柱在30 cm计算长度下难以承担荷载,必须使用竹皮圆杆柱;难以减小模型质量;斜拉拉条必须经过特殊处理,耗费时间	柱的刚度低,对荷载点处的横梁刚度有一定的要求;扭转变形较大,可能会影响整体框架的稳定

模型结构体系 1 如图 1 所示。模型结构体系 2 如图 2 所示。

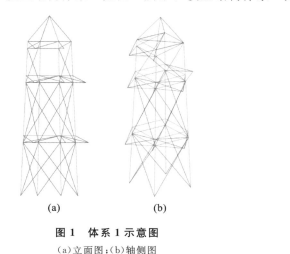

图 1　体系 1 示意图
（a）立面图；（b）轴侧图

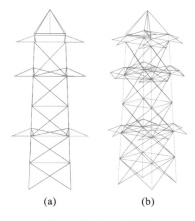

图 2　体系 2 示意图
（a）立面图；（b）轴侧图

三、受力分析

（一）强度分析

经分析，各级荷载工况下的结构受力情况如图 3～图 5 所示。

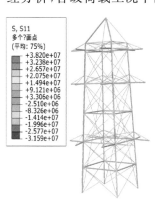

图 3　第一级荷载结构应力图

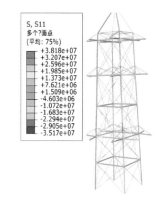

图 4　第二级荷载结构应力图

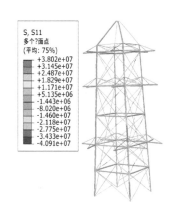

图 5　第三级荷载结构应力图

（二）刚度分析

经分析，各级荷载工况下的结构变形情况如图 6～图 8 所示。

（三）稳定性分析

经分析，各级荷载工况下的结构失稳情况如图 9～图 11 所示。

四、心得体会

　　我们深感土木工程信息化的便捷之处，可以对结构进行设计、建模，使用有限元软件便能获取每根杆件的内力，以及验证所设计的结构理论上是否能够承受荷载。

　　在对模型体系不断讨论、不断改进的过程中，我们学习了模型如何进行传力、怎样的体系和杆件

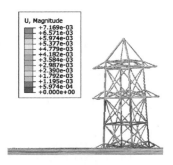 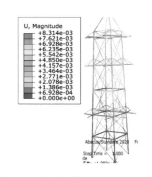 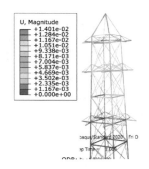

图 6　第一级荷载结构变形图　　　图 7　第二级荷载结构变形图　　　图 8　第三级荷载结构变形图

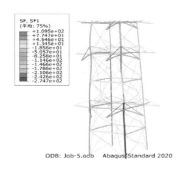 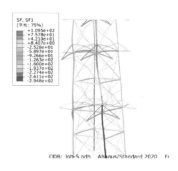 

图 9　第一级荷载结构　　　　　图 10　第二级荷载结构　　　　　图 11　第三级荷载结构
　　　失稳模态图　　　　　　　　　　失稳模态图　　　　　　　　　　失稳模态图

效率更高、哪根构件应该承载什么力、构件的承载力与什么有关,以及实验过程中杆件的失稳模态,等等。我们曾为减小模型质量,将原本五层的拉条减为三层,在加载过程中发现柱子完全承受不住,发生失稳。在老师的指导下我们明白若没有拉条传力,仅靠梁并不能实现减少计算长度的目的。在实际中遇到问题,再解决这些问题,使我们对理论知识的认知更加透彻。

有限元软件虽便捷,但也仅能作为参考。想要将软件中的模型运用到现实,面对的是装配误差、节点设计不佳、材料缺陷等一系列现实问题。例如节点设计,软件中的节点仅为一个点,但在现实中各种杆件都是有体积的,且加固所用的材料也会占据空间,如何在有限的空间内将各杆件有效地组合起来只能靠我们自己来设计。

随着模型越做越多,模型在加载时的变形模态也愈发明显,我们认识到在设计时不能单纯考虑构件的承载力,还需要考虑构件及模型的刚度。若刚度太小而模型变形过大,有些杆件会由于模型的变形而不能发挥出其应有的作用从而使结构破坏。我们对材料、构件的本构关系的理解更加深刻了。

我们还认识到控制误差的重要性。模型最终具备的误差是一个个环节累积下来的误差,可能每一个误差都可以忽略不计,但叠加起来就会很大,所以从图纸到构件,再到一步步拼装的每个步骤,都需要设计减少误差的方法。

对于模型设计本身,我们应该遵照从局部到整体的原则,先研究独立的局部,如挑檐压杆、拉条和柱子形成的局部构造,抑或是某个节点,再将其做成模型研究整体。对比我们曾有过惨痛的教训,如并未将新设计的挑檐研究清楚就开始做模型,还做了带 24 个挑檐的完整模型,但在第一级加载就出现了问题。所以一定要从局部到整体,不仅效率更高,整体的逻辑也更为顺畅。

也许这就是结构竞赛的意义之一,从理论到实际必然会面对一系列的现实问题,我们需要培养工程师思维,解决这些需要依靠人的智慧的问题。

我们认为结构竞赛就是在激进与保守中取得一个恰当的平衡。过于保守,结构过重,浪费材料性能;过于激进,安全系数太小,若加工工艺不精极易发生破坏,如何平衡这两者是个关键。不仅如此,竞赛可以失败,但若真正成为一名工程师,我们需要对设计的建筑负责,没有失败的机会,所面对的挑战就更加巨大。

云南经济管理学院　云塔(二等奖)

一、队员、指导教师及作品

参赛队员
黄宏伟
把思明
胡遥
指导教师
张朝阳
孙俊
领队
张朝阳

二、设计思想及方案选型

在同等质量的情况下,空心结构会比实心结构性能更好,所以我们选择了空心的箱形结构来代替实心结构,从而在承受三级荷载的前提下,极大地消除了桁架结构带来的弊病。

就荷重比而言,因为四柱结构能减少模型质量,且能够承受三级荷载,同时四柱结构能减少手工工作量,所以四柱结构是一个比较合理的选择。在此基础上,我们设计了四种结构体系。

体系 1 采用八根柱,采用柱条进行制作;体系 2 采用四根柱,采用桁架进行制作;体系 3 采用四根柱,采用竹条进行制作;体系 4 采用四根柱,采用竹皮做成薄壁形截面。四种体系的优缺点对比见表 1。

表 1　四种体系的优缺点对比

体系对比	体系 1	体系 2	体系 3	体系 4
优点	稳定性强	质量有所减少	质量有所减少	变形不大,质量较小
缺点	质量大	变形较大	变形略大	有失稳风险

我们最终选择体系 3 作为参赛方案,其立面图如图 1 所示,轴侧图如图 2 所示。

三、受力分析

(一)强度分析

经分析,各级荷载工况下的结构受力情况如图 3～图 5 所示。

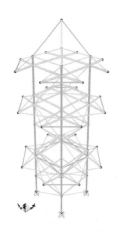

图 1　结构体系 3 立面图　　　　　　　　图 2　结构体系 3 轴侧图

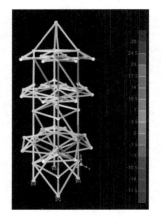

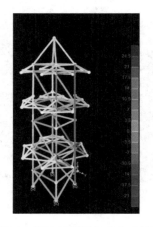

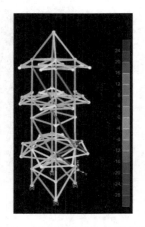

图 3　第一级荷载结构应力图　　图 4　第二级荷载结构应力图　　图 5　第三级荷载结构应力图

(二)刚度分析

经分析,各级荷载工况下的结构变形情况如图 6～图 8 所示。

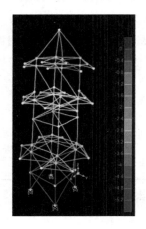

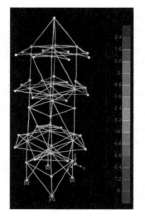

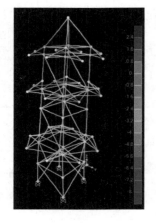

图 6　第一级荷载结构变形图　　图 7　第二级荷载结构变形图　　图 8　第三级荷载结构变形图

(三)稳定性分析

经分析,各级荷载工况下的结构失稳情况如图 9～图 11 所示。

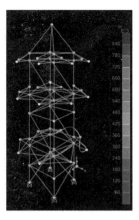 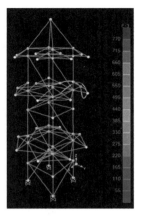 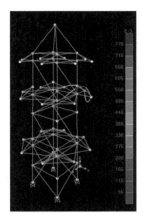

图 9　第一级荷载结构　　　图 10　第二级荷载结构　　　图 11　第三级荷载结构
　　　　失稳模态图　　　　　　　　　失稳模态图　　　　　　　　失稳模态图

四、心得体会

　　从校内选拔到参加地区赛,再进入国赛,整个参赛过程培养了我们的创新思维、实际动手能力和团队协作精神,增强了我们的工程结构设计与实践能力,丰富了我们的校园生活。

　　一路坚持下来,我们取得了一点成绩,是信念在支撑着我们。现在仍然很清楚地记得省赛选拔时我们三个是怎样凭着一股韧劲儿在一个星期的时间里让模型有了质的飞跃,那种为了目标竭尽全力的干劲儿只有亲身体会过的人才懂得其中的乐趣。我的秘诀——坚持!

　　人越自信就越宽容,眼界越开阔就越能客观理智地看待问题、解决问题。我非常喜欢一句话:这个世界上没有任何人、任何事是事先为你准备好的。它告诫我世间万物瞬息万变,纵然发现自己拥有很多,也必须时刻抱有危机意识,激励自己保持一颗上进的心,不断进取。

新疆大学　凌霄塔(二等奖)

一、队员、指导教师及作品

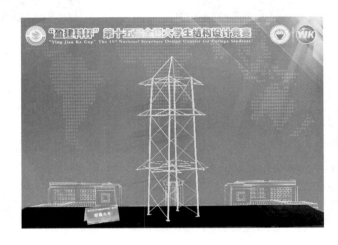

参赛队员

李嘉
黄亚征
周珠珠

指导教师

马财龙
韩风霞

领队

韩霞

二、设计思想及方案选型

根据赛题,我们设计了三种塔结构体系。

体系1:八角圆柱组合塔。整体塔身采用八根圆柱形竹皮卷杆件,每相连层间均用组合圆杆和部分方杆完成单柱的柱间连接。

体系2:四角圆柱组合塔。从八柱组合体系改为四柱组合体系,整体质量明显减小,最终模型质量为206 g;整体变形较大,特别是在第二级荷载加载前后,对比尤为明显。

体系3:四角方柱组合塔。塔身主体结构设置同体系2相似,柱子由圆柱形竹皮卷杆变为箱形竹条粘杆,二、三层间利用实心方杆完成单柱的柱间连接。

三种模型结构体系如图1~图3所示。

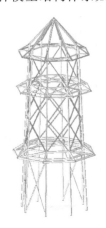
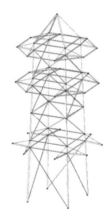
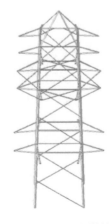

图1　八角圆柱组合塔轴侧图　　　图2　四角圆柱组合塔轴侧图　　　图3　四角方柱组合塔轴侧图

表 1 列出了三种体系的优缺点对比。

表 1 三种体系的优缺点对比

体系对比	体系 1	体系 2	体系 3（最终方案）
优点	整体刚度大,变形少	质量小,制作方便	强度、刚度合适,传力路径明确,质量小
缺点	连接复杂,质量大,经济性较差	传力效果差,柱杆强度低	节点处理复杂

三、受力分析

(一)强度分析

经分析,各级荷载工况下的结构受力情况如图 4～图 6 所示。

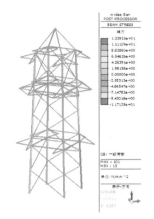 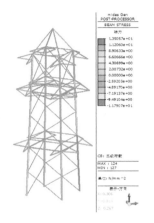 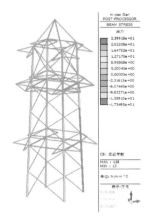

图 4 第一级荷载结构应力图　　图 5 第二级荷载结构应力图　　图 6 第三级荷载结构应力图

(二)刚度分析

经分析,各级荷载工况下的结构变形情况如图 7～图 9 所示。

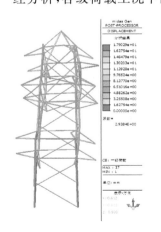 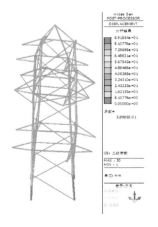 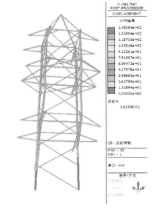

图 7 第一级荷载结构变形图　　图 8 第二级荷载结构变形图　　图 9 第三级荷载结构变形图

(三)稳定性分析

经分析,各级荷载工况下的结构失稳情况如图 10～图 12 所示。

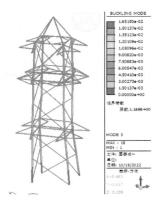

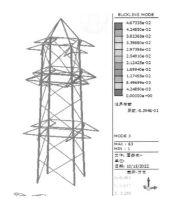

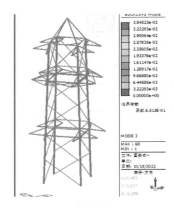

图 10 第一级荷载结构 失稳模态图　　　图 11 第二级荷载结构 失稳模态图　　　图 12 第三级荷载结构 失稳模态图

四、心得体会

(一)竞赛心得体会之一

这是我第一次接触结构设计竞赛。从校赛、省赛到国赛,这忙碌的数月内,我们制作了很多模型,同时也学到了许多知识与技能。

我们在一遍遍制作模型的过程中不断学习,不断进步。结构设计竞赛不仅给我们带来奖项,更重要的是提升了我们的综合能力,如学会了相关软件的使用,认识到团队的力量,加强了力学分析的能力,真正体会到"建筑结构的力量",这些都极大提高了我们对力学知识的学习兴趣。加载成功的喜悦与模型破坏的失望我们都经历过,一遍遍修改模型,不断完善模型。制作模型过程中,我们不断发现问题,然后经过思考、讨论、验证后解决问题,用理论知识解决实际问题,增强了对理论知识的认知。

参加结构设计竞赛的过程中离不开学长学姐及老师的指导,很感谢他们对我们的帮助,这或许就是一种传承。这次比赛的经历必将是我大学生活难以抹去的回忆。

(二)竞赛心得体会之二

为培养大学生的创新思维、实际动手能力和团队协作精神,增强大学生的实践与工程结构设计能力,丰富校园活动和学术氛围,促进大学生互相交流与学习,同时,为提高工科类学生对力学学习的兴趣,开拓学生的视野,激发学生对结构力学问题的探讨,提高力学知识水平及创新能力,我们学校举办了省赛并获得参加国赛的资格。我记得第一次接触结构设计竞赛是在我们的混凝土课上,当时老师一再强调这个比赛对我们的重要性,鼓励我们积极参与。不过老师同时也告诉了我们,参加结构设计竞赛要花费很多时间和精力,还有可能最后得不到奖。但是我们秉承着咬定青山不放松的精神,就算再累再苦,也坚持了下来。

(三)竞赛心得体会之三

初次了解结构设计竞赛是在一次专业分享会上,当时我便产生了浓厚的兴趣,随后便查阅了相关的资料,对其有了一定的了解,但一直没有机会进行实践。终于,三月份时,我们的校赛紧锣密鼓地筹办起来,首次的手工实践,便让我感受到结构的魅力,小小的竹材竟能承受巨大的重量,这更坚定了我一定要认真比赛的决心。幸运的是,经过校赛、省赛的选拔,我能够有机会进入国赛。

在这次的比赛中,我成长了很多,所学知识得到实践,综合能力得到提升。从省赛到备战国赛,我们的时间都是非常紧张的,我们小组成员努力克服困难,抓紧一分一秒。在模型制作中,我也收获了许多,耐心地打磨材料,小心地拼接杆件,制作的过程极大地提高了我的动手能力;不断地尝试新的结构,锻炼了我的创新思维。制作过程中,我们也遇到了许多困难,每天重复、努力地工作,但加载时却连续失败,整个小组的士气都受到了影响,好在我们在老师和学长的帮助与指导下,及时调整,认真总结,不断寻找问题,团队成员之间相互鼓励,活跃团队氛围。终于,我们也制作出了合格稳固的模型,有了第一次加载成功时的喜悦。后来,我们又不断调整,向着更好努力。

国赛临近,希望我们的付出会有收获,在国赛上取得好成绩。

河海大学 巍然塔(二等奖)

一、队员、指导教师及作品

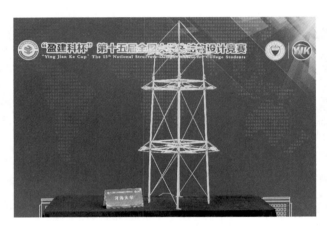

参赛队员
顾仁杰
梁熙
蔡易成
指导教师
张勤
李宗京
领队
胡锦林

二、设计思想及方案选型

(一)四角塔结构

结构设计的过程中,我们考虑了八角塔、六角塔、四角塔及三角塔等结构形式,最终选定四角塔作为模型的主体结构。这是因为该结构有质量小、荷重比大、传力路径清晰、结构制作简单等优点,十分适合作为此次比赛的主体结构。模型实物图见图1。

(二)柱间支撑设计

由于模型在竖向的尺寸足够大,在仅分成三层的情况下,模型的柱构件长细比较大,存在竖向失稳的隐患,因此在柱间设置支撑来增强整体稳定性。模型的柱间支撑多为受拉杆件,在经过受力分析后,保留了少量必需的斜向支撑。模型结构体系如图2所示。

(三)装配式构件连接设计

当模型结构采用榫卯连接进行初步拼装后,为进一步保障连接节点的可靠性和稳定性,特在榫卯连接件连接处增设插销式锁扣,从而大大提高模型的整体稳定性和拼接处的局部承载能力。模型结构的装配式连接件如图3所示。

三、受力分析

(一)强度分析

经分析,各级荷载工况下的结构受力情况如图4~图6所示。

图 1 模型实物图

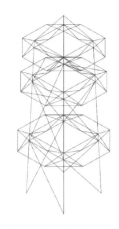

图 2 模型结构体系图

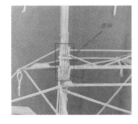

图 3 模型装配式连接件

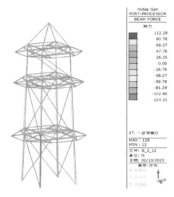

图 4 第一级荷载结构受力图

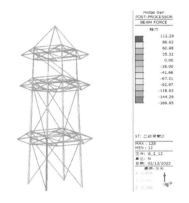

图 5 第二级荷载结构受力图

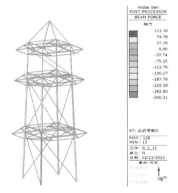

图 6 第三级荷载结构受力图

(二)刚度分析

经分析,各级荷载工况下的结构变形情况如图 7~图 9 所示。

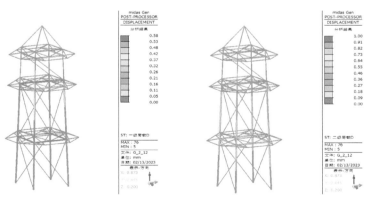

图 7 第一级荷载结构变形图　　图 8 第二级荷载结构变形图

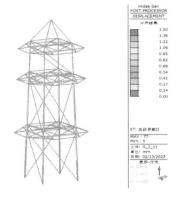

图 9 第三级荷载结构变形图

(三)稳定性分析

经分析,各级荷载工况下的结构失稳情况如图 10~图 12 所示。

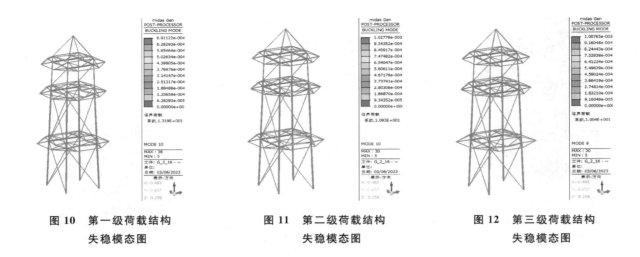

图 10　第一级荷载结构　　　　图 11　第二级荷载结构　　　　图 12　第三级荷载结构
　　　　失稳模态图　　　　　　　　　　失稳模态图　　　　　　　　　　失稳模态图

四、心得体会

经过本次全国大学生结构设计竞赛的赛前准备和锻炼,各参赛队员均获益良多。在模型设计之初,通过查阅大量的文献资料,我们对三重木塔结构有了更深的认识和了解;模型设计过程中,又掌握了诸多力学知识和相关软件的应用技术,为结构模型的最终定型奠定了理论基础;在模型的最后制作过程,克服了手工裁剪、切削及连接杆件的许多困难,最终完成了整个结构模型的制作。无论是为满足结构设计要求的思索,还是对结构体系的优化,抑或对手工制作技术的不断探索,都让我们获得了很多结构设计的经验,加强了结构分析的能力,对结构设计原理有了更深入的认识。

在此衷心感谢学校及学院对我们的全力支持,使我们在这次竞赛中更好地将所学理论知识与动手能力相结合,进一步加深对结构的感性认识。在参加这次结构设计竞赛的过程中,我们通过一次次试验、一次次克服困难,自身的能力与意志都得到了锤炼,综合素质得到了一定程度的提高。在此诚挚地感谢全国大学生结构设计竞赛委员会为我们提供了一次与各大高校老师、同学交流学习的机会。我们相信在这次比赛中,各大高校的同学们必定能相互交流切磋,相互竞争,相互学习,共同提高,共同进步。

最后,预祝此次大赛圆满成功!

西南石油大学　塔中豪杰(二等奖)

一、队员、指导教师及作品

参赛队员

杨阳
董奇
刘艳婕

指导教师

廖玉凤
龚俊

领队

王知深

二、设计思想及方案选型

根据赛题的要求,我们设计了以下两种模型方案。

方案1:八边形木塔结构。此方案采用八边形为模型外廓,其整体稳定性和抗扭刚度都很强,但其质量大,对精确度要求极高且模型拼装工艺复杂,同时存在模型在加载过程中先于极限承载状况破坏的风险。

方案2:四边形木塔结构。此方案是在方案1的基础上进行了改进,柱间的支撑基本不变,将模型外廓改为四边形,在每根柱子上同一高度均设置两个挑檐,并按照赛题规范确定每个挑檐的位置。

表1列出了两种方案结构体系优缺点对比。

表1　两种方案结构体系优缺点对比

体系对比	方案1	方案2(最终方案)
优点	结构稳定,刚度大,承载力强	传力方式明确,承载能力较好,质量小,制作简便快捷
缺点	质量大,对精度要求极高,拼装模型时工艺复杂	整体抗扭刚度小,压力过大时塔柱容易失稳

续表

体系对比	方案1	方案2(最终方案)
模型效果图	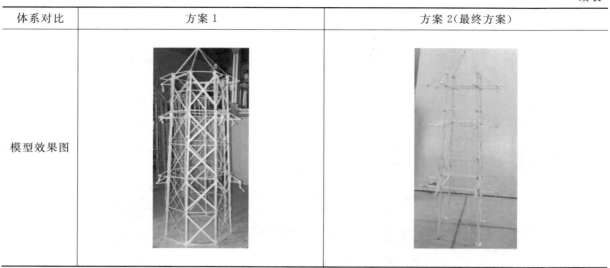	

三、计算分析

(一)强度分析

经分析,各级荷载工况下的结构受力情况如图1所示。

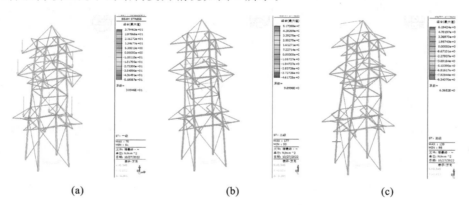

(a)　　　　　　　　　(b)　　　　　　　　　(c)

图1　各级荷载工况下结构应力图

(a)第一级荷载;(b)第二级荷载;(c)第三级荷载

(二)刚度分析

经分析,各级荷载工况下的结构变形情况如图2所示。

(三)稳定性分析

模型加载时,局部构件中挑檐最容易发生破坏。由于拉索要承受巨大拉力,虽然竹条本身抗拉强度满足要求,但是两端节点处受力面小,极容易被拉断。

模型加载对单根柱子的影响主要是失稳。由于单根立柱长细比较大,如果某根柱子承受竖向荷载很大,再加上第三级水平静力荷载对一侧柱子也产生压力作用,该侧柱子极易发生压弯失稳,上部结构发生变化,荷载重分布,进而影响相邻的立柱,丧失模型整体稳定性。

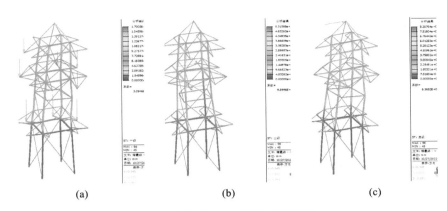

(a)   (b)   (c)

图2　各级荷载工况下结构变形图

(a)第一级荷载；(b)第二级荷载；(c)第三级荷载

四、心得体会

（一）模型设计

在方案选取、模型设计阶段，我们首先阅读了大量的文献资料，积累了许多关于塔结构的基础知识，然后本着"大胆设计，谨慎实验"的原则，构思出了几种新奇、巧妙的结构，它们在自重、承载力等方面都有各自的优势。

经过多次的有限元分析计算，我们依据实际情况，选取了较为可靠的模型结构进行试验，同时根据加载情况再对模型进行适度的调整，最终在多次的试验基础上，选定了结构方案。

在对模型进行优化时，不能一味地单方面追求减少质量或者提高承载力。此次比赛评分为多因素控制，且各因素间存在耦合关系，想要在比赛中获得更高的分数就需要对得分进行优化选取，所以如何权衡各因素对得分的影响是我们需要考虑的。

当然，在模型设计阶段也要统筹考虑比赛的其他因素，如制作时间是否充足、材料的强度和稳定性能否满足结构的要求、所提供的材料能否满足杆件的拼接精度要求等。只有在全面考虑了这些因素之后，我们才能选择出合适、合理、实用的结构。

（二）模型制作

一个优秀的结构模型，如果没有精细的制作工艺，不管理论设计多么完善也将无法付诸实践。以下是我们团队的一点心得。

1. 材料选择

每一批次竹材的规格不是统一的，在制作模型前要检查各类材料是否材质均匀，是否有缺陷。要先剔除不合格的材料，再对材料进行加工打磨。材料的选择要细心、仔细、耐心，这直接决定了模型的表现。

2. 拉条处理

拉条对模型的承载力和稳定性都有直接的影响，故拉条的选取和连接显得尤为重要。在多次试验中，我们总结出竹条的抗拉强度非常大，因此它的抗拉能力其实是过剩的，将竹条再次削薄可以达到减轻自重的目的。此外，还要注意拉条的缺陷，避免拉条从竹节、搭接处或根部绷断等。

3. 缺陷补救

在模型制作前就要对材料进行仔细筛选，尽可能找到其中的缺陷，模型制作过程中也要时刻注意检查。如果最后发现材料存在缺陷，可以用磨出的竹粉或者纸带进行补救。切忌一味地上胶水，因为已经粘上胶水的地方二次用胶效果会差很多。

（三）团队建设

一个优秀的作品离不开一个团结的团队。如果每个队员的思路、理念南辕北辙，所产生的作品很可能畸形。故我们团队以主导同学的思路为基础，其他两名队员在这个思路和想法的基础上积极地配合，不断地完善作品。如果遇到有人思路不一样，大家就坐下来好好讨论，或是请教老师，或是建模分析，最后得到大家一致同意的结果。

团队不只包括参赛学生，还包括老师。指导老师往往能给学生很多提示和思路，给学生提供更多的理论支持。每次模型加载完后，老师会和我们一起讨论研究很久，我们从中能学到很多。此外，老师还会贴心地帮我们减压，令人温暖。

我们团队有明确和细致的分工，按照工作量、个人工作能力、工序连贯性进行任务分配，按照公平合理、发挥所长、能者多劳的原则，统筹分配，适当调整。

河北地质大学 翼然(二等奖)

一、队员、指导教师及作品

参赛队员
甘凯凯
赵金科
曹城玮
指导教师
谌会芹
白文婷
领队
袁颖

二、设计思想及方案选型

根据赛题,我们设计了两种结构体系。

体系1采用传统的思路,制作一个构件就拼接一个构件。其优点是容错率高,某一个构件的误差不会对其他构件产生较大影响;但是缺点也非常明显,应用这种方法制作的模型整体精度不高。体系2采用的方法更偏向构件组之间的组装,将所有构件组按照图纸尺寸制作完成,最后进行组装。其优点为工作效率高,成品模型精度高;缺点为构件组尺寸相关性较高且对构件本身尺寸要求高。结构体系1如图1所示,结构体系2如图2所示。

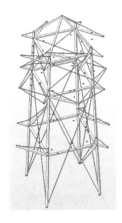

图1 体系1模型结构轴侧图

图2 体系2模型结构轴侧图

表1列出了两种结构体系优缺点对比。

表 1   两种结构体系优缺点对比

体系对比	体系 1	体系 2(最终方案)
优点	容错率高,制作简单	工作效率高,成品模型精度高
缺点	模型整体精度不高	构件组尺寸相关性较高且对构件本身尺寸要求高

三、计算分析

(一)强度分析

经分析,各级荷载工况下的结构受力情况如图3~图5所示。

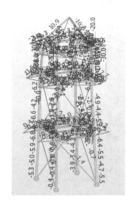
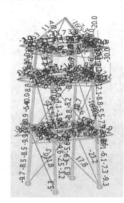

图 3   第一级荷载结构应力图   图 4   第二级荷载结构应力图   图 5   第三级荷载结构应力图

(二)刚度分析

经分析,各级荷载工况下的结构变形情况如图6~图8所示。

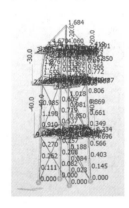

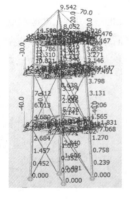

图 6   第一级荷载结构变形图   图 7   第二级荷载结构变形图   图 8   第三级荷载结构变形图

(三)稳定性分析

经分析,各级荷载工况下的结构失稳情况如图9~图11所示,可知结构满足稳定性要求。

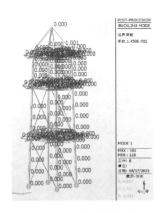

图 9　第一级荷载结构
失稳模态图

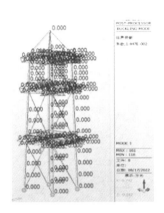

图 10　第二级荷载结构
失稳模态图

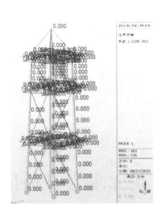

图 11　第三级荷载结构
失稳模态图

四、心得体会

本次结构设计竞赛我们准备了数月之久，付出了极大的热情并投入了大量的时间和精力。从对赛题的分析和讨论，到对结构方案的制作和改进，再到确定方案后的进一步优化和制作，在整个过程中我们不仅付出了许多努力，也得到了老师的帮助与指导。我们一开始在电脑上构建模型，然后实物搭建，通过两者的对比，发现、探索新的方案。电脑模型中许多很容易实现的构造实际操作起来却十分困难，这时候就需要我们想出解决方法。这让我们认识到实践是检验真理的唯一标准。结构设计竞赛不仅丰富了我们的理论知识，还提高了我们的动手实践能力。纸上得来终觉浅，绝知此事要躬行。学习知识，不仅要学习理论知识，更应该将所学的知识与实践相结合。同时，在制作模型过程中要做到多想、多做，最重要的是要坚持。结构设计竞赛最终的模型要经历无数次的试验、改良，因此会出现无数次的失败，因此需要我们坚持。失败了就要知道哪里错了，哪里结构不稳定，想出更好的改良方案，这样才能做出更好的模型。这次结构设计竞赛还让我们认识到团队合作的力量。每一个人都有不同的思路，我们应该向身边每一个人虚心学习。

准备模型的过程中，我们在赛题要求范围内进行创新，用自己有限的知识做出我们认为最完美的模型，当然其中仍有疏漏与不足，恳请各位评审专家提出批评意见和建议，以利于我们学习与改进。

全国大学生结构设计竞赛已走过十四届的历程，预祝第十五届全国大学生结构设计竞赛圆满成功！

南宁学院 飞虹塔（二等奖）

一、队员、指导教师及作品

参赛队员
马明仕
盆斯琪
韦新林
指导教师
黄家聪
梁小光
领队
沈建增

二、设计思想及方案选型

　　根据赛题规定，装配时不能用胶水进行上下部结构装配，而组装式构造在装配式安装时无法及时稳固地连接，会造成连接处松动。榫接式构造则没有这些问题，因此我们团队决定选择榫接式构造并设计了两种结构方案。

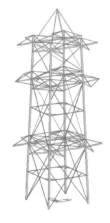

图 1　方案 2 模型轴侧图

　　方案 1：在高 655 mm 处断开，Ⅲ—Ⅲ截面和Ⅳ—Ⅳ截面形成一个整体。但装配式范围为高 650～750 mm 处，考虑到手工会有误差，断开处接近范围临界值可能会造成断开处超出范围，从而违规。此外，承受第二级荷载的Ⅲ—Ⅲ截面是上部结构，靠榫头钉入榫销连接上下部会使榫头、榫销及柱子应力过大，对这些构件的强度、手工工艺要求极高。

　　方案 2：在高 720 mm 处断开，Ⅰ—Ⅰ截面、Ⅱ—Ⅱ截面、Ⅲ—Ⅲ截面形成一个整体。高 720 mm 在装配式范围内，容许手工误差范围达 30 mm，且上部结构只承受 4 kg 的第一级荷载和 4～7 kg 的第三级荷载。承受第二级荷载的Ⅲ—Ⅲ截面是下部结构，连接底板，力直接传递到底板，对柱子强度要求没有方案 1 那么高。

　　综上所述，经过结构稳定性、质量、材料利用率、制作难易程度对比和结构受力分析，我们最终确定方案 2 为最终方案，模型轴侧图如图 1 所示。

三、计算分析

（一）强度分析

经分析，各级荷载工况下的结构受力情况如图2～图4所示。

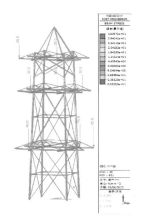
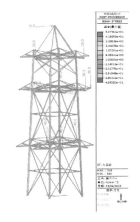

图2　第一级荷载结构应力图　　图3　第二级荷载结构应力图　　图4　第三级荷载结构应力图

（二）刚度分析

经分析，各级荷载工况下的结构变形情况如图5～图7所示。

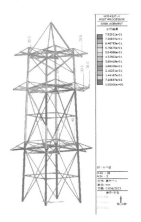

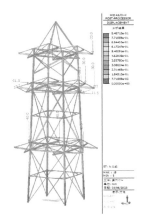
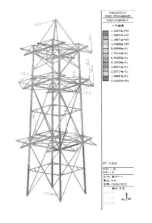

图5　第一级荷载结构变形图　　图6　第二级荷载结构变形图　　图7　第三级荷载结构变形图

（三）稳定性分析

经分析，各级荷载工况下的结构失稳情况如图8～图10所示。

四、心得体会

能用众力，则无敌于天下矣！此次比赛在老师们的指导和帮助下，我们从利用有限元分析软件建立模型、建立方案，到模型比对、最终制作。感谢老师们的指导，让我们的备赛顺利进行。在大家的共同努力下，我们对结构设计不断优化、不断进行模拟与试验，即使过程中经历了无数次失败，我们始终相信只要付出足够多的努力，最终一定会成功。

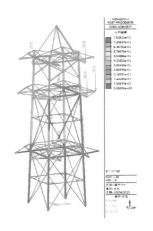
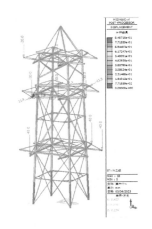
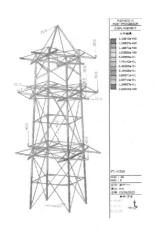

图 8　第一级荷载结构　　　　图 9　第二级荷载结构　　　　图 10　第三级荷载结构
　　　失稳模态图　　　　　　　　　失稳模态图　　　　　　　　　失稳模态图

　　结构优化的基础是一次次的软件模拟分析,在软件的使用上,我们从一开始的"小白"到能够熟练建模分析,过程难免枯燥乏味。我们一路"打怪",过程中不断与指导老师交流,不断查阅资料,不断试验,需要坚强的毅力和顽强的精神,不断克服难题,一步步向前进!

　　人多山倒,力众海移,在模型的制作过程中最重要的是团队合作和配合。我们组分工明确,配合紧密,经过长时间的磨合,最后才能又快又好地做出模型。

　　通过这次比赛,我们加深了对结构的认识,将大学所学的理论力学、材料力学、结构力学运用于实际,提升了专业水平,加强了自身综合能力;提高了运用软件的能力,学会运用各种软件进行结构分析,为以后的工作打下了坚实的基础;激发了创新精神和科研意识,增强了动手实践能力;提升了自我管理意识,并在团队合作中提高了团队精神。

　　我们深知作为一名结构工程师,在未来会遇到许多专业上的难题,需要扎实的理论知识和丰富的实践经验作为支撑。我们需要不断学习,不断成长,才能跟上时代发展的步伐。盛行千里,感谢本次参赛过程给予我们的星光!

　　最后预祝本次大赛取得圆满成功。我们可以专注为一,只为不负自己!

西南交通大学 轻（二等奖）

一、队员、指导教师及作品

参赛队员

李泽宇
石乙彤
金泽宇

指导教师

周祎
郭瑞

领队

张方

二、设计思想及方案选型

　　根据赛题，我们设计了两种结构体系。体系 1 采用六边形不对称结构，竖向荷载下稳定，但是扭转荷载下变形较大，产生 $P\text{-}\Delta$ 效应，加大挠度变形，在第三级荷载下结构达到承载能力极限状态，发生破坏。体系 2 采用四边形对称结构，模型结构简单，抗扭转能力提升，提高了结构的刚度，减小了二次弯矩效应，设计合理可靠。同时，体系 2 传力路径相较于体系 1 简单，节点变少，可靠度显著提升，并且挂点采用插销锚固的传力方式，节点不易破坏，传力稳定，从而提高了结构的整体稳定性。因此，我们选用体系 2 作为最终方案。表 1 列出了两种结构体系的优缺点对比。模型结构体系 1 如图 1 所示，模型结构体系 2 如图 2 所示。

表 1 两种结构体系的优缺点对比

体系对比	体系 1	体系 2
优点	最不利荷载下结构依然稳定	结构简明，制作简单；传力路径明确；整体稳定性较高
缺点	功能过剩；节点过多，可靠度显著降低；制作烦琐	最不利荷载下细长柱易失稳

三、计算分析

（一）强度分析

经分析，各级荷载工况下的结构受力情况如图 3～图 5 所示。

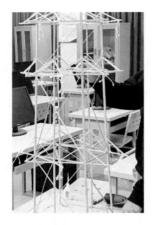

图 1　模型结构体系 1

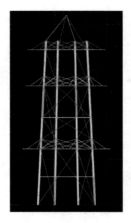

图 2　模型结构体系 2

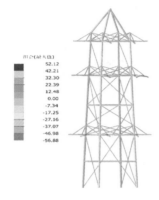

图 3　第一级荷载结构应力图

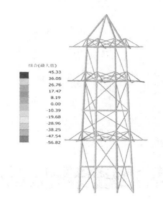

图 4　第二级荷载结构应力图

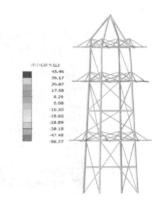

图 5　第三级荷载结构应力图

(二)刚度分析

经分析,各级荷载工况下的结构变形情况如图 6～图 8 所示。

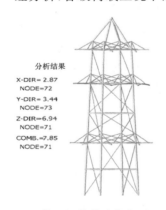

图 6　第一级荷载结构变形图

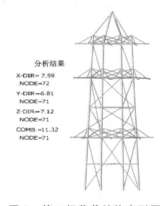

图 7　第二级荷载结构变形图

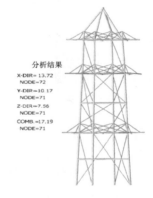

图 8　第三级荷载结构变形图

(三)稳定性分析

经分析,各级荷载工况下的结构失稳情况如图 9～图 11 所示。

临界荷载
系数,−2.563E-001

临界荷载
系数,−2.461E-001

临界荷载
系数,−2.229E-001

图 9 第一级荷载结构
失稳模态图

图 10 第二级荷载结构
失稳模态图

图 11 第三级荷载结构
失稳模态图

四、心得体会

从理论知识学习到模型方案构思,再到各项试验及模拟分析,最后到整个模型的反复优化及制作,我们学到了许多结构设计方面的知识,也在其中获得了自身动手能力、思考能力、协作能力等综合素质的提升。在对模型的理论方案研究中,我们学习和掌握了一定的有限元分析技术,这对我们以后的学习大有裨益。

本次大赛经历了漫长的备赛期,我们对模型进行了不断的优化,尽管在过程中有过争执,但也因此得到了更好的模型方案,同时收获了可贵的友情。

这次参赛经历让我们体会到结构设计过程的艰辛与不易,也同样感受到结构设计的奇妙与精彩。

福建工程学院 福工塔(二等奖)

一、队员、指导教师及作品

参赛队员
阮国坤
陈俊祥
张月雯
指导教师
郑居焕
罗霞
领队
罗霞

二、设计思想及方案选型

我们通过学习和模仿实际生活中的木塔模型,分别设计了三种方案。

方案 1:我们对身边的实际木塔结构进行分析,首先确立方案 1 为正八边形木塔结构。模型主体方形立柱由 0.35 mm 和 0.50 mm 的竹皮卷制而成,模型塔身分成三层,使用整体桁架结构,立柱之间使用 6 mm×6 mm 的竹皮卷杆进行支撑和连接。通过计算,我们发现模型承载力不足且质量较大,模型最终承载得分较低。

方案 2:针对方案 1 遇到的一系列问题,我们决定探索更加经济高效的结构模型,充分利用竹材抗拉能力较强的性能,设计了全新的结构模型——等截面四肢格构柱模型。为了保持模型的承重比,我们决定保持四立柱主体桁架体系,并继续研究新的方案。

方案 3:通过实验发现,方案 3 模型塔身在第一级加载过程中主体立柱未出现弯曲,第二级加载中模型偏移大幅度减小,第三级加载也未发现大的变形倾斜,于是我们最终选择方案 3 作为我们的参赛模型。

表 1 列出了三种方案结构体系优缺点对比。

表 1 三种方案结构体系优缺点对比

体系对比	方案 1	方案 2	方案 3
优点	材料利用率高,符合工程实际	模型的质量小,单侧立柱的最大承压能力能够达到 9 kg	模型结构受力合理,能够满足三级加载,单侧立柱的最大承压能力能够达到 17 kg

续表

体系对比	方案 1	方案 2	方案 3
缺点	模型质量大,承载能力较小	格构立柱扭转变形较大,无法承受较大的扭转力	制作较为烦琐,整体模型定位、杆件与立柱之间的连接较为困难

三种方案的结构体系如图1～图3所示。

图 1　方案 1 结构体系

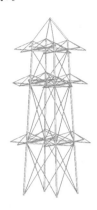

图 2　方案 2 结构体系

图 3　方案 3 结构体系

三、计算分析

(一)强度分析

经分析,各级荷载工况下的结构受力情况如图4～图6所示。

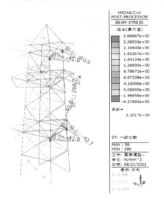

图 4　第一级荷载结构应力图

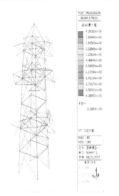

图 5　第二级荷载结构应力图

图 6　第三级荷载结构应力图

(二)刚度分析

经分析,各级荷载工况下的结构变形情况如图7～图9所示。

(三)稳定性分析

经分析,各级荷载工况下的结构失稳情况如图10～图12所示。

四、心得体会

我们从大一开始了解并参加结构设计竞赛,当时觉得结构设计竞赛很有意思,就报名参加了。但

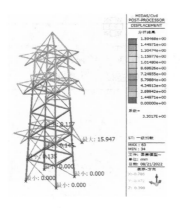
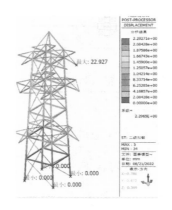
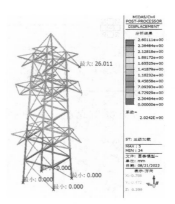

图 7　第一级荷载结构变形图　　　图 8　第二级荷载结构变形图　　　图 9　第三级荷载结构变形图

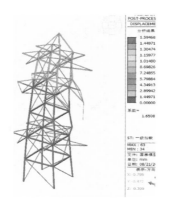
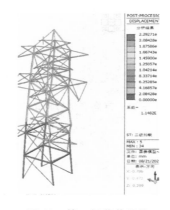
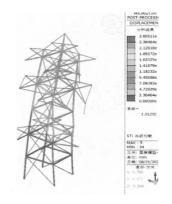

图 10　第一级荷载结构　　　　图 11　第二级荷载结构　　　　图 12　第三级荷载结构
　　　　失稳模态图　　　　　　　　　失稳模态图　　　　　　　　　失稳模态图

是在参赛过程中,我们发现这个比赛并不如想象的那么轻松。我们需要先进行赛题分析,然后进行模型设计,之后再进行模型制作和试验加载,并经过不断修改后,才能获得最终的成品。

　　模型设计需要我们掌握结构设计的基本知识,进行必要的计算和绘图,对于我们具有挑战性,我们需要指导教师的指导与帮助。施工图绘制要考虑材料的切削所引起的构件尺寸的改变,下料时须保留长度余量。

　　安全、经济、美观是结构设计的基本要求,模型荷重比体现模型结构的合理性和材料的利用效率,结构设计不能太复杂,杆件要尽量少而轻。设计过程中要把握三个主要原则:一是传力路径简单,明确;二是强柱弱梁、强剪弱弯、强节点弱构件;三是拉压平衡,注意拉杆强度控制、压杆稳定控制。

　　模型制作是一个逐步学习、摸索的过程,包括杆件制作、节点处理等环节。杆件制作时,将裁剪好的木条按照杆件要求用胶水凝固成型,粘贴前必须确保模板在平台的平面上,尽量不要悬空;胶水应均匀涂抹,不宜多涂;杆件应黏接笔直,无扭转现象。模型制作对手工要求很高,需要较长时间练习,逐步提升效率和制作进度。节点处理需要极强的耐性和手工的精细度,可用竹材在砂纸上打磨后的粉末进行填补缝隙,也可对节点进行补强。为保证节点刚度,可采用小的三角贴片进行加固处理。

　　实验分析是一个发现问题、解决问题的重要过程,我们不仅需要分析模型的受力状态,还需要考虑材料质量、环境湿度、加载装置等多方面的影响。充分考虑各种因素,才能提高模型加载的成功率。

　　结构设计竞赛是一项创新和突破的比赛,我们从中得到了知识的扩充,也培养了动手实践的能力,激发了潜能。结构设计竞赛不是个人的战场,团队协作是成功的前提。整个竞赛过程中我们团队都保持着轻松快乐、互相支持的氛围,良好的沟通达到了事半功倍的效果。在有不同意见或矛盾时,我们会及时提出,沟通解决,维持良好的"黄金三角"合作关系。"细节"是在整个竞赛过程中被频繁提及的词语,比赛结果大多取决于制作过程中对细节的掌控。我们从最开始追求速度、手工粗糙的新手,逐渐磨炼成追求精美、细节的选手,对细节的追求增加了我们模型加载的成功率。

河南工业大学 阿尔法贝塔（二等奖）

一、队员、指导教师及作品

参赛队员

万晓凯
耿圣林
孙双锋

指导教师

咸庆军
崔璟

领队

静行

二、设计思想及方案选型

根据赛题，我们设计了两种结构方案。

方案 1：如图 1（a）所示，斜杆承受两种拉力的叠加，由结构力学知识分析可知，斜杆不存在因受压而发生的失稳破坏，而杆件受拉性能良好，足以抵抗第二级、第三级荷载带来的拉力，不过需要格外注意斜杆与主柱的连接处，此处经常会开裂。

方案 2：如图 1（b）所示，斜杆承受两种压力的叠加，若为纯粹的轴心受压杆件，足以抵抗第二级、第三级荷载，但是竹皮本身的不均匀性，以及我们自身手工水平有限，可能使杆件存在初偏心和初弯曲等缺陷，有失稳破坏的风险，所以我们加大杆件的截面尺寸，增强其受压性能，使之能够抵抗第二级荷载和第三级荷载的叠加。

综合以上两种方案，我们认为方案 1 虽无失稳风险但对节点要求极高，很容易出现节点开裂的现象，再加上全部受拉导致整体模型的变形增大，对整体模型结构极为不利，所以最终我们采用了方案 2，虽可能发生失稳，但我们采用的斜杆尺寸足以满足要求，将失稳的可能性降到最低。

三、计算分析

（一）强度分析

经分析，各级荷载工况下的结构受力情况如图 2～图 4 所示。

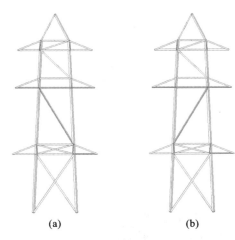

(a)   (b)

图 1　斜杆连接方式

(a)方案 1;(b)方案 2

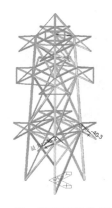 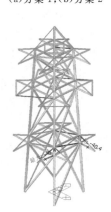 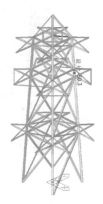

图 2　第一级荷载结构应力图　　**图 3　第二级荷载结构应力图**　　**图 4　第三级荷载结构应力图**

(二)刚度分析

经分析,各级荷载工况下的结构变形情况如图 5～图 7 所示。

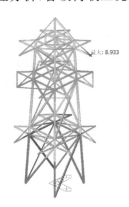 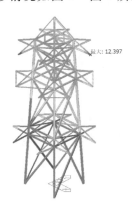 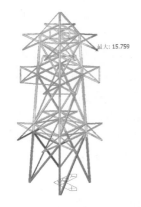

图 5　第一级荷载结构变形图　　**图 6　第二级荷载结构变形图**　　**图 7　第三级荷载结构变形图**

(三)稳定性分析

经分析,各级荷载工况下的结构失稳情况如图 8～图 10 所示。

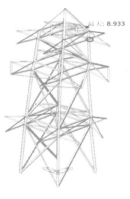 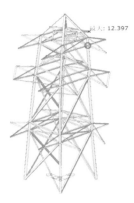 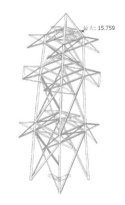

图 8　第一级荷载结构　　　　图 9　第二级荷载结构　　　　图 10　第三级荷载结构
　　　失稳模态图　　　　　　　　　失稳模态图　　　　　　　　　失稳模态图

四、心得体会

对于本次结构设计竞赛,我们团队表现出极大的热忱并投入了大量的时间和精力。从对竞赛试题的分析和计算,到对结构方案的比选和改进,再到确定方案后的进一步优化和手工制作的训练,每一步都得到了指导老师的倾心指导和同学们的无私帮助。

在模型结构的选型、荷载分析、内力分析、位移分析、节点构造设计、材料准备、材料特性试验、结构制作组织、结构拼装成型、编制设计说明书与计算书的全过程中,我们三人了解并熟悉了实际建筑工程自拿到设计建造任务到工程交付使用的全过程,为我们今后从事土木工程相关领域工作打下了坚实的基础,在此向主办方致以诚挚的谢意。

从最开始的一次校赛,到后来的二次校赛,从最开始的零基础,到如今能够熟练掌握粘杆技巧,在这长达一年的时间里,我们三人互相鼓励,彼此帮扶,再加上同学们的无私奉献和老师们的鼎力相助,我们有幸站上今天这个赛场,与来自各高校的同学们交流、竞技,连接我们的桥梁不仅是用来参赛的模型,更是我们对美好未来共同的向往。从设计到完工,其中的种种困难与挫折让我们受益匪浅,真正明白了做成一件事是多么不容易。这次参赛不仅丰富了我们的专业知识,更磨炼了我们的内心。

北京建筑大学　天平塔(二等奖)

一、队员、指导教师及作品

参赛队员
赵思龙
谭积富
张浩杰
指导教师
侯苏伟
领队
苑泉

二、设计思想及方案选型

在这次比赛的备战过程中,我们对数个结构体系进行了讨论,并选择了以下三种体系进行比选。

体系 1:在最初的方案构思中,我们参考了应县木塔的实际结构,采用了明层铺作层和暗层柱架相结合的方式构建木塔的每一层。我们还构建了一个挑檐平台,并将每一个挑檐用四根竹竿分别与明层铺作层的四个节点相连接,以达到分散挑檐杆件内力的目的。体系 1 如图 1 所示。

体系 2:在实际制作的过程中,我们发现体系 1 结构过于复杂,建造难度高,并且并不是最优结构,因此我们在原来的基础上进行了结构简化。体系 2 如图 2 所示。

体系 3:在对体系 2 模型进行制作和加载的过程中,我们发现体系 2 材料利用率不高,因此我们在满足承载要求的基础上,提出体系 3。该体系能够提高材料利用率,同时进一步减轻了结构的重量,是一个比体系 2 更优的方案。体系 3 如图 3 所示。我们选择体系 3 作为最终方案。

表 1 列出了三种结构体系的优缺点对比。

表 1　三种结构体系的优缺点对比

体系对比	体系 1	体系 2	体系 3
优点	桁架梁结构使得木塔的刚度较大,抵抗变形的能力较强	构件与节点较少,自重和制作时间大幅度降低;木塔在承载偏心荷载与非偏心荷载时跨越能力较强;结构较为稳定,不会出现失稳破坏;跨中刚度较高,挠度在合理范围内	材料利用率高;构件与节点较少,自重和制作时间大幅度降低;在结构更精简的同时,保证结构的稳定性、强度和刚度

续表

体系对比	体系 1	体系 2	体系 3
缺点	节点和构件较多导致自重大；承重柱设计不合理，导致承载力较小；结构复杂，实际施工难度大，制作周期长	结构杆件的内力与应力较大，需要挑选无瑕疵的竹材进行制作	受力安全不如体系 1

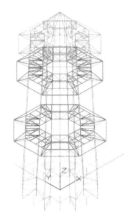

图 1　体系 1

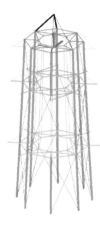

图 2　体系 2

图 3　体系 3

三、计算分析

(一)强度分析

经分析，各级荷载工况下的结构受力情况如图 4～图 6 所示。

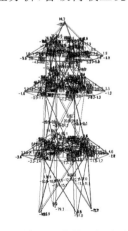

图 4　第一级荷载结构应力图

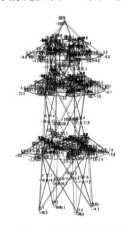

图 5　第二级荷载结构应力图

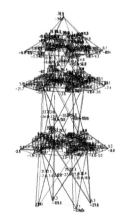

图 6　第三级荷载结构应力图

(二)刚度分析

经分析，各级荷载工况下的结构变形情况如图 7～图 9 所示。

(三)稳定性分析

经分析，各级荷载工况下的结构失稳情况如图 10～图 12 所示。

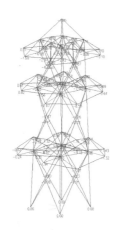 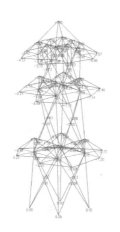 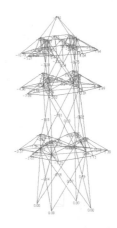

图 7　第一级荷载结构变形图　　图 8　第二级荷载结构变形图　　图 9　第三级荷载结构变形图

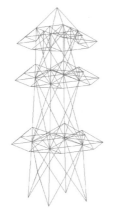  

图 10　第一级荷载结构　　　　图 11　第二级荷载结构　　　　图 12　第三级荷载结构
　　　　失稳模态图　　　　　　　　　　失稳模态图　　　　　　　　　　失稳模态图

四、心得体会

在此次结构设计竞赛中,我们收获颇多。这次比赛是一次各方面知识的较量,带领我们从另一个角度看问题,从实践中发现问题、解决问题。相对于比赛结果,在大赛中学到的知识与技能更珍贵。

在比赛过程中,我们深刻体会到什么叫细节决定成败。只有精确的理论计算,对每一根木条的精确长度规划,对每一处节点的细致处理,才能保证整体结构的稳定和安全。毫米之差,都会成为结构的一个弱点,最终可能导致结果的不如意。每一个构建都需要用心去做,不允许一点错误。我们同时也意识到团队配合的重要性。比赛最后的成功离不开一个队伍的团结、竭尽全力与默契配合。

这次比赛使我们受益匪浅,我们从中学到了很多在课本上学不到的东西,真正体会到只有真心付出,才会有丰硕的果实,只有经历过才会懂得其中的辛苦,才会体会收获的喜悦。我们只有不断地学习,不断地丰富自我的知识系统,不断地提高自身素质和修养,才能够适应今后竞争激烈的社会,能够体现自身的价值。这次的比赛在我们的大学生活中是浓墨重彩的一笔,为我们的阅历增添了一道色彩。最重要的是在这次的比赛中我们还认识了一群可爱的队友、一群可敬的对手和一些知识渊博的老师。我们非常感谢老师在比赛中的陪伴与指导,我们坚信能够出色完成大赛任务,并在今后的学习和生活中提高自身潜力和充实自我,能够为学校、社会、国家贡献自己的力量!

大连理工大学　镂尘吹影(二等奖)

一、队员、指导教师及作品

参赛队员

颜钰琳
李英嘉
崔耀中

指导教师

崔瑶
吕兴军

领队

王鑫垚

二、设计思想及方案选型

根据赛题,我们设计了以下两种结构方案。

八柱塔方案:由于每层有八个加载点,可采取八柱塔方案,结构体系如图1(a)所示。八根外柱每根对应设置一根内柱。每层牛腿挑檐处设置劲性水平框架。

四柱塔方案:四根塔柱,每根对应两个加载点,不设内柱,结构体系如图1(b)所示。我们选择四柱塔方案作为最终方案。

表1列出了两种结构方案的优缺点对比。

表1　两种方案的优缺点对比

方案对比	八柱塔方案	四柱塔方案
优点	两个压杆受力均匀,尺寸较小	只有一根受力较大的压杆
缺点	两根受力较大压杆的制作较困难	单根压杆的受力特别大,压杆制作相对困难

三、计算分析

(一)强度分析

经分析,各级荷载工况下的结构受力情况如图2～图4所示。

(二)刚度分析

经分析,各级荷载工况下的结构变形情况如图5～图7所示。

 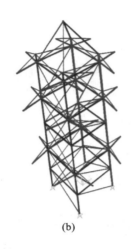

(a) (b)

图 1 模型结构体系

（a）八柱塔方案；（b）四柱塔方案

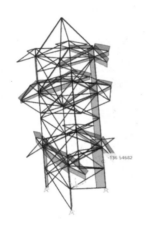  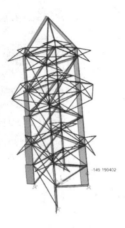

图 2 第一级荷载结构应力图 **图 3 第二级荷载结构应力图** **图 4 第三级荷载结构应力图**

 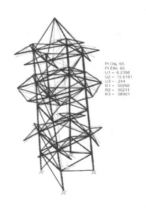 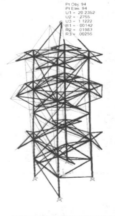

图 5 第一级荷载结构变形图 **图 6 第二级荷载结构变形图** **图 7 第三级荷载结构变形图**

（三）稳定性分析

经分析，结构失稳情况如图 8 所示。

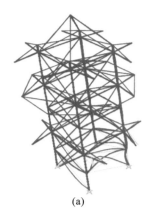 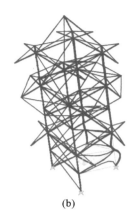

(a)   (b)

图 8 结构失稳模态图
(a)1 阶模态;(b)2 阶模态

四、心得体会

参加本次结构设计竞赛的心得与体会主要有以下几方面。

第一,方案为王。一个正确的、优秀的方案节省的材料是一个较差的结构方案无法比拟的。因此不管手工多么的优秀,成功的前提是要有一个优秀的结构方案。

第二,充分合理地利用竹材的受拉性能。由于竹材受拉性能优于受压性能,因此本次竞赛就是要选择合适的结构方案,充分发挥竹材优异的受拉性能,还能部分避免结构受压导致的稳定问题。

第三,细节决定成败。结构方案优秀,制作也算精良,但往往由于某个非主要拉条脱胶,影响荷载逐步传递,最终破坏整个结构。因此,要做好每一个细节。

第四,坚持就是胜利。不断地练习,不断地提高,坚持就是胜利。图 9 展示了我们备赛时的部分模型。

图 9 备赛练习模型

厦门理工学院 飞燕塔（二等奖）

一、队员、指导教师及作品

参赛队员	
陈明杭	
陈忠伟	
沈嘉钦	
指导教师	
张婧	
胡海涛	
领队	
陈昉健	

二、设计思想及方案选型

根据赛题，我们设计了三种不同的结构方案。

方案1：模型实物如图1(a)所示，塔尖是该模型制作的重点，因为塔顶的所有构件汇聚于塔尖一点，塔尖还需要有足够的空间可以挂施加第三级荷载时使用的尼龙绳。

方案2：结合方案1模型的制作及加载情况，经过思考和优化设计，方案2模型采用了如图1(b)所示的四柱五层横向连接形式。

方案3：模型实物如图1(c)所示，方案3的模型优化体现在四根立柱、挑檐、横向连接及拉条等方面，目的是减轻模型自重。我们选择方案3作为最终方案。

表1列出了三种结构方案的优缺点对比。

表1 三种结构方案的优缺点对比

方案对比	方案1	方案2	方案3
优点	模型强度高，材料利用率高	模型形式简单，传力方式简明	模型质量小，杆件利用率高，材料性能利用率高
缺点	模型质量大，杆件性能利用率低	模型质量较大，杆件性能利用率较低，模型制作难度大	模型制作难度大，模型较不稳定

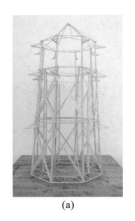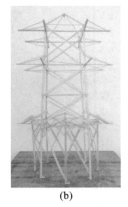

图1　模型实物图

(a)方案1；(b)方案2；(c)方案3

三、计算分析

(一)强度分析

经分析，各级荷载工况下的结构受力情况如图2~图4所示。

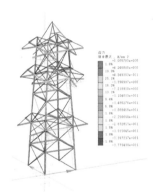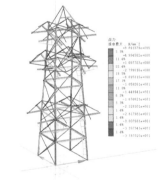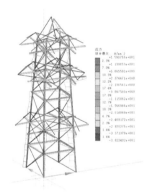

图2　第一级荷载结构应力图　　**图3　第二级荷载结构应力图**　　**图4　第三级荷载结构应力图**

(二)刚度分析

经分析，各级荷载工况下的结构变形情况如图5~图7所示。

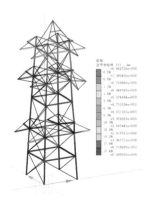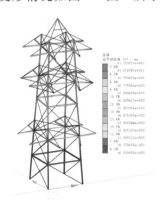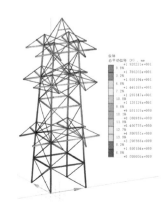

图5　第一级荷载结构变形图　　**图6　第二级荷载结构变形图**　　**图7　第三级荷载结构变形图**

（三）稳定性分析

经分析，各级荷载工况下的结构失稳情况如图8～图10所示。

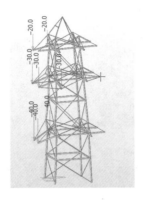 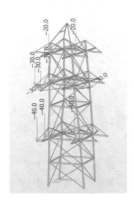 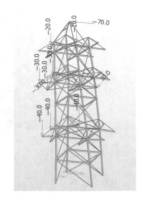

图8　第一级荷载结构
　　　　失稳模态图　　　　**图9　第二级荷载结构**
　　　　　　　　　　　　　　　　失稳模态图　　　　**图10　第三级荷载结构**
　　　　　　　　　　　　　　　　　　　　　　　　　　　失稳模态图

四、心得体会

　　结构设计竞赛是培养大学生创新能力的重要途径，目前大学生结构设计竞赛理论计算方法与模型制作技术均发展较成熟。结构设计竞赛也是一项创新和突破的比赛，我们从中得到了知识的扩充，也培养了动手的实践能力，激发了潜能。结构竞赛不是个人的战场，团队协作是成功的前提。结构设计竞赛的内容体现了多门专业课程的综合应用，选手不仅要利用力学原理设计合理的结构体系，还要具备运用建筑材料、建筑结构、结构试验等专业知识解决实际问题的能力。

　　制作工艺是结构设计竞赛中影响模型加载结果的关键因素之一，一个好的结构体系需要通过好的制作工艺来呈现。在历年的省赛和国赛中，每年都有将近一半的参赛模型没有完全加载成功，这其中的大部分原因是制作失误或工艺质量不佳。我们需要对竹材的力学性能有足够的认识，特别是需要加强节点处理。模型的制作工艺需要通过反复训练才能不断提高，需要我们以一丝不苟、精益求精的态度来完成模型设计与制作，严格要求自己养成精益求精的工作习惯。

　　在本次结构设计竞赛的备赛过程中，作为一个大一新生和大四学长进行思想碰撞的队伍，我们秉持着实践出真知的态度。刚开始队伍的磨合并不是很顺利，对新生来说，结构分析时对一些专业名词的理解具有一定的欠缺，对模型的结构设计也存在一定缺陷，创新性的想法难以通过"碰撞"产生。后来，在一个个模型的制作、加载过程中，新生产生了创新性想法，并对名词的理解越来越透彻，模型的结构设计、减重方案也具有了一定的可行性。我们在轻松愉快的氛围中，进行思想上的碰撞，完成了模型的制作。在后期枯燥的重复制作的过程中，我们通过一些团队游戏进行放松，促进了队伍的关系，释放了压力，排解了不良情绪，并在指导老师的督促和鼓励下愉快地度过了此次结构设计大赛。

　　结构设计和人生有许多非常相似的道理。刚柔相济、多道防线、抓大放小、打通节点是结构设计的四大原则。合理的结构体系应该是刚柔相济的。结构太刚则变形能力差，强大的破坏力瞬间袭来时，需要承受的力很大，容易造成局部受损，最后全部毁坏；而太柔的结构虽然可以很好地消减外力，但容易变形过大而无法使用，甚至全体倾覆。做人亦是如此，过刚易折，退一步海阔天空，刚柔并济才是平衡之道。结构设计也是内力和外力的平衡，讲究平衡之道。

　　步履匆匆，一段故事的结束，也意味着一段新故事的开始，希望我们此次不会留下遗憾；希望未来我们几个，聚是一团火，散是满天星，贯彻着"快乐是一种能力，平静是一种力量"的信念，完成今后人生路上的挑战。本次结构设计竞赛给我们大学经历画上了浓墨重彩的一笔。

吕梁学院 清风(二等奖)

一、队员、指导教师及作品

参赛队员
盖鸿
龙瑶彤
王淑慧

指导教师
宋季耘
闫晓彦

领队
高树峰

二、设计思想及方案选型

此次比赛模型空间限制较多,因此整体结构为常规的木塔结构。考虑到加载的分布和要求,可以设计为四柱塔结构或八柱塔结构。

第二级扭转荷载质量为 6 kg,对结构作用较小。真正难点在于第一级荷载与第三级荷载的施加点位于一侧时,结构整体受到弯曲和压缩的综合作用,靠近第三级荷载一侧柱子受到极大压力,容易破坏。

综合考虑四柱塔结构和八柱塔结构的特点以及荷载作用,我们的模型最终确定为四柱塔结构。结构中四根柱子,尤其是第三级荷载一侧的柱子受到的轴力最大,是我们重点考虑的部位,也是结构承载竖向荷载和弯曲荷载最主要的部分,要进行加固设计。第二级荷载较小,可通过布置横梁和斜拉条提高结构整体的稳定性,抵抗扭转作用。

结构中的受压杆件用竹皮杆制作,受拉杆件采用轻质竹皮杆或者竹条支座。此外为了加强结构的整体稳定性,布置拉条以抵抗结构的扭转变形,充分发挥制作材料抗拉强度大的特点。

表 1 列出了结构选型对比。

通过对比几种结构的优缺点,我们最终选用梯形体四柱塔结构,如图 1 所示。

表1　结构选型对比

体系对比	八柱四边形塔结构	四柱塔结构	
		上下等宽（长方体）	下宽上窄（梯形体）
优点	杆件长度较短，稳定性好；八根柱子的存在使得结构抵抗扭转和弯曲的能力大为增强	杆件少；样式精巧；节点少，制作方便；结构传力清晰；质量较小	提高了抵抗弯曲和扭转的能力；质量小
缺点	杆件多；节点多且多为非直角节点；制作时间长，用料较多，难以在规定时间内高质量完成模型；模型质量大	横梁长度大，杆件容易失稳，尤其是第三级荷载一侧柱子受力大，容易坍塌；结构抗扭转能力弱，稳定性差	对手工能力要求高；梁柱之间不垂直，节点之间拼接较难

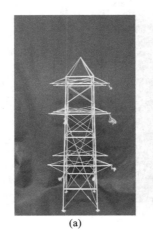

(a)　　　　　　　　(b)

图1　模型结构图

（a）立面图；（b）轴侧图

三、计算分析

（一）强度分析

经分析，各级荷载工况下的结构受力情况如图2～图4所示，可知结构满足强度要求。

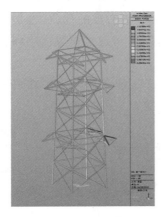

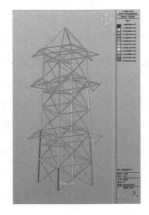

图2　第一级荷载结构应力图　　图3　第二级荷载结构应力图　　图4　第三级荷载结构应力图

（二）刚度分析

经分析,各级荷载工况下的结构变形情况如图5～图7所示,可知结构满足刚度要求。

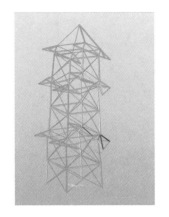
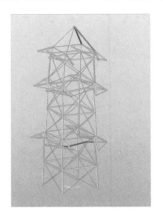
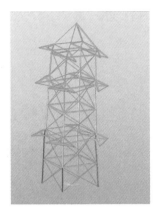

图5 第一级荷载结构变形图　　图6 第二级荷载结构变形图　　图7 第三级荷载结构变形图

（三）小结

综合软件分析,可以得知模型在加载中最危险的部分为第三级荷载一侧柱子最下侧,因为竹材的受压能力不强,因此设计制作杆件保证柱子在强大的压力下不失稳是此次模型制作的关键。除此之外,此模型杆件受力相差极大,即使对于受压柱而言,上部和下部受力也相差很大,因此,对受力不同的部位进行有针对性的设计是我们减轻模型重量的主要手段,这需要我们结合软件与结构测试,不断优化模型,使其荷重比达到最大值。

四、心得体会

我们在比赛的过程中,认识到实践与理论的差别,实践过程中存在很多不确定因素,都需要我们一一克服。参加比赛使我们将理论与实践相结合的能力进一步提升。在这个过程中我们学会了团队协作,我们有相同的梦想,并且一起奋斗,这个过程既辛苦也快乐。

结构设计大赛和我们土木工程专业学习的专业知识有很强的联系。正所谓"纸上得来终觉浅,绝知此事要躬行",这次比赛是检验我们专业知识水平的很好机会。此次比赛为我们提供了一次宝贵的实践机会,在模型的设计和制作过程中,我们不仅对所学的知识有了更深的认识,而且还提高了自己的动手能力,同时这次比赛还为我们提供了一个深入学习并实际操作建模软件的机会。从制作过程中我们还深刻认识到,多一个人就多一种思路,我们应该向身边每一位队友虚心学习,共同进步。

在今后的学习生活中,我们应该放下手机,多思考,多动手,始终有一颗努力上进的心,坚定自己的目标,不断进取。让我们充分发挥竞赛精神,为建筑系、为学校争得荣誉,为建筑行业发展贡献力量!

吉林大学　理想之城(二等奖)

一、队员、指导教师及作品

参赛队员
严鑫怡 向双林 孙忠宇
指导教师
朱珊 郑少鹏
领队
朱珊

二、设计思想及方案选型

加载点在主体外的悬臂梁最外端,在变参数的情况下,未知的加载点对结构的受力有直接的影响,具体如下。

(1)若第一级荷载全部加载在同一侧,主杆会承受较大竖向荷载,因而对主杆的强度有较高的要求。

(2)若第一级荷载和第二级荷载的加载点为同一个,首先挑檐会由单一的竖向单向受力变成水平和竖向同时受力,对挑檐杆件的稳定性和强度要求提出了更高的要求。其次在挑檐杆件受力变形时,主杆也会有一定的变形,形成弯扭组合变形,因而对主杆的稳定性有较高的要求。

(3)若第三级荷载加载时较多荷载处于受压一侧,主杆首先会产生较大应力,其次第二级荷载加载时会导致主杆的弯扭组合变形,因而对主杆的强度和稳定性有较高的要求。

基于以上分析,我们设计了三种结构方案。方案1为八立柱框架,如图1所示;方案2为四立柱框架(一杆三挑),如图2所示;方案3为四立柱框架(一杆两挑),如图3所示。

表1列出了三种方案结构体系的优缺点对比。

表1　三种方案结构体系的优缺点对比

体系对比	方案1	方案2	方案3
优点	对单一杆件的应力最小,力的传递路径比较清晰,抗扭性能好	单一杆件的应力较小,对各种工况的适应性较好	杆件数量较少,拼接难度较小,需处理的节点较少
缺点	杆件数量多,拼接难度较大,需处理的节点较多	杆件数量较多,拼接难度大,节点处理难度大	杆件受力比较集中,抗扭性能一般

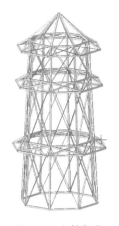

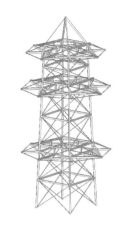

图 1　八立柱框架　　　　图 2　四立柱框架（一杆三挑）　　　图 3　四立柱框架（一杆两挑）

三、计算分析

我们对三种方案都进行了结构强度分析和刚度分析,这里只对方案 1 进行展示。

(一)强度分析

经分析,各级荷载工况下的结构受力情况如图 4～图 6 所示。

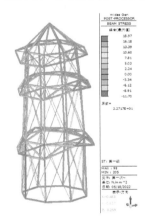

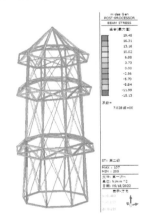

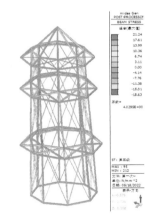

图 4　第一级荷载结构应力图　　图 5　第二级荷载结构应力图　　图 6　第三级荷载结构应力图

(二)刚度分析

经分析,各级荷载工况下的结构变形情况如图 7～图 9 所示。

(三)小结

综合三种方案的结构强度、刚度分析,可以得到三种方案的模型整体上均可满足承载要求。需要注意的是局部加强的杆件及节点须着重做好构造措施。根据理论分析和近 50 个模型的实际制作,我们认为方案 3 更加适合本次赛题,故最终选择方案 3 来参加本次比赛。

四、心得体会

在结构方面,从参加校赛、省赛到现在,我们做了上百个结构,也毁坏了上百个结构,并先后改进

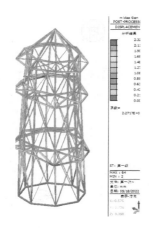
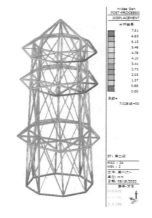
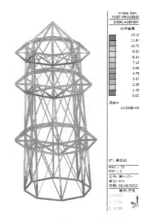

图 7　第一级荷载结构变形图　　图 8　第二级荷载结构变形图　　图 9　第三级荷载结构变形图

了多种结构形式。模型从最初的 500 g 到质量减半,再到现阶段以再次减半为目标,我们一直在努力地学习、思考、创造,只为那片刻的灵光一闪,把不可能变成可能。当然,在这个过程中少不了成功的喜悦和失败后的反思。

在工艺方面,我们每天都在进步,做出的构件更轻更强,制作速度也更快。在制作的过程中,我们对材料有了更深的理解。比如竹皮、竹片、竹杆件在什么情况下才能发挥最大的作用,什么连接方式最优,这些都不是从书上学到的,而是在实践中获得的,这些知识会在我们的大脑中记得更牢,甚至不会轻易遗忘。

在模型设计和制作过程中,我们每次制作前都进行头脑风暴,把自己的想法介绍给同伴,然后各抒己见,甚至争辩,直到一方被说服,或者投票决定。为了在有限的时间里完成我们的设想,我们不眠不休,看到了在此前二十年生命中不多见的日出……我们最享受的不是一次加载的成功,而是在一次次失败、一次次反思、一次次老师的建议指导后的创造过程。

知之者不如好之者,好之者不如乐之者。我们已经成为乐之者,好的灵感还会远吗? 伙伴们,加油,把那不可能变为可能!

宁夏大学 宁晋智悦(二等奖)

一、队员、指导教师及作品

参赛队员

马有正
高龙
李雪莲

指导教师

张尚荣
包超

领队

毛明杰

二、设计思想及方案选型

它"地震不倒、战火不毁、雷击不焚"!它是人类巧夺天工和大自然共荣共生的绝好例证!它是辽文化的具象微缩,是那个时代中原文明的精华荟萃!这就是应县木塔。我国著名建筑学家梁思成先生回忆道:"今天的正式去拜见佛宫寺塔,绝对的 overwhelming,好到令人叫绝,喘不出一口气来半天!""这塔真是个独一无二的伟大作品,不见此塔,不知木构的可能性到了什么程度。我佩服极了,佩服建造这塔的时代,和那时代里不知名的大建筑师,不知名的匠人。"我们设计的结构由此而来。模型三维轴侧图如图 1 所示。

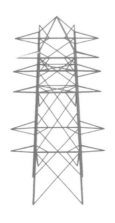

图 1 模型三维轴侧图

三、计算分析

(一)强度分析

经分析,各级荷载工况下的结构受力情况如图2~图4所示。

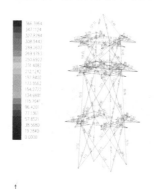

图2　第一级荷载结构应力图

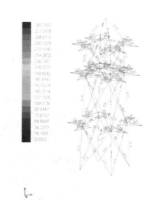

图3　第二级荷载结构应力图

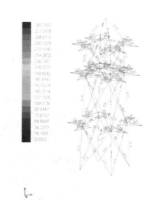

图4　第三级荷载结构应力图

(二)刚度分析

经分析,各级荷载工况下的结构变形情况如图5~图7所示。

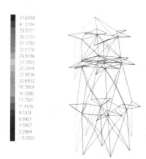

图5　第一级荷载结构变形图

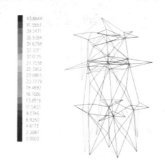

图6　第二级荷载结构变形图

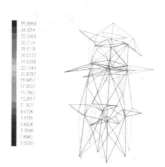

图7　第三级荷载结构变形图

(三)稳定性分析

经分析,各级荷载工况下的结构失稳情况如图8~图10所示。

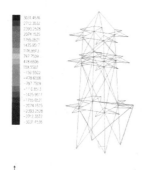

**图8　第一级荷载结构
失稳模态图**

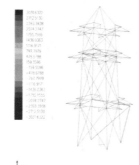

**图9　第二级荷载结构
失稳模态图**

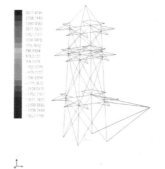

**图10　第三级荷载结构
失稳模态图**

四、心得体会

赛题"三重木塔结构模型设计与制作"对我们具有很大的挑战性。一方面,我们欠缺抗扭结构模型的相关制作经验,另一方面,我们团队对于赛题要求的有限元计算分析软件并不熟练,这使得我们在前期对模型的分析和制作难以展开。

但团队并没有因此退却,我们利用课余时间,上网查阅相关资料,向指导老师和有经验的师兄请教相关知识,多方听取意见、建议,定期举行小组方案研讨,并经过反复地推敲和计算,最终确定了这次比赛的模型方案。

经过几个月来一次次的修改,在宿舍反复练习和简易试验测试,终于设计出了达到比赛要求的模型,努力终于收获了成功。

通过这次比赛,我们学到了很多。首先是团队合作能力,对于团队必须要有明确分工,这样队员们才能清楚自己的任务,才能更好地相互协调与合作;其次是自学能力,因为很多知识我们都不懂,为了设计出受力合理且结构美观的模型,我们必须要自己去学习相关的知识。在学习的过程中,我们学到的不仅是知识,更是如何去学习知识。这次比赛对我们的意义已经不仅是比赛,更是一次学习的过程,而在这个过程中学到的东西,对于以后走上社会的我们,也将是一笔异常宝贵的财富!

哈尔滨工业大学(威海) 望海(二等奖)

一、队员、指导教师及作品

参赛队员
张家豪
王衍凯
吴昊燃
指导教师
张天伟
陈德珅
领队
王化杰

二、设计思想及方案选型

根据对赛题的分析及讨论,针对竖向受力构件数目的不同,我们初步确定了两种结构形式,即四边形横截面塔和八边形横截面塔。

(一)四边形横截面塔(体系1)

四边形横截面塔竖向由四根竹皮方杆传递竖向荷载。结构在竖向分为三层,在每层的层间设置八个具有一定高度的挑檐,用来承担荷载。每层相邻竖向杆件之间采用竹皮方杆连接组成框架,且每层相邻竖向杆件之间设置一组X形竹皮拉条用于抵抗扭转荷载。竖向构件在顶部收于塔尖。模型如图1所示。

(二)八边形横截面塔(体系2)

八边形横截面塔竖向由八根竹皮方杆传递竖向荷载。结构在竖向同样分为三层,在每层的层间设置八个具有一定高度的挑檐,用来承担荷载。每层相邻竖向杆件之间采用竹皮方杆连接组成框架,且每层相邻竖向杆件之间设置一组X形竹皮拉条用于抵抗扭转荷载。竖向构件在顶部收于塔尖。模型如图2所示。

表1列出了两种体系的优缺点对比。

图 1　四边形截面模型图

图 2　八边形截面模型图

表 1　两种体系的优缺点对比

体系对比	体系 1	体系 2
优点	仅用四根立柱,结构质量显著减少,且节省制作时间;立柱之间的位置关系为正方形,方便定位	每根杆的承载任务比体系 1 轻,整个模型的横截面积比体系 1 大,柱脚更多,更稳定;挑檐较短,负担较轻
缺点	对四根立柱的强度要求很高;挑檐较长,难以承受竖向荷载及扭转荷载;挑檐的粘接角度并不沿方杆的面,对制作手工要求高	八根立柱,三层共二十四根横梁,二十四个面需要做抗扭结构,质量较大;制作八根立柱比体系 1 更费时费力,八根柱空间定位也比体系 1 更有难度,制作误差更大

　　通过模型试验及有限元分析,综合考虑两种体系的优缺点,我们最终决定采用体系 1。

三、计算分析

(一)强度分析

　　经分析,各级荷载工况下的结构受力情况如图 3～图 5 所示。

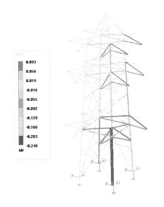

图 3　第一级荷载结构应力图

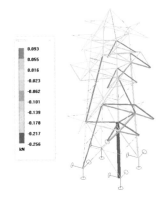

图 4　第二级荷载结构应力图

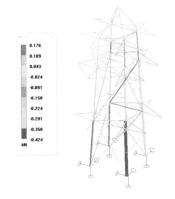

图 5　第三级荷载结构应力图

(二)刚度分析

　　经分析,各级荷载工况下的结构变形情况如图 6～图 8 所示。

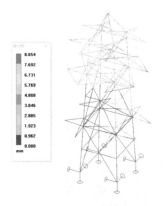
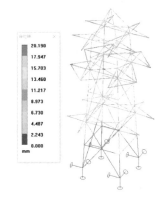
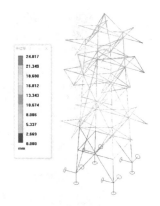

图 6　第一级荷载结构变形图　　　图 7　第二级荷载结构变形图　　　图 8　第三级荷载结构变形图

(三)稳定性分析

经分析,结构 2 阶失稳情况如图 9、图 10 所示。

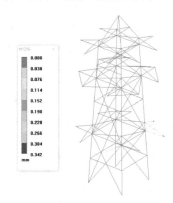
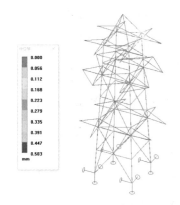

图 9　结构 1 阶失稳模态图　　　　　　图 10　结构 2 阶失稳模态图

四、心得体会

非常高兴有机会参加本次结构设计竞赛,我们收获颇丰。一方面,通过赛前的准备,我们对于结构概念、结构设计等有了更深层次的理解,同时也将学到的知识与实践结合在一起,真正在具体结构模型中体会到结构设计的意义。通过阅读大量的结构设计资料,我们丰富了自己的知识储备;通过多种软件的学习和使用,我们做到了对模型结构的充分分析与优化。可以说,这次比赛对我们学科知识层面的提升起到极大的促进作用。

与此同时,大赛准备期间,我们更多地体会到团队合作的重要意义。合理的分工使我们能各自发挥专长,做到效率的最大化;大胆的设想让我们有更多的创新和挑战,使我们畅游结构设计的海洋;耐心的计算与制作令我们感悟到严谨务实的重要性。在大家共同的奋斗与不懈努力下,我们才有了今天的成果。

最后,我们要衷心感谢一路陪伴我们的各位师长,是他们给予我们细致耐心的指导,与我们共同克服了备赛期间的种种困难。衷心感谢大赛主办方为我们提供这样一次参赛机会,祝愿今后的全国大学生结构设计竞赛越办越好!

天津大学　七星灯火(二等奖)

一、队员、指导教师及作品

参赛队员

王文凯
向宇豪
阳清宇

指导教师

王方博
严加宝

领队

严加宝

二、设计思想及方案选型

根据赛题,我们设计了三种结构体系。

体系1:八棱柱形塔,如图1所示。八柱塔是结构比较简单且稳定性很高的一种结构。根据赛题需要,我们在每个加载点平面位置处建造竖柱,使结构是完全中心对称的八棱柱体。

体系2:四柱方形挑檐塔,如图2所示。在体系1的基础上,我们进行结构的优化和质量的减小,将相邻的两个挑檐安装在同一根柱上,体系从八根柱降为四根柱。

体系3:四柱方形双平行斜拉塔,如图3所示。保持体系2主体结构不变的基础上,我们针对每级荷载的作用效应进行了一些细部结构的改变。

图1 八棱柱形塔

图2 四柱方形挑檐塔

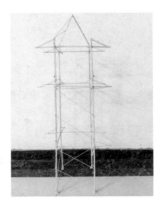

图3 四柱方形双平行斜拉塔

表 1 列出了三种结构体系的优缺点对比。

表 1　三种结构体系的优缺点对比

体系对比	体系 1	体系 2	体系 3
优点	体系稳定,受力均匀	质量轻,传力路线清晰简单	承载能力增加
缺点	结构复杂,质量较大	缺少多道防线设计,承担荷载风险较大	重量较体系 2 增加,制作要求更高

三、计算分析

(一)强度分析

经分析,各级荷载工况下的结构受力情况如图 4～图 6 所示。

  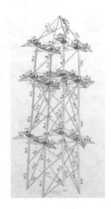

図 4　第一级荷载结构应力图　　　图 5　第二级荷载结构应力图　　　图 6　第三级荷载结构应力图

(二)刚度分析

经分析,各级荷载工况下的结构变形情况如图 7～图 9 所示。

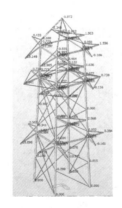 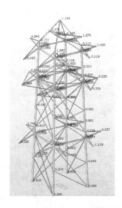 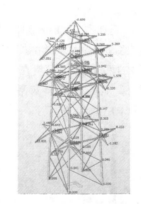

图 7　第一级荷载结构变形图　　　图 8　第二级荷载结构变形图　　　图 9　第三级荷载结构变形图

(三)稳定性分析

经分析,各级荷载工况下的结构失稳情况如图 10～图 12 所示。

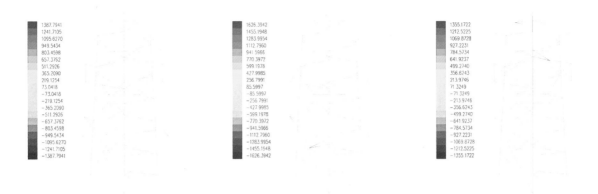

图 10 第一级荷载结构失稳模态图   图 11 第二级荷载结构失稳模态图   图 12 第三级荷载结构失稳模态图

四、心得体会

时光飞逝,转眼之间已经到了结构设计竞赛全国总决赛的前夕,对于这次比赛,我们可谓是呕心沥血。早在二月份,我们便已经了解到第十五届全国大学生结构设计竞赛的相关信息,从那时起便着手进行准备,还趁着寒假向参加上届国赛的学长虚心请教。四月份之前,我们完成了从组队到熟悉赛题、材料性能及相关粘接工艺等一系列前期准备。

校选赛的举行不算顺利,最终四支队伍代表学校参加天津市赛。事出仓促,我们甚至没有模型的加载与检测装置,凭借着自己对于结构性能的认识及所学理论,连续制作了三天时间,完成了第一版模型。308 g 的模型质量在市赛当中处于绝对的劣势,但我们设计的结构可靠性很强,承受住了相当重量的荷载,最终,四支队伍为学校斩获了一项二等奖、三项三等奖。

在市赛之后,我们从多方面反思并总结了这次模型的缺点,通过建模软件对模型进行了彻底的改进。八月初返校之后,学校也为我们配置了完整的模型加载与检测装置,解决了后顾之忧。至行文之时,我们已经完成了第五版模型,200 g 的模型完美承受住了组委会可供选择的最大荷载重量,对于本次国赛我们充满信心!

对于结构设计大赛,我感慨万千,除了感叹于模型制作中的困难与艰辛,更多的是感叹于结构的巧妙与复杂。在大二的下学期,我们学习了结构力学的课程,在力学分析上进步飞速,但理论就是理论,"不从纸上逞空谈,要实地把中华改造"是我们学校学子的毕生追求,感谢结构设计大赛给我们提供了这个机会,我们将大学所学全部运用到模型的设计与制作中。对于竖向荷载,我们尽可能减小它产生的弯矩对挑檐节点的破坏;对于扭转荷载,我们在关键部位添加了斜拉杆用以防止扭转变形;对于水平荷载,我们对模型尖顶进行了重点加固,防止应力集中……专业知识对我们有着巨大的帮助,我们也在团结合作下,完成了一版又一版意义非凡的模型。在实践中提高自己的能力,在实践中扎实自己的知识,是每一个土木学子应有的追求。

国赛还未完成,征途还在继续,我们会在剩下的时间里继续精进我们的模型,希望在国赛当中,不惧挑战,赛出成绩,赛出风格,五个月的心血即将在十月十四日得到检验,相信这次,我们必将突破校史,更上一层楼!

决战太原理工,七星灯火队来了!

中北大学　晋原木塔(二等奖)

一、队员、指导教师及作品

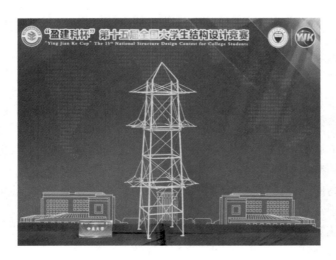

参赛队员
陈政文
陈锦鸿
胡育睿
指导教师
郑亮
靳小俊
领队
郑亮

二、设计思想及方案选型

根据赛题,我们设计了两种结构体系,如图 1 所示。表 1 列出了两种体系的优缺点对比。

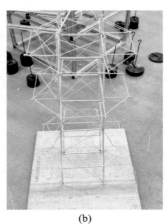

(a)　　　　　　　　(b)

图 1　模型结构实体图

(a)体系 1;(b)体系 2

表 1 两种体系的优缺点对比

	体系 1	体系 2
优点	刚度高,整体性好;挑檐长度短、弯矩小,容易满足加载点要求;传力路径明确,各杆件受力明确,承受竖向荷载和水平荷载能力较强,第一级荷载加载时挠度很小	减少了杆件数量,结构简单,柱子抗扭能力大幅增强,柱间连接更多,更稳定;挑檐各向强度和刚度更均匀;顶层位移大幅减少;制作时间减少
缺点	结构自重较大;制作难度大,耗时长,材料不足;承受扭转荷载能力较弱	挑檐长度过长,弯矩大;制作精度要求高

经过多次加载测试和综合评估,与体系 1 相比,体系 2 在加载表现和模型质量方面都占有较大优势,因此我们最终决定采用体系 2。

三、计算分析

(一)强度分析

经分析,各级荷载工况下的结构受力情况如图 2～图 4 所示。

 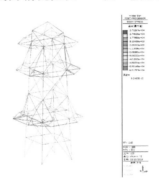 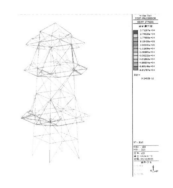

图 2 第一级荷载结构应力图　　图 3 第二级荷载结构应力图　　图 4 第三级荷载结构应力图

(二)刚度分析

经分析,各级荷载工况下的结构变形情况如图 5～图 7 所示。

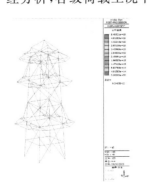 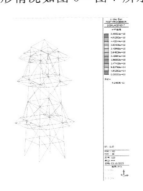 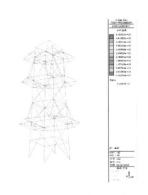

图 5 第一级荷载结构变形图　　图 6 第二级荷载结构变形图　　图 7 第三级荷载结构变形图

四、心得体会

　　通过这次比赛,我们熟悉了相关软件的应用,并且通过计算,熟悉了在结构中杆件的受力情况,之前学习过的专业知识也得到了运用,如受力不同的杆件使用不同截面,具有针对性。在制作过程中和队友相互配合、讨论,也让我们思路更清晰,想法更多。制作模型的过程中,我们的制作工艺不断提高,做出来的实物越来越美观,重量也越来越轻,就像在实际工程建设中尽量使建筑物满足强度要求并且尽量减轻质量一样。

　　这次竞赛让我们有很多感悟,起初感觉烦琐,到后面就得心应手了,这也让我们认识到任何设计和施工都是很困难的,设计和施工也有着许多出入,只有自己亲手操作之后才会了解得更清楚。对于土木工程专业和力学专业的本科生,这样的经历必不可少,今后我们也一定能像这次比赛一样,克服种种困难,完成目标。

江苏大学 六合塔（二等奖）

一、队员、指导教师及作品

参赛队员
杨涛
席飞龙
李禹
指导教师
张富宾
王猛
领队
王猛

二、设计思想及方案选型

此次赛题包含八个竖向力、一对扭转力及一个水平力的静荷载。以下是两种方案的具体设计和对比。

方案1（八柱体系）：八柱体系具有承载力高、稳定性强、在荷载作用下结构变形小、对称结构可应对各种组合工况等优点。结合赛题我们在外部设置拉条、压杆组合而成的挑檐点，荷载通过挑檐点传至通长柱，然后传递给基座。挑檐点压杆分别抵于两柱之上，将力分散传递到两根柱子上，进一步减小结构变形。最后，交叉拉条的设置可有效抵抗扭转荷载，增强结构的稳定性。

方案2（四柱体系）：通过大量实验我们发现，方案1虽然稳定性高，但柱子多，材料利用率低，可优化空间少。为减少杆件的冗余度，充分利用其承载能力，我们将八柱体系改为四柱体系。其挑檐点通过设置拉条和压杆，将荷载通过柱子快速传至底座，传力更加明确。同时制作一、二层中间的加强层横杆，缩短柱子自由长度，减小变形，增强结构稳定性。最后，通过有限元软件分析，根据受力情况布置相应拉条，做到结构体系简单、传力明确、无多余杆件。选用该体系作为最终方案。

两种方案的结构模型如图1、图2所示。

三、计算分析

（一）强度分析

经分析，各级荷载工况下的结构受力情况如图3～图5所示。

图 1 八柱体系模型三维轴侧图

图 2 四柱体系模型三维轴侧图

图 3 第一级荷载结构应力图

图 4 第二级荷载结构应力图

图 5 第三级荷载结构应力图

(二)刚度分析

经分析,各级荷载工况下的结构变形情况如图 6～图 8 所示。

图 6 第一级荷载结构变形图

图 7 第二级荷载结构变形图

图 8 第三级荷载结构变形图

(三)稳定性分析

经分析,各级荷载工况下的结构失稳情况如图 9～图 11 所示。

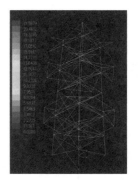

图 9　第一级荷载结构　　　　图 10　第二级荷载结构　　　　图 11　第三级荷载结构
　　　　失稳模态图　　　　　　　　　　失稳模态图　　　　　　　　　　失稳模态图

四、心得体会

从去年一起经历校赛、省赛到现在备战国赛，一路走来，我们经历了很多，也收获了很多。

校赛阶段我们尝试了很多体系，实现从无到有的突破。从刚开始的想法丰富、信心满满到后来的迷茫苦恼、不知所措，我们的想法在模型加载试验中成为现实然后破灭，无数次推倒重建。一次次的失败显现出我们思维的漏洞，一次次的实践展示出我们的进步与毅力。从主体格局体系到杆件的截面尺寸、用材选择、施工工艺，再到主体结构的拼装顺序、节点工艺、精度控制，每一个细节都在一次次加载试验中不断改变、完善。

省赛阶段我们不断优化模型，努力提高荷重比。受限于材料尺寸及省赛的荷载工况，我们设计的杆件仍超出承载力要求。为提高荷重比且充分利用材料，我们针对受力不同的杆件专门定制优化方案。作为一个团队，我们不断发掘各组员的优势，合理分配任务，最终做到拧成一股绳。

国赛阶段我们不断调整、磨合，高质量完成模型。相比于省赛，国赛的荷载工况更加复杂，由于省赛延期，留给我们准备的时间本来就不多，国赛工作量的飙升令我们措手不及。那是一段很压抑的时期，一次次的超时不断消磨我们的耐心，打压我们的信心，但每一个人都未曾想过放弃。即使在最低迷的时候，我们从未相互抱怨，面对着看似不可能解决的问题，每个人都在奔赴自身极限，扛住压力的同时仍不忘宽慰队友、鼓励队友。

从校赛到国赛，我们真正认识到这个比赛绝不仅是舞台上的光鲜亮丽，更多的是舞台背后的一次又一次辛酸经历。我们经历过压抑到极点的苦恼与愤懑、力不从心的迷茫与失落，也体验过共勉互助带来的温暖与感动、超越自我带来的兴奋与成就。伴随着一个个模型的制作，时间过得很快，辛苦了一年，我们比任何人都想要一个答案，所以 2023，太原理工，我们来了！

黑龙江工程学院　千寻木塔(二等奖)

一、队员、指导教师及作品

参赛队员
王博
李鑫
吴博航
指导教师
马兴国
赵德龙
领队
赵德龙

二、设计思想及方案选型

根据赛题,我们设计了两种结构方案。

方案 1:八柱结构,如图 1 所示。

方案 2:四柱结构,如图 2 所示。

图 1　方案 1 模型三维轴侧图

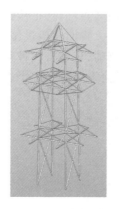

图 2　方案 2 模型三维轴侧图

表 1 列出了两种方案的优缺点对比,最终我们选择了方案 2。

表 1　两种方案优缺点对比

方案对比	方案 1	方案 2
优点	挑檐位置明确,受力清晰;八根柱子垂直地面,制作方便	四根柱子可以节约材料,制作耗时短
缺点	模型质量大,杆件数量多,制作费时	柱子与地面不垂直,制作困难;挑檐位移不易确定;节点构造复杂

三、计算分析

(一)强度分析

经分析,各级荷载工况下的结构受力情况如图3～图5所示。

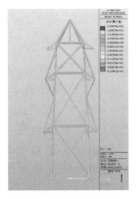 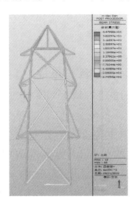 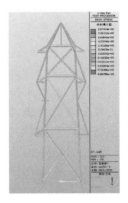

图 3　第一级荷载结构应力图　　图 4　第二级荷载结构应力图　　图 5　第三级荷载结构应力图

(二)刚度分析

经分析,各级荷载工况下的结构变形情况如图6～图8所示。

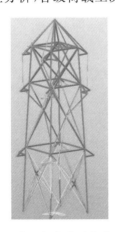  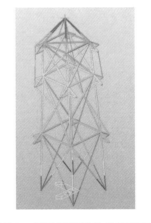

图 6　第一级荷载结构变形图　　图 7　第二级荷载结构变形图　　图 8　第三级荷载结构变形图

(三)稳定性分析

经分析,各级荷载工况下的结构失稳情况如图9～图11所示。

图 9　第一级荷载结构
　　　失稳模态图

图 10　第二级荷载结构
　　　 失稳模态图

图 11　第三级荷载结构
　　　 失稳模态图

四、 心得体会

大学生结构设计竞赛作为土木工程学科本科阶段的"奥林匹克"竞赛，吸引各大高校参与，竞争无比残酷与激烈。而本来作为学校预备队的我们，最终却因为主队冲击更好的成绩失败而冲进了国赛，扛起了为校争光的大旗，其中的感触很多。

在国赛进行期间，因为强队太多，竞争太激烈，不知道处于什么水平的我们只能发挥全力。竹条的打磨、竹皮的挑选、连接处的衔接、受力的分摊以及整体结构的减重，我们已经做到了能力范围内的最好。但是人外有人，天外有天，强队们总会做出让人眼前一亮的作品，成功地把天马行空的想法变成现实。看到一个个强度高、重量轻的模型横空出世，我们在极大的压力下进行了加载。激动的心，颤抖的手，当砝码挂在模型上时，每一秒仿佛都过得那么漫长。终于，在快加载完成时，竹皮那个让人"撕心裂肺"的声音出现了。现在回想起来，就差几秒，我们就能取得国赛一等奖的好成绩了，很遗憾。

比赛回去后突然感觉空虚，曾经每天在实验室奋斗的日子不在了。这段经历虽然有点遗憾，但是我感觉挺美好的。竞赛就是如此，总会有突发情况，如果提前就知道了结果，那竞赛还有什么意义呢？

西安科技大学 屹塔(二等奖)

一、队员、指导教师及作品

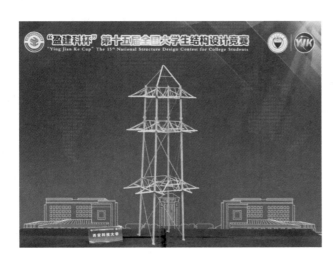

参赛队员	
马佳荣	
曹建双	
邹佳明	
指导教师	
柴生波	
王秀兰	
领队	
唐丽云	

二、设计思想及方案选型

根据赛题,我们设计了两种结构方案。

方案1:八柱塔结构,挑檐之间通过杆系互相连接,并在塔柱及塔底之间设置横杆。塔柱多导致塔顶及挑檐连接杆件多,虽承载力较高,但质量较大。

方案2:四柱塔结构,挑檐及塔柱通过桁架连接。在塔底位置设置一长一短的横杆提高塔底稳定性;在塔中位置设置两根斜杆连接,在四塔柱、桁架的作用下有助于减少塔顶杆件,减少挑檐的连接横杆,在结构强度、稳定性并无明显变化的情况下,减少结构质量。

两种方案的优缺点对比如表1所示。

表1 两种方案的优缺点对比

方案对比	方案1	方案2
优点	结构稳定,强度、刚度较大	结构自重较小,承载能力无明显减弱
缺点	结构自重较大	柱间横向连接增多

经过对比,我们选用方案2为最终方案。两种方案的模型如图1、图2所示。

三、计算分析

(一)强度分析

经分析,各级荷载工况下的结构受力情况如图3~图5所示。

图 1　方案 1 模型实物图

图 2　方案 2 模型实物图

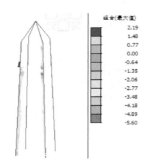

图 3　第一级荷载结构应力图

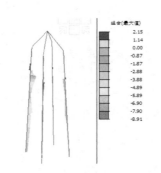

图 4　第二级荷载结构应力图

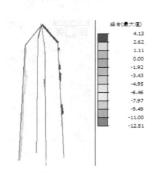

图 5　第三级荷载结构应力图

(二)刚度分析

经分析,各级荷载工况下的结构变形情况如图 6～图 8 所示。

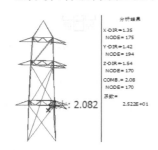

图 6　第一级荷载结构变形图

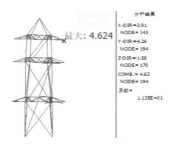

图 7　第二级荷载结构变形图

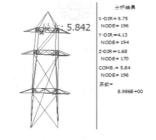

图 8　第三级荷载结构变形图

(三)稳定性分析

经分析,各级荷载工况下的结构失稳情况如图 9～图 11 所示。

四、心得体会

　　时光匆匆,本次结构设计大赛也来到了最终也是最重要的环节。经过前几个月的努力,我们探索了很多之前没有仔细思考过的问题。结构设计竞赛非常考验学生的动手能力,具有很强的实用性,与我们土木工程的相关性很强。正所谓"纸上得来终觉浅,绝知此事要躬行",任何理论知识的学习都离不开实践,理论最终还是要归于实践,与实践相结合,仅仅从理论层面去学习和探索是远远不够的,所以这次结构设计竞赛是一次检验并且提高我们专业知识水平的很好的机会,对于我们来说很有必要。

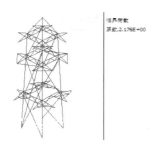 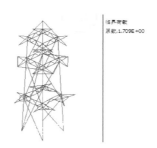 

图 9   第一级荷载结构   图 10   第二级荷载结构   图 11   第三级荷载结构
       失稳模态图   失稳模态图   失稳模态图

    本次竞赛也为我们提供了一次宝贵的实践机会,模型的设计和制作不仅让我们对所学知识有了更深的认识,而且还提高了我们的动手能力,同时竞赛中用到的电脑建模也为我们提供了一次学习并实操相关软件的机会。

    除此之外,本次竞赛也让我们认识到团队合作的力量。在模型的设计过程中,我们团队三人在指导老师的带领下拓宽思路,畅所欲言,将每个人的想法汇聚在一起,攻坚克难。我们每个人都感受到团队合作的意义和快乐,获益良多。

潍坊科技学院　玲珑塔(二等奖)

一、队员、指导教师及作品

参赛队员

左梦浩
胡茗凯
丁振国

指导教师

刘昱辰
李萍

领队

刘昱辰

二、设计思想及方案选型

根据赛题,我们设计了三种结构方案。

方案1:如图1所示,采用四柱空间体系,将柱子围成正四边形,使相邻两支撑柱相互对立。但由于受压柱挠曲过大,所以该方案被舍弃。

方案2:如图2所示,将整体结构沿塔中心顺时针旋转45°,由于两根受压柱变为一根,在三级荷载作用下,柱的变形明显增大。我们通过增加柱间支撑减小柱平面内计算长度,有效减小了塔身的挠度变形。

方案3:如图3所示,采用四柱空间体系,四根柱子上每层每根设有两个T形挑檐用作模型挂点。根据我们设置的底面尺寸,可以得出三层挑檐应分别设置在柱截面偏向内部76.5°、77°、78°方向,并对

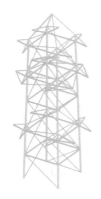

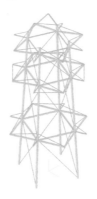

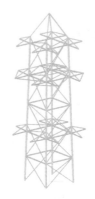

图1　方案1模型三维轴侧图　　图2　方案2模型三维轴侧图　　图3　方案3模型三维轴侧图

柱施加不同的弯矩。在柱间设有 1 mm×2 mm 的柱间拉杆,用以限制第二级水平扭转力。在塔顶设置两根 T 形承压杆件和两根 1 mm×2 mm 受拉杆件,用以将三级荷载传到柱上,再由柱传到底板上。

表 1 列出了三种方案的优缺点对比。我们最终选择方案 3 作为参赛方案。

表 1 三种方案的优缺点对比

方案对比	方案 1	方案 2	方案 3
优点	结构简单,传力明确,杆件多为拉杆	结构刚度大,不易变形,柱距增大,抗侧力好,材料利用率高	结构简单,传力明确,杆件多为拉杆,结构刚度大,不易变形,柱距增大,抗侧力好,材料利用率高
缺点	侧向挠度大,压杆易发生失稳破坏,受压柱负荷过大	柱间挑檐加载时位移大,自重较大	结构自重较大

三、计算分析

(一)强度分析

经分析,各级荷载工况下的结构受力情况如图 4~图 6 所示。

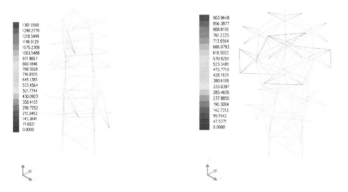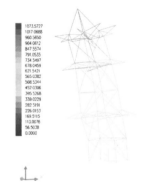

图 4　第一级荷载结构应力图　　图 5　第二级荷载结构应力图　　图 6　第三级荷载结构应力图

(二)刚度分析

经分析,各级荷载工况下的结构变形情况如图 7~图 9 所示。

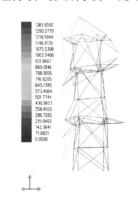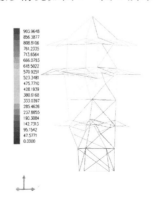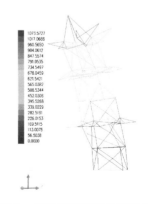

图 7　第一级荷载结构变形图　　图 8　第二级荷载结构变形图　　图 9　第三级荷载结构变形图

(三)稳定性分析

经分析,各级荷载工况下的结构失稳情况如图10~图12所示。

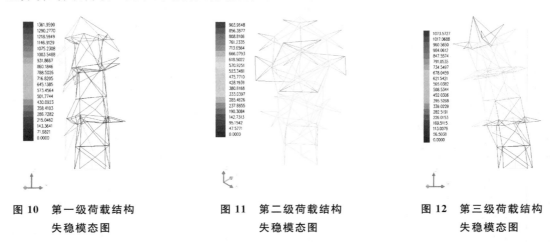

图 10　第一级荷载结构　　　图 11　第二级荷载结构　　　图 12　第三级荷载结构
　　　　失稳模态图　　　　　　　　失稳模态图　　　　　　　　失稳模态图

四、心得体会

全国大学生结构设计竞赛作为一项极具启发性、创造性和挑战性的国家级科技竞赛,要求参赛者具备结构设计的基础理论知识和一定的动手实践能力,同时考验参赛者的综合素质和团队合作能力。

全国大学生结构设计竞赛给我们提供了一个展示自我和交流创新的平台。我们运用了许多之前学过的知识,多次请教指导老师,翻阅无数与之相关的文献资料,让课本上抽象的知识具体化、活起来,也对所学知识加深了理解。参加这次比赛,我们懂得了"纸上得来终觉浅,绝知此事要躬行",学任何知识,要靠理论分析,更要靠实践出真知。我们通过讨论、计算、软件模拟、模型制作、加载试验,一次次地优化方案,再通过模拟和试验一次次地推翻之前的方案。为了保证尺寸的精准和受力的合理性,我们精确到了每一根杆的位置、每根拉条的宽窄。校园里的我们奔波于图书馆、餐厅与实验室,脚步匆匆是因为我们知道需要走的路还很长,我们本就是在与时间赛跑,加快脚步,我们就有多点时间去多试一个方案、多做几个模型,离我们的目标就更近一步。

在团队成员的相互鼓励及老师们的悉心指导之下,我们不断地改进自己的模型,减轻重量、优化结构,最终我们的模型一步步接近我们能想到的最优解。每一次的改进都是进步,每一次的进步都是成功,汗水没有白流,付出终将获得回报!通过这次比赛,我们培养了团队合作精神、创新精神及吃苦耐劳精神。虽然在整个参赛的过程中,有接连不断的困难与失败,方案一改再改,让我们吃了许多苦头,但是我们并没有因此而放弃或停滞不前。

结构设计大赛是一项需要创新和突破的赛事,是一场极富挑战性的比赛,赛场上的每组选手的作品都是经深思熟虑、反复试验所得,是每个团队智慧的结晶。在这高手齐集的赛场上,我们必须始终报以学习的态度。我们相信"天道酬勤",只有坚持不懈,努力做到精益求精,才能在这条创新的路上走得更远!在此要感谢每一个队员的坚持不懈,还要感谢我们的指导老师一直给予我们支持、指导与鼓励,同时要感谢主办方给我们这次锻炼、学习的机会来展示我们的模型,并给我们提出宝贵意见,感谢各位评委老师的辛勤工作与中肯的点评。

临沂大学　致远塔（二等奖）

一、队员、指导教师及作品

参赛队员
卜宪龙
刘超
贾杰烁
指导教师
于本福
蒋将
领队
王龙

二、设计思想及方案选型

根据赛题，我们设计了三种结构体系。

体系1：平面形式采用传统的八边形，八个角各设置一根矩形柱。立面上为抵抗第二级扭转荷载带来的变形加设斜撑。为了提高结构整体性，在Ⅱ—Ⅱ截面、Ⅱ—Ⅲ截面、Ⅳ—Ⅳ截面上构建了两个交错的平面八边形。

体系2：平面形式采用四边形，在八边形其中四个不相邻的边的中点位置设置四根柱，八个挑檐分别设置在四根柱和四根梁的中点。立面上为防止第二级扭转荷载带来的变形，在对角增设斜拉条。

体系3：由于四边形具有较强的稳定性，而且在平面上容易找平，我们选择四边形为主要层间构件，用于层与层之间的连接，将挑檐直接放置在柱子上，利用横梁为柱提供水平支撑以减小柱上的弯矩，同时减小了斜向支撑的区间高度，改善了斜拉杆松弛的现象。桁架受力均匀，仅受轴力，便于竹材性能的发挥。

表1列出了三种体系的优缺点对比。最终我们选择体系3为参赛方案。三种方案的模型如图1～图3所示。

表1　三种体系优缺点对比

体系对比	体系1	体系2	体系3
优点	横梁拼接所在截面与赛题所规定的截面一致，便于尺寸确定和层间拼接；可以充分利用挑檐空间部分	承重能力强；可以承受较大轴压；杆件制作工艺简单	质量小且承重能力强；传力路径清晰，结构美观；易于制作

续表

体系对比	体系1	体系2	体系3
缺点	质量较大;杆件数量较多,制作烦琐;节点数量多,传力路径不够清晰	横梁中间位置的挑檐力臂较长,悬臂端位移较大,使横梁产生扭矩,对横梁危害较大;挑檐等部分拼接流程复杂,难以掌控	对拉条依赖性较强,修剪制作拉条对手工、杆件拼接工艺要求较高

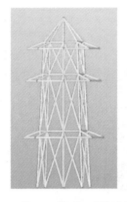  

图1 体系1模型三维轴侧图　　图2 体系2模型三维轴侧图　　图3 体系3模型三维轴侧图

三、计算分析

(一)强度分析

经分析,各级荷载工况下的结构受力情况如图4～图6所示。

 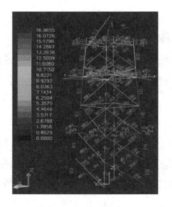 

图4 第一级荷载结构应力云图　　图5 第二级荷载结构应力云图　　图6 第三级荷载结构应力云图

(二)刚度分析

经分析,各级荷载工况下的结构变形情况如图7～图9所示。

(三)稳定性分析

经分析,各级荷载工况下的结构失稳情况如图10～图12所示。

图 7　第一级荷载结构变形图　　　图 8　第二级荷载结构变形图　　　图 9　第三级荷载结构变形图

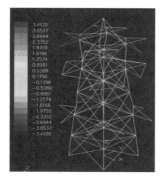

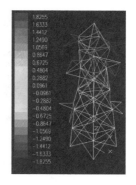

图 10　第一级荷载结构　　　　图 11　第二级荷载结构　　　　图 12　第三级荷载结构
　　　　失稳模态图　　　　　　　　　　失稳模态图　　　　　　　　　　失稳模态图

四、心得体会

很荣幸能够参加这次的结构设计大赛,对于喜欢做手工的我们,这次比赛无疑给我们提供了一次能够锻炼和提升自我的宝贵机会。在比赛的准备过程中,我们做了许多模型,从最初较为粗糙的模型,到最终较为精巧的模型,我们的理论知识得到了深化,动手操作能力有了实质性提高,团队意识也加强了。

通过准备和参加本次比赛,我们也收获了许多。

首先,在本次的木塔结构设计中,我们深知"工欲善其事,必先利其器"这句话的重要性。创新实验不同于教学实验,它需要我们做好充分的准备工作。它的每一个实验步骤都需要我们自己去设计,每一个实验条件都需要我们来尝试、摸索,因此统筹设计时间、安排切割用具、设计实验步骤无不需要通过认真思考以进行合理安排,否则实验过程将混乱无序,甚至失败。其次,木塔结构设计不能完全靠突发奇想,更多的是要在实践中不断反思自己的结构设计,反思结构中的不完善的地方,再通过组内成员以及指导老师的集体讨论,获得新方法、新设计。我们认为,这样的设计才是大赛的初衷。最后,认真试验三层木塔结构的荷载情况。从三级加载试验的不断失败到最后看到希望,从质量大、结构复杂不断向质量小、强度高靠拢,我们走过每一个阶段,在每一个阶段中成长,最终完善方案。

本届比赛恰恰经历了不平凡的一年,有着无数的困难与阻挠。在这里要感谢指导老师及帮助过我们的其他老师对我们的悉心指导和鼓励,同样也向本届比赛的主办方和组委会致以诚挚的谢意和深深的敬意。祝愿第十五届全国大学生结构设计竞赛圆满成功!

青岛理工大学　敦华塔(二等奖)

一、队员、指导教师及作品

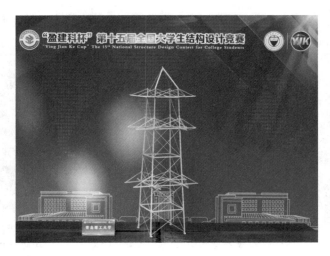

参赛队员

傅宇豪
王明志
王昊芝

指导教师

王子国
王俊富

领队

邵先锋

二、设计思想及方案选型

在整个设计过程中,我们考虑过以下三种结构体系。

体系1:八柱三重塔空间桁架结构。该结构体系由主桁架、悬挑次桁架等组成。主桁架是桁架的主要承重结构,由八根立柱、八根主弦杆和腹杆组成。该体系传力路径清晰、简洁,结构刚度大,但是结构较复杂,制作难度大,质量大。

体系2:四柱三重塔空间桁架结构。该结构体系由主桁架、悬挑次桁架等组成。主桁架由立柱、水平杆及斜拉杆构成,塔顶结构形式与体系1相同。该体系相较于体系1结构更加简单,质量更小,传力更简单,受力更合理。

体系3:四柱三重塔空间桁架结构。该结构体系由主桁架、悬挑次桁架等组成,主要对体系2的挑檐部分和塔顶部分做了优化,塔顶换成两根杆件受压,拉条受拉和维持稳定。设置的主塔主要承受压力,减小塔体的竖向扰度与弯矩,改善体系传力效率,增强塔体的稳定性,增大受力单元的抗压性能。该结构体系相较于体系2结构更加简洁美观,质量进一步减少,传力更简单,受力更合理。

三种结构体系如图1~图3所示。最终我们选择了体系3作为参赛方案。

三、计算分析

(一)强度分析

经分析,各级荷载工况下的结构受力情况如图4~图6所示。

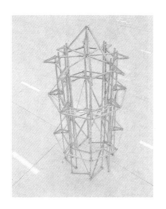

图1　八柱三重塔结构示意图

图2　四柱三重塔结构示意图

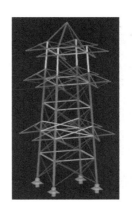

图3　模型三维轴侧图

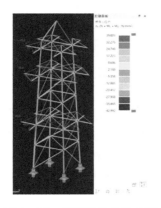

图4　第一级荷载结构应力图

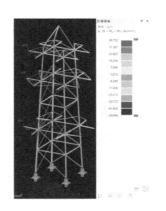

图5　第二级荷载结构应力图

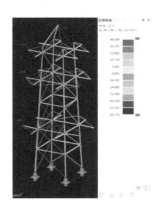

图6　第三级荷载结构应力图

(二)刚度分析

经分析,各级荷载工况下的结构变形情况如图7～图9所示。

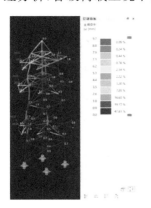

图7　第一级荷载结构变形图

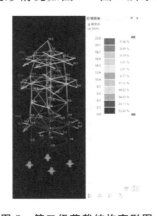

图8　第二级荷载结构变形图

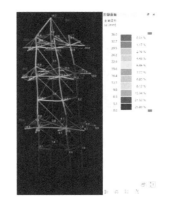

图9　第三级荷载结构变形图

(三)稳定性分析

经分析,各级荷载工况下的结构失稳情况如图10～图12所示。

四、心得体会

首先,感谢全国大学生结构设计竞赛组委会和太原理工大学为我们提供这个平台展现自己,感谢

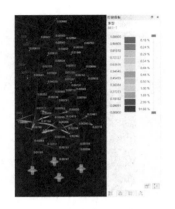 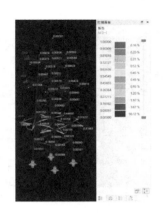 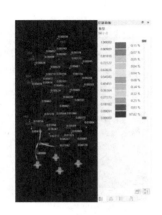

图 10　第一级荷载结构　　　　图 11　第二级荷载结构　　　　图 12　第三级荷载结构
　　　　失稳模态图　　　　　　　　　　失稳模态图　　　　　　　　　　失稳模态图

竞赛委员会的专家们百忙中抽出时间为我们的方案进行评分。

本次比赛的题目出来之后,我们就开始在老师的指导下进行训练。省结构设计竞赛场面异常激烈,但我们全力以赴、顽强拼搏,最终突出重围,获得难得的国赛资格。能跟全国各大高校同台竞技,机会尤为难得。

从去年暑假到现在,八个多月的时间里我们团队一直在为此次国赛做准备,而且满怀信心。回想这段时间的点点滴滴,我们感慨良多。在这段时间里,我们根据各自特点进行了分工协作,这为我们能保持良好的工作效率提供了基础条件。在模型的选型阶段,我们通过查阅有关书籍,选择了几个方向进行深入细致的设计研究,并不断地进行讨论,选择出各种形式的最优方案,最后通过试验选出最优方案。在模型的制作过程中,我们参考了前一届结构设计竞赛的模型制作工艺,改进他们的设计,然后设计出我们自己的制作工艺,并通过多次试验选出最优方案。此外,由于比赛的时间有一定的限制,我们制定了制作安装流程表。这些工作都让我们在比赛中获益不少。通过这次结构设计大赛,我们充分利用了所学的专业知识,对专业知识有了更加深入的理解,更重要的是培养了吃苦耐劳的精神。

贵州大学　阅溪塔(二等奖)

一、队员、指导教师及作品

参赛队员
殷雨
胡文体
周亮亮
指导教师
唐晓玲
李凡
领队
郑炜

二、设计思想及方案选型

本次竞赛的主题是"三重木塔结构模型设计与制作",竞赛主要环节包括提交理论方案、现场制作模型、陈述答辩、加载测试等。竞赛对于赛题解读、模型制作、模型加载、现场应变能力以及团队协调能力要求较高,对参赛选手的相关知识运用和熟练操作的能力提出挑战。我们着重考虑了以下四种塔体形式,如图1～图4所示。

图1　楼阁式塔

图2　密檐式塔

图3　覆钵式塔

图4　金刚宝座式塔

楼阁式塔:如陕西西安大雁塔、山西应县木塔(我国现存最古老、最高的一座木构塔,高67.31米,始建于辽)。

密檐式塔:大都为砖筑空筒状,如河南登封嵩岳寺塔(我国现存年代最早的砖塔,建于北魏)、西安小雁塔、云南大理千寻塔。

覆钵式塔:又称喇嘛塔,为藏传佛教常用的建筑形式,于元代开始大量在汉民族地区出现。北京妙应寺白塔建于元代,是我国现存建筑年代最早、规模最大的喇嘛塔。

金刚宝座式塔:其造型仿照印度佛陀伽耶精舍而建,具有浓厚的印度风格。北京真觉寺金刚宝座塔为我国现存同类塔中年代最早、雕刻最精美的一座,建于明代。

由于本次比赛所用的材料为竹材,结合结构及受力,选用楼阁式塔,采用 4 根箱形截面的立柱、T 形截面的梁。

三、计算分析

(一)强度分析

表 1、表 2 分别为轴力 N 和弯矩 M_3 最大的前 10 个单元内力表。经分析,结构满足强度要求。

表 1　轴力 N 最大的前 10 个单元的内力表

序号	单元号	组合号	组合序号	位置	轴力 N /kN	剪力 Q_2 /kN	剪力 Q_3 /kN	扭矩 M /kN	弯矩 M_2 /(kN·m)	弯矩 M_3 /(kN·m)
1	42	15	1	0.000	0.182	0.000	−0.001	0.000	0.000	−0.000
2	99	2	1	0.000	0.168	0.002	−0.001	0.000	0.000	0.000
3	102	2	1	0.000	0.157	0.000	0.000	0.000	0.000	0.000
4	85	3	1	0.000	0.134	0.046	0.011	0.000	−0.000	0.001
5	41	14	1	0.000	0.130	−0.004	0.001	0.000	−0.000	−0.001
6	28	14	1	0.000	0.130	0.038	−0.016	0.000	0.000	0.001
7	31	14	1	0.040	0.128	−0.011	0.001	0.000	−0.000	0.000
8	95	11	1	0.000	0.125	0.000	0.000	0.000	0.000	0.000
9	38	8	1	0.000	0.125	0.000	0.000	0.000	0.000	0.000
10	77	16	1	0.000	0.125	0.000	0.000	0.000	0.000	0.000

表 2　弯矩 M_3 最大的前 10 个单元的内力表

序号	单元号	组合号	组合序号	位置	轴力 N /kN	剪力 Q_2 /kN	剪力 Q_3 /kN	扭矩 M /kN	弯矩 M_2 /(kN·m)	弯矩 M_3 /(kN·m)
1	13	2	1	0.040	−0.411	−0.063	0.032	0.000	0.001	0.001
2	23	2	1	0.310	−0.309	−0.009	−0.005	0.000	−0.001	0.001
3	85	10	1	0.040	−0.119	−0.053	−0.032	0.000	−0.001	0.001
4	98	10	1	0.000	−0.166	0.008	0.005	0.000	−0.000	0.001
5	88	10	1	0.000	−0.269	0.062	−0.033	0.000	0.001	0.001
6	99	10	1	0.000	−0.172	0.006	0.002	0.000	−0.000	0.001
7	82	11	1	0.000	−0.060	0.026	0.006	−0.000	−0.000	0.001
8	25	10	1	0.000	−0.060	0.026	−0.006	−0.000	−0.000	0.001
9	70	3	1	0.040	−0.379	−0.045	0.012	0.000	−0.000	0.001
10	80	3	1	0.310	−0.326	−0.007	−0.001	0.000	−0.000	0.001

图 5 为线性组合下最大包络云图。

(二)刚度分析

表 3 为线性组合最大、最小位移表。

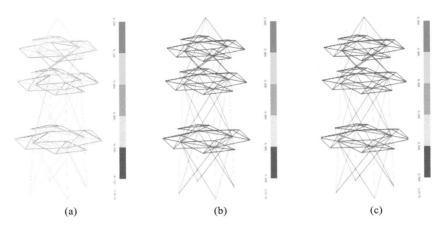

(a)　　　　　　　　　　(b)　　　　　　　　　　(c)

图 5　线性组合下最大包络云图

(a)轴力 N 最大包络云图;(b)弯矩 M_2 最大包络云图;(c)弯矩 M_3 最大包络云图

表 3　线性组合最大、最小位移表　　　　　　　　　　　　　(单位:mm)

最不利项	节点	组合名	U_x	U_y	U_z	U_{xyz}
X 方向位移最大	2	组合 2(恒 0+活 1+活 6+活 9)	11.663	−3.789	0.110	12.264
Y 方向位移最大	43	组合 11(恒 0+活 3+活 7+活 9)	−0.054	8.911	−3.045	9.417
Z 方向位移最大	44	组合 3(恒 0+活 1+活 7+活 9)	5.276	4.592	3.773	7.947
空间位移最大	3	组合 14(恒 0+活 4+活 6+活 9)	11.381	4.343	−4.035	12.833
X 方向位移最小	52	组合 6(恒 0+活 2+活 6+活 9)	−8.090	−2.815	−4.124	9.506
Y 方向位移最小	34	组合 6(恒 0+活 2+活 6+活 9)	−1.294	−9.447	−0.814	9.570
Z 方向位移最小	34	组合 2(恒 0+活 1+活 6+活 9)	2.164	−7.211	−4.785	8.921

四、心得体会

在大学期间,我有幸参加了全国大学生结构设计竞赛,并获得了奖项。这次经历不仅让我收获了荣誉,更让我在专业知识、实践能力和团队协作等方面得到了全面的提升。准备竞赛的过程中,我深刻体会到了土木工程知识的博大精深。为了设计出既稳定又经济的结构,我不断深入研究各种材料的性能和结构形式,并进行受力分析。这个过程虽然充满挑战,但也充满乐趣。我意识到,只有不断学习、不断实践,才能在这个领域取得真正的成就。在竞赛中,我也深刻感受到实践能力的重要性。理论知识是基础,但真正将知识转化为实际成果,还需要通过不断的实践来锻炼。这次竞赛中我有机会亲手制作结构模型,并进行加载试验。我学会了如何运用所学知识解决实际问题,如何调整设计方案以应对各种突发情况。同时,这次竞赛也让我更加珍视团队协作的力量。一个优秀的团队能够汇聚不同人的智慧和力量,共同面对挑战、克服困难。在准备竞赛的过程中,我们一起熬夜讨论方案,一起动手制作模型,一起面对失败和挫折。正是因为有相互的支持和帮助,我们才能坚持到最后,并取得优异的成绩。获奖的那一刻,我感到无比喜悦和自豪。这份荣誉属于整个团队和所有支持我们的人。这次竞赛让我更加明白了努力的意义和价值,也让我更加坚定了未来在土木工程领域发展的信心。展望未来,我将继续努力学习专业知识,不断提升自己的实践能力。同时,我也希望能够有机会再次参加类似的竞赛活动,与更多优秀的同学一起交流学习、共同进步。我相信,只要我们保持对土木工程的热爱和追求,就一定能够在这个领域创造出更多的辉煌成就。

西安建筑科技大学华清学院 华清战塔(二等奖)

一、队员、指导教师及作品

参赛队员

全晓斌
王小雨
刘佳璇

指导教师

吴耀鹏
万婷婷

领队

韩金库

二、设计思想及方案选型

根据赛题,我们设计了三种结构方案。

方案1:如图1(a)所示,模型主体采用八根竖直立柱,分别支撑八个加载点的竖向荷载。模型制作较烦琐,尤其是桁架连接、框架连接,且模型刚度过大,导致变形不明显,无法准确判断杆件受力。该方案有较大优化空间。

方案2:如图1(b)所示,模型主体采用四根竖直立柱,分别支撑八个加载点的竖向荷载。模型遵从强柱弱梁的基本要求,节点和框架连接简便,制作时间短,受力变形较明显。但是模型整体垂直,在空间上易触碰检测装置,不符合内部规避区要求,因此放弃方案2。

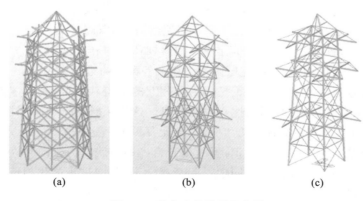

(a)   (b)   (c)

图1 三种方案的模型示意图

(a)方案1;(b)方案2;(c)方案3

方案3:如图1(c)所示,模型主体采用四根倾斜立柱,分别支撑八个加载点的竖向荷载。模型遵从强柱弱梁的基本要求,结构简单,受力变形明显,且可根据规避区要求随时进行调整。我们最终选择方案3为参赛方案。

三、计算分析

(一)强度分析

经分析,各级荷载工况下的结构受力情况如图2~图4所示。

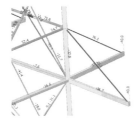 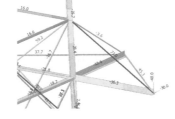 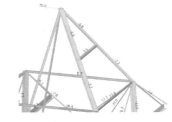

图2　第一级荷载部分杆件应力图　　图3　第二级荷载部分杆件应力图　　图4　第三级荷载部分杆件应力图

(二)刚度分析

经分析,各级荷载工况下的结构变形情况如图5~图7所示。

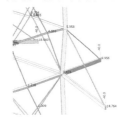 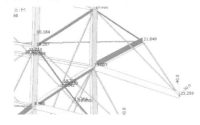 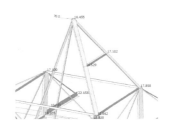

图5　第一级荷载部分杆件位移图　　图6　第二级荷载部分杆件位移图　　图7　第三级荷载部分杆件位移图

(三)小结

综合强度分析和刚度分析,可得到符合应力和变形要求的模型竹材以及构件的截面特性。另外,须对模型受压支撑柱的刚度做加强处理,且须对模型受拉杆件进行加强处理,防止节点拉脱。

四、心得体会

经过结构选型、结构设计与优化、理论分析、试验研究等系列工作,我们收获颇多。土木工程是一门实践性很强的学科,一名好的结构工程师,不仅要有扎实的理论知识,也要具备出色的动手能力和良好的团队协作精神。结构方案的进步离不开反复试验和优化,需要在试验中检验和发现问题,那些体系简明、受力明确的结构更易胜出。模型制作时,需要在规定时间内,将设计方案变成现实的模型,需要我们集中精力、全力以赴。一个优秀的方案和模型,需要有一个配合默契、相互信任的团队来实现。当最终的挑战即将到来时,我们将以无畏的姿态走到最后。

模型制作过程中我们遇到了很多问题和挑战,包括专业知识的匮乏和团队成员之间的意见不合。但是,我们积极面对,在克服困难的过程中我们学到了更多专业知识,明白了我们是一个团队,工作中需要有团队合作精神,团队的力量是无穷的。当看到自己设计的作品成功制作出来并经受住三级荷载时,我们内心感到无比喜悦。

最后,感谢指导老师的辛勤付出,感谢各级领导对结构设计竞赛的鼎力支持。衷心祝愿本次竞赛获得圆满成功!

清华大学 水木岿巍塔（二等奖）

一、队员、指导教师及作品

参赛队员	章溯 叶张骞 吕梓诚
指导教师	指导组
领队	何之舟

二、设计思想及方案选型

根据赛题要求，我们先后设计制作了多版模型并进行加载，以下是三种代表性结构体系。

结构体系 1：如图 1 所示，该结构提前将横梁与挑檐黏接，再将主柱与之黏接。柱脚减少了竹皮的层数与面积，并增大主柱与竹皮的黏接面积。塔顶由四根 3 mm×3 mm 杆件黏接。

结构体系 2：如图 2 所示，在一层挑檐上下部各增加一层黏接横梁。层与层间均为单根杆件斜拉，仅在受扭转荷载影响较大部位交叉黏接斜拉杆件。塔顶受拉侧使用竹皮，受压侧使用 T 形梁并将 T 形梁下部与主柱固定连接。

结构体系 3：如图 3 所示，挑檐水平部分使用 2 mm×0.5 mm 杆件制作的箱形梁，箱型柱尾部切出对应角度与主柱黏接。塔顶受压侧选择 T 形杆件，翼缘厚度 1 mm，腹板厚度 3 mm；塔顶受拉侧使用 3 mm×0.7 mm 杆件。

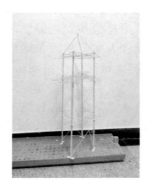

图 1 体系 1 实物图

图 2 体系 2 实物图

图 3 体系 3 实物图

表 1 中列出了三种结构体系的优缺点对比。我们最终选择体系 3 为参赛方案。

表 1　三种结构体系的优缺点对比

体系对比	体系 1	体系 2、体系 3
优点	制作简单,制作难度较低	质量小,精度高,可控性强
缺点	质量大,实际强度低	制作难度大,部分构件强度下降

三、计算分析

(一)强度分析

经分析,各级荷载工况下的结构受力情况如图 4～图 6 所示。

图 4　第一级荷载结构受力图　　**图 5　第二级荷载结构受力图**　　**图 6　第三级荷载结构受力图**

(二)刚度分析

经分析,各级荷载工况下的结构变形情况如图 7～图 9 所示。

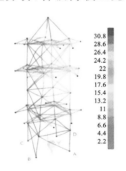 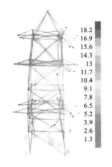 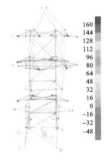

图 7　第一级荷载结构变形图　　**图 8　第二级荷载结构变形图**　　**图 9　第三级荷载结构变形图**

四、心得体会

(一)队员一

　　今年是我第二次参加全国大学生结构设计竞赛,我想说这是跟这项竞赛结下缘分了。去年比赛的场景仍历历在目。当时我大二,对于结构的一切尚属无知,稀里糊涂报名了比赛,502 胶粘得满手都是,成为一个标准的手工"打工人"。但当我真正到现场制作结构,与全国各地的选手交流、学习彼此的设计、工艺,看到这项赛事带给我们的挑战与快乐时,我才真正有点喜欢上这个比赛。

　　今年我成了队伍里的"老人",结构设计、手工制作、建模计算、统筹安排等很多事情开始亲力亲为，这项赛事带给我的感觉似乎又上升了一个层次。我逐渐增加了自己的技能点，开始思考、开始创造。甚至有的时候，跟队员们一起聊聊天都能让人很快乐。我总是期待和两个小伙伴一起做结构，这是让我享受的时刻。

今年队伍又是老带新的结构。我很开心又有大二的同学加入这项赛事，看着他经历这一过程总让我想起去年的我。希望我们能够享受这次赛事，也希望对这项赛事的热情能够在我们学校一直传承下去。

（二）队员二

我的专业在某种程度上可以说和结构设计八竿子打不着。2021 年 10 月，一次偶然的机会让我接触到校内的结构设计比赛，我和我的队友们一次又一次地突破思路、推翻方案、总结经验。在这个过程中，我渐渐体会到，结构设计其实与几何一样，优秀的结构天生具有视觉上的美感。也正是这次契机，让我加入了学校的结构设计代表队。备战结构大赛是一件十分辛苦的事情，我们几名队员经验都不是很丰富，一版版结构的失败让我们陷入一次次的自我怀疑，我们的进展艰难而缓慢，但是不管结果如何，我们都会尽全力去比赛，以最大的努力，给予对手最大的尊重。

（三）队员三

本次备赛过程收获颇丰。首先，我的手工能力得到了极大的提高。在一版版模型的迭代过程中，我处理材料、加固节点、黏接构件等能力得到了质的飞越。这与较短时间内大量的练习有紧密的关系。其次，我的心理承受能力也有提升。虽然我们为结构付出了心血，投入了大量的时间，但是从零开始的塔承受不住如此沉重的荷载。每一次加载前，我们都信心满满，但又总是"差之毫厘，谬以千里"。一个个小细节没有做好，一个个设计得不合理，都在加载时被无限放大。但是大家总是会去思考如何改进我们的结构，如何在减少其质量的同时，保证加载的顺利通过。最后的最后，最大的收获还是备战大学生结构设计竞赛的这段时光。虽然竹粉被吹起时会呛鼻子，虽然 502 滴下时会散发难闻的味道，虽然我们的指尖常常会有干涸的 502，但是完整的结构、通过加载时的喜悦、与队友一起思考的时间总是值得珍惜的。如果有下一次，我想我还会参加。

全国大学生结构设计竞赛，我们来了！

中国矿业大学 欲穷(二等奖)

一、队员、指导教师及作品

参赛队员	
李文磊	
蔡杰	
盛珺瑶	
指导教师	
指导组	
领队	
李亮	

二、设计思想及方案选型

在模型的制作与优化过程中,主体中心筒经历以下三种方案,具体模型如图1~图3所示。

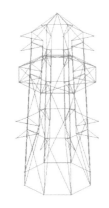

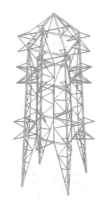

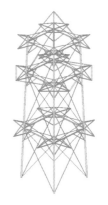

图1 方案1模型示意图　　　　图2 方案2模型示意图　　　　图3 方案3模型示意图

方案1:采用上下底面为正八边形的棱台作为主体中心筒,尺寸为模型允许的最大尺寸,以八根截面尺寸为 7 mm×7 mm、厚度为 1 mm 的空心杆为竖向主要受力构件,3 mm×3 mm 的杆件为层间水平连接构件。

方案2:本方案针对方案1的许多缺陷进行了改进,四柱体系大大减少材料的浪费,层间锥形桁架使得主体中心柱的整体性和稳定性大大提高,但在实践过程中我们发现,此方案中各部分构件仍有较大富余,且层间桁架对制作工艺要求较高,制作时间较长。

方案3:采用上下底面为正方形的棱台作为中心主体结构,以四根 7 mm×7 mm、厚度为 0.7 mm

的方形截面空心杆作为竖向主要受力构件,层间通过 4 mm×4 mm 实心杆件连接,并在竖向受力杆件与层间水平连接的交接处以 2 mm×2 mm 杆件制作斜向支撑。本方案为最终使用方案,是对方案 2 的改进与补充,提高了材料的利用率,以斜向支撑代替锥形桁架在保证结构所需稳定性的同时对结构进行了简化,减少了材料的用量,使得制作流程更加简单。

三、计算分析

(一)强度分析

经分析,各级荷载工况下的结构受力情况如图 4～图 6 所示。

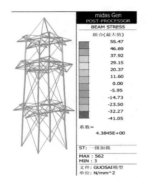 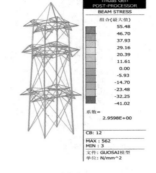 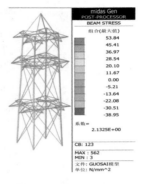

图 4　第一级荷载结构应力图　　　图 5　第二级荷载结构应力图　　　图 6　第三级荷载结构应力图

(二)刚度分析

经分析,各级荷载工况下的结构变形情况如图 7～图 9 所示。

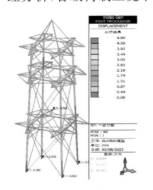  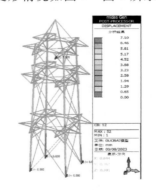 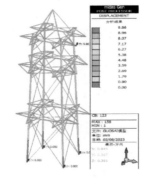

图 7　第一级荷载结构变形图　　　图 8　第二级荷载结构变形图　　　图 9　第三级荷载结构变形图

(三)稳定性分析

经分析,各级荷载工况下的结构失稳情况如图 10～图 12 所示。

四、心得体会

参加本次大赛,我们认为以下几点非常重要。

(1)学习能力。

备赛的整个过程我们都在无形中运用着专业知识。在大二下学期,我们学习了结构力学,从前在材料力学中所研究的单个杆件的拉、压、弯、剪、扭上升为一个结构体系的内力、变形、稳定性等分析。

  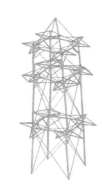

图 10 第一级荷载结构失稳图　　图 11 第二级荷载结构失稳图　　图 12 第三级荷载结构失稳图

参加结构竞赛让我们对简单的结构、构件有了更深入的认识,课本上只有枯燥无味的公式,很多问题的求解都是理想化的结果。自己亲手制作的结构进行加载试验后,才更好地理解课本上的理论知识。

我们通过制作简单的单根杆件,控制其截面形式(如正方形截面、工字形截面、长方形截面、圆形截面)进行最简单的试验,亲身体验到圆形截面杆件的抗扭转能力要强于其他三种形式,比较适合做柱子;如果制作梁结构应使用长方形截面。我们还深刻体会到钢筋混凝土梁配置钢筋的意义,以及正确放置梁的重要性。

制作截面形式相同、长度不同的杆件进行试验,我们深刻体会到压杆稳定、失稳形态、临界力求解计算的必要性。使用计算机辅助制图,我们更加容易学习制图课程。借助有限元软件分析,我们对科研数值模拟有了初步的认识。整个制作过程的时间分配让我们回想起工程项目管理中的甘特图。实践与理论相结合,让我们以辩证的思维进行了专业知识的学习,能够更加轻松愉快地学好每门课程。

(2)探索创新能力与辩证思维。

想要使模型更加经济、合理,就要敢于打破常规,敢于创新。赛题中的木塔结构原本为八根柱子,我们根据条件发现,用四根柱子甚至更少的柱子都可以满足条件,这就属于一个小小的创新,敢于突破思维,不被赛题表面所局限。杆件制作过程中,要敢于创造出新型组合结构,不被课本上的基本组合结构所限制。不要盲目相信理论知识,由于制造误差和材料(竹节、胶水等)本身的缺陷,达不到理想状态,就要结合实际情况,合理选择杆件截面形状、结构形式等。

(3)团队和组织协调能力。

我们从一开始组队到各尽所长,相互配合,合理分工,完成一个又一个模型。过程中出现的思维冲突、队员心理变化、备赛与学习考试的冲突等都会影响最终的结果。

作为队长就要合理安排备赛时间,与老师和学长学姐做好沟通交流工作,保证队伍能够力往一处使,团结一心。

队员要服从安排、发挥所长,不要出现"水一水"或者"摆烂"的思想。整个备赛过程让我们的组织协调能力得到提升,也意识到团队合作的重要性。

(4)动手能力与坚持不懈。

没有哪一件事情是不需要付出就能有收获的。我认为参赛有点像农民种庄稼,从开始的耕地、浇水,到播种、施肥、除草,再到庄稼成熟后收割,整个过程有一处出现问题都会影响最终的粮食产量。做模型也一样,一根杆件的制作、一个节点的处理、一根小小的竹片都有可能对模型产生巨大的影响。这就需要我们不断练习,提升动手能力,达到熟能生巧,注意每一步细节,最重要的是坚持不懈。

从开始备赛到现在,我们有过成功也有过失败,有过狂喜也有过失落;对成功充满过希望,也有过就这样放弃的念头。但是我们依然坚持到了现在,再苦再累也一路走了下来,遇到困难也绝不放弃最初的目标。逆水行舟,不进则退,希望我们队伍能在国赛中取得好成绩。

黄山学院　奇迹再现（二等奖）

一、队员、指导教师及作品

参赛队员
李琦
韩根发
李杰
指导教师
邓林
高雪冰
领队
王鹏飞

二、设计思想及方案选型

根据赛题，我们设计了三种结构方案，下面对三种方案进行对比。

首先是四柱桁架空心筒方案，此方案完美地满足了结构竞赛的所有要求，稳定性分析也趋于完美的状态，但模型质量过大，并不能拿到理想的成绩，且结构没有创新，偏离结构设计"轻""巧"的主题，因此不选择此方案。其次是两柱模型方案，此方案也可以满足承载力的所有要求，但并不是最完美的方案。最后是四柱框架结构＋支撑方案，此方案将受力杆件发挥到了极致，完美体现了结构竞赛的主题，但困难之处在于对制作水平要求高，杆件的制作较为复杂，且安装时并不容易。但经分析后，仍选用此方案。

表1列出了三种方案的优缺点对比。

表 1　三种方案的优缺点对比

选型对比	四柱桁架空心筒方案	两柱模型方案	四柱框架结构＋支撑方案
图示	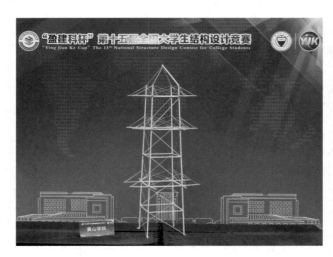		

续表

选型对比	四柱桁架空心筒方案	两柱模型方案	四柱框架结构＋支撑方案
优点	完全满足承载力要求，稳定性分析符合要求，制作比较简便	完美利用结构，方案创新，给人眼前一亮的感觉	结构具创新性，给人以美的感受，质量小
缺点	过于笨重	不太稳定，质量不小	模型制作、安装烦琐

三、计算分析

（一）强度分析

经分析，各级荷载工况下的结构受力情况如图1～图3所示。

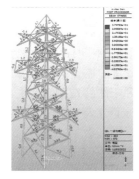 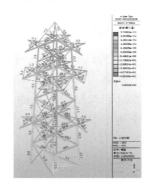 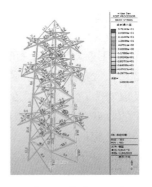

图1　第一级荷载结构应力图　　图2　第二级荷载结构应力图　　图3　第三级荷载结构应力图

（二）刚度分析

经分析，各级荷载工况下的结构变形情况如图4～图6所示。

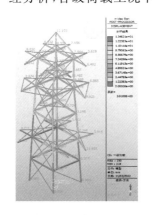 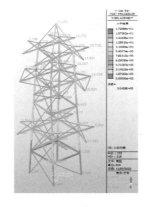 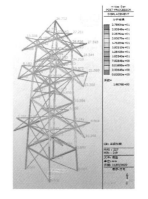

图4　第一级荷载结构位移图　　图5　第二级荷载结构位移图　　图6　第三级荷载结构位移图

（三）稳定性分析

经分析，各级荷载工况下的结构失稳情况如图7～图9所示。

四、心得体会

在近一年的赛前备战中，我们付出了许多，也收获了许多。其间，我们制作了60多个模型，进行

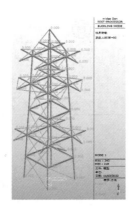

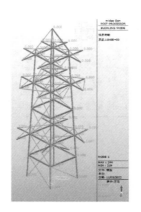

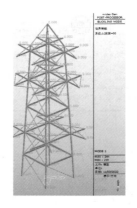

图 7　第一级荷载结构
　　　失稳模态图

图 8　第二级荷载结构
　　　失稳模态图

图 9　第三级荷载结构
　　　失稳模态图

了 60 多次试验。或失败或成功，但我们都从中得到了进步。失败时，我们吸取教训；成功时，我们感到欣慰。模型的制作是枯燥的，但我们一直坚持着，只为得到一个合理的结构。我们一步一个脚印地进行优化，不断寻求一个好的结构设计、一个满足要求又节省材料的杆件形式，不断探讨位移与自重的平衡，为一毫米与一克而"斤斤计较"，不断解决试验中发现的问题，设计出新的制作方法。就这样，我们吸取着失败的教训，反思结构破坏的原因，总结着成功的经验，改进结构杆件的选型、布置……带着前面的收获，投入新模型的制作中，追求更好的模型设计。最终，我们找到了合理的框架设计，达到了我们所设想的目标。

　　备战的日子里，我们放弃了大量的准备考研的时间，没有人知道我们在大三、大四这个时间段来参加比赛付出了多少。我们是带着遗憾来的，我们也曾参加过上一届比赛，可是结果并不理想，为了弥补这个遗憾，我们重新回到这个比赛场，我们又开始了每天待在制作室中做模型的日子，不破不立，大部分的课余时间都花在了为比赛的准备工作上，在外人看来或许很辛苦，但其实个中滋味唯有亲身体验才知道。虽然过程中有失败时的失落，可是我们更有成功时的欣慰。一次比赛，不仅让我们将所学的运用到实践中，而且锻炼了我们团队的协作能力，加强了师生间的交流，同时我们也看到了自身掌握知识的不足，给了我们今后更加认真学习的决心。

　　从模型的制作、试验，到最终的定型，都离不开各方面的支持。在此，非常感谢我们的指导老师，还有给予我们建议、帮助的各位同学们，感谢他们一直以来的热情帮助。愿我们能以好的成绩来回报他们！

东华理工大学　蜚英(二等奖)

一、队员、指导教师及作品

参赛队员
蔡彦哲
曹源
施云涛
指导教师
何春锋
王俭宝
领队
查文华

二、设计思想及方案选型

我们针对本次大赛共选取了两种结构体系。

体系 1:由八根竹皮和竹片中间加格片作主柱,由 3 mm×3 mm 截面的杆件作横梁,形成主体结构,为较为前期的模型。

体系 2:采用四根主杆为主体的结构。

两种体系优缺点对比如表 1 所示。

表 1　两种体系优缺点对比

体系对比	体系 1	体系 2
优点	因有八根主杆,体系整体较为稳定,一根主杆上仅有三个挑檐加载点	仅有四根主杆,制作难度大大降低,且由于拉条与主杆更换,整体质量大大减少
缺点	材料消耗较大,制作时间较长,且质量较大	每根主杆上有六个挑檐加载点,第一级、第二级荷载变形较大,可能会导致第三级荷载加载失败

最终选取结构体系 1,如图 1 所示。

三、计算分析

(一)强度分析

经分析,各级荷载工况下的结构受力情况如图 2~图 4 所示。

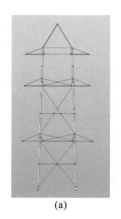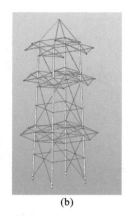

(a)   (b)

图1　结构体系1效果图

(a)立面图;(b)轴侧图

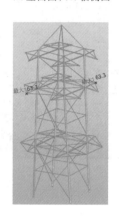

图2　第一级荷载结构应力图　　**图3　第二级荷载结构应力图**　　**图4　第三级荷载结构应力图**

(二)刚度分析

经分析,各级荷载工况下的结构变形情况如图5~图7所示。

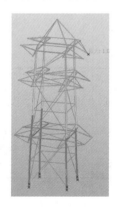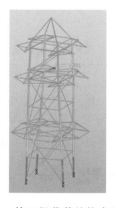

图5　第一级荷载结构变形图　　**图6　第二级荷载结构变形图**　　**图7　第三级荷载结构变形图**

(三)稳定性分析

经分析,各级荷载工况下的结构失稳情况如图8~图10所示。

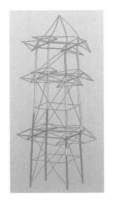

图 8　第一级荷载结构
失稳模态图

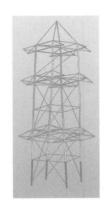

图 9　第二级荷载结构
失稳模态图

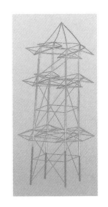

图 10　第三级荷载结构
失稳模态图

四、心得体会

经过了几个月的参赛准备,我们感悟颇多,之前一直以为结构设计竞赛是件简单的事情,看着那些捧着奖杯的获胜者,想想比赛也不过如此而已,但只有经历了这整个过程才体会到参赛者付出的那份艰辛。不论是思考结构本身就需要花费的大量时间和精力,还是在加载时辛辛苦苦做的模型轰然倒塌时那一次次的失望,这些都在不停地劝人退缩。

记忆里我们曾几次熬夜,我们曾争执不休,我们也曾满身胶水。我们迷茫过,彷徨过,疑惑过,也怨恨过,而这所有的所有现在似乎都变成了我们的收获,因为从中我们已经得到了知识的扩充,培养了动手实践的能力,同时更重要的是我们深刻体会到团队合作的重要性。

在这几个月的时间中,我们经历了模型的从无到有、从粗糙到精良的过程。回想起最初的模型,我们采取的是八根柱子的塔状结构,经过一段时间的打磨之后,我们将其优化到所能制作的最优结构。但是,我们也清晰地认识到,这种结构的模型无法到达我们所期望的重量。因此,小组内又开始了激烈的讨论,我们的模型该何去何从?所幸,那段时间的面红耳赤是值得的,综合了每个人的观点之后,模型改为四根柱子的塔状结构。那段时间是煎熬的,是痛苦的,这意味着我们曾经所做的模型、所设计的方案都要被推翻,一切都要重新开始。但是,这也是一段幸福的时光,我们克服了一个个技术困难,所做模型也得到了一定程度上的提升,感受到了努力所带来的喜悦。

在这段时期,我们根据各自特点进行了良好的分工协作,这为我们能保持良好的工作效率提供了基础条件。在模型的选型阶段,我们通过查阅有关书籍,选择了几个方向进行深入细致的设计研究,并不断地进行讨论,选择出各种形式的最优方案,通过试验结果选出最终方案。在模型的制作过程中,我们参考了前一届选手的模型的制作工艺,整合改进他们的设计,然后设计出我们自己的制作工艺,当然,这些工艺是通过很多次试验选出的最优。此外,由于比赛的时间有一定的限制,我们制定了安装流程。这些工作都让我们在比赛过程中获益不少。

从开始到现在,冒着炎炎酷暑,是信念在支撑着我们。我们现在仍然很清楚地记得我们是凭着一股韧劲儿在短时间里让模型有了很大的进步,那种为了目标竭尽全力的干劲儿只有亲身体会的人才懂得其中的乐趣。

在制作模型的过程中,我们也充分理解了团队协作的重要性,此外,在遇到困难时也不能轻言放弃,而是利用自己的力量与智慧去一步步解决困难。

西藏农牧学院 南迦巴瓦(二等奖)

一、队员、指导教师及作品

参赛队员
把玉岗
左明星
向振林
指导教师
何军杰
金建立
领队
孙海波

二、设计思想及方案选型

本次赛题为三重木塔结构承受多种荷载工况结构设计。结构设计方案的选择在很大程度上受结构尺寸和荷载加载点位的限制。在追求结构功能和美观的同时,需要着重考虑结构体系的合理性、材料使用的经济性和模型制作的高效性。

考虑到荷载组合数量多,荷载具有随机性,因此,塔身主体结构采用对称的形式。受水平荷载作用,一侧的立柱轴力较大,须做加强处理。对应众多的加载工况,使结构在兼顾美观、经济的同时满足各种加载功能要求,成为我们着重考虑的目标。

在结构定型之前我们考虑了三种结构方案,分别是八柱框架-支撑结构、桁架柱结构、四柱框架-支撑结构,见图1。

表1列出了三种结构方案的优缺点。我们结合软件建模分析和实际模型的加载结果,综合对比三种方案后,确定了四柱框架-支撑结构作为基本结构方案。

表1 三种结构方案优缺点对比

结构方案对比	八柱框架-支撑结构	桁架柱结构	四柱框架-支撑结构
优点	由八根框架柱+横梁+柔性交叉支撑组成框架筒体结构,整体抗扭刚度大,造型美观	结构由内外两层桁架柱+环带桁架+交叉柔性支撑组成,结构新颖、美观	由四根框架柱+刚性横梁+柔性斜向支撑组成框架筒体结构,整体抗扭刚较大,造型美观、受力明确、合理,为传统形式结构,制作方便

续表

结构方案对比	八柱框架-支撑结构	桁架柱结构	四柱框架-支撑结构
缺点	组成塔身的立柱较多,制作工作量大、周期长,外部尺寸超限的风险较大	组成桁架的杆件数量多,制作精度难以控制;桁架弦杆长细比相同,不同层受力不同,变截面设计不好实现	结构层的八个加载点的挑檐部分精度难以控制,承担荷载的竖向构件数量少,结构强度冗余度低

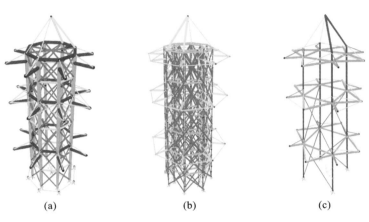

(a)   (b)   (c)

图1 初步结构方案

(a)八柱框架-支撑结构;(b)桁架柱结构;(c)四柱框架-支撑结构

三、计算分析

(一)强度分析

经分析,各级荷载工况下的结构受力情况如图2~图4所示。

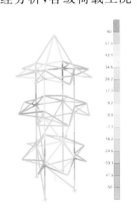

图2 第一级荷载结构应力图

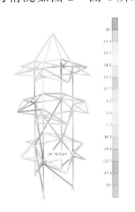

图3 第二级荷载结构应力图

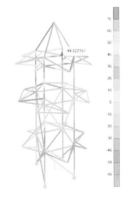

图4 第三级荷载结构应力图

(二)刚度分析

经分析,各级荷载工况下的结构变形情况如图5~图7所示。

(三)稳定性分析

经分析,各级荷载工况下的结构失稳情况如图8~图10所示。

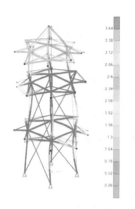 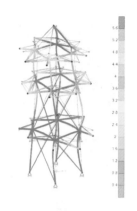 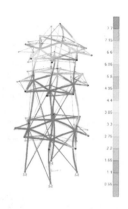

图 5　第一级荷载结构变形图　　图 6　第二级荷载结构变形图　　图 7　第三级荷载结构变形图

图 8　第一级荷载结构　　　　图 9　第二级荷载结构　　　　图 10　第三级荷载结构
　　　　失稳模态图　　　　　　　　　　失稳模态图　　　　　　　　　　失稳模态图

（四）小结

　　综合强度、刚度、稳定性分析，可以得到该结构产生的最大拉应力小于实测的抗拉强度，结构绝大部分的压应力满足材料强度要求。对于局部压应力较大的区域，应采取不同的构造措施予以加强。变形结果表明，结构的最大节点的水平位移小于 7 mm，挑檐竖向位移小于 4 mm，但实际结构模型在加载过程中产生的位移一般都大于理论计算结果，结构的变形控制不可忽视。此计算结果仅为某单一工况下的计算结果，对于其余不利工况可以举一反三进行结构优化。

四、心得体会

　　感谢全国大学生结构设计竞赛组织委员会提供的宝贵竞赛机会，让我们在参与各级竞赛的过程中不断挑战团队的协作能力、创新能力和实践能力。在模型的设计和制作过程中，我们不仅完成结构的初步设计和手算内力，实现了对课堂力学知识的升华，还学习了专业的结构设计软件的建模计算，拓展了专业技能。随着一个个模型的制作完成并进行试验，结构制作精度逐步提高，制作效率越来越高，结构质量和强度一次次突破！每名队员都深刻体会到制作模型时的酸甜苦辣，记得模型制作完成时的欢呼雀跃，记得加载成功时它的坚强挺立，记得拆卸它时眼眶里浓浓的不舍。我们的团队在竞赛过程中获益良多！再次感谢竞赛主办方的辛勤付出！预祝竞赛成功举办！

扬州大学 八方竹塔(二等奖)

一、队员、指导教师及作品

参赛队员
周亮亮
孙俊
朱荣
指导教师
指导组
领队
朱卫东

二、设计思想及方案选型

　　根据赛题要求,结构方案采用空间桁架体系,其中直接承受竖向荷载的挑檐采用由斜拉杆和水平压杆组成的三角形桁架,由此将荷载传至竖向的柱子;扭转荷载通过加载点与主结构节点之间的拉杆传至主结构,并主要由各层之间的斜拉杆承受;水平荷载也主要由斜拉杆承受。结构模型在设计过程中,对以下两种体系方案进行了比较。

　　体系 1:八柱方案。

　　体系 2:四柱方案。

　　表 1 为两种体系方案的优缺点对比。

表 1　两种体系方案的优缺点对比

体系对比	体系 1	体系 2
优点	每根柱受力较小,结构刚度较大	质量较小(200 g 左右),结构简单,制作方便
缺点	质量较大(300 g 以上),结构复杂,制作难度较大	荷载布置不利时柱的受力较大,结构的刚度较小

　　模型结构体系 1、体系 2 分别如图 1、图 2 所示。经比较,最终确定四柱方案(体系 2)为参赛结构体系。

三、计算分析

(一)强度分析

　　经分析,各级荷载工况下的结构受力情况如图 3～图 5 所示。

图 1　结构体系 1 模型轴侧图

图 2　结构体系 2 模型轴侧图

图 3　第一级荷载结构应力
等值线图

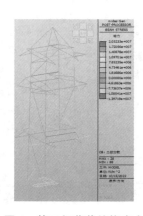

图 4　第二级荷载结构应力
等值线图

图 5　第三级荷载结构应力
等值线图

(二)刚度分析

经分析,各级荷载工况下的结构变形情况如图 6～图 8 所示。

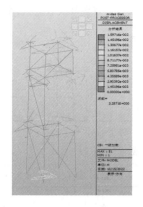

图 6　第一级荷载结构变形图

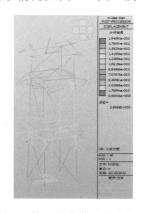

图 7　第二级荷载结构变形图

图 8　第三级荷载结构变形图

(三)稳定性分析

经分析,各级荷载工况下的结构失稳情况如图 9～图 11 所示。

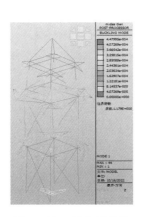 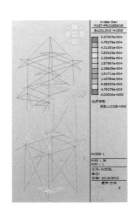 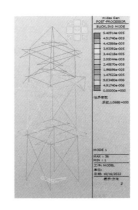

图 9　第一级荷载结构　　　　图 10　第二级荷载结构　　　　图 11　第三级荷载结构
　　　　失稳模态图　　　　　　　　　　失稳模态图　　　　　　　　　　失稳模态图

四、心得体会

　　成功是一个团队协作的结果,要相信自己的队友,团队存在的基础是信任。在校内训练的时候,我曾对队友的杆件制作质量不放心,每一根都会自己检查一遍,但是我的队员们制作的杆件都非常完美。训练时我们不断尝试、不断改进,模型减轻的每一克都是对我们的鼓励。参加比赛的过程中,我们和老师们克服了很多困难,也增进了对彼此的了解。无论比赛的结果怎样,都是对我们所有人努力的见证。

兰州大学　凝力菁工(二等奖)

一、队员、指导教师及作品

参赛队员
李嘉轩
杜豪飞
夏志刚

指导教师
王亚军
马亚维

领队
武生智

二、设计思想及方案选型

根据赛题,我们设计了两种结构体系。表1中列出了两种体系的优缺点对比。

表 1　两种体系的优缺点对比

体系对比	体系 1	体系 2(最终方案)
优点	性能较强,杆件变形较小,只需要提高制作工艺就可以实现较小的质量和较高的承重,可以凸显结构优势	节省时间,整体柱使用竹条粘贴的制作时间不足单独贴杆的1/4,且结构构件受胶水影响较少,制作后可通过刮磨构件减少重量;多用拉条、减少拉杆可以充分利用结构强度,避免材料浪费,实现强节弱杆和强柱弱梁
缺点	工艺要求高,制作时胶水在结构中起到举足轻重的作用,卷杆过程中胶水不均匀会造成应力集中,对强度影响较大;胶水施加过多会影响使用卷杆的初衷,甚至重量会超过杆件;粘贴费时,在制作工具有所限制的比赛现场大量的卷杆和贴杆会使制作时间大大延长,大截面杆件好做但是有承载富余,小截面杆件制作过于困难,不适合大量制作	打磨杆件较费时间;柱的粘贴受竹条限制,竹条本身不够平整会产生较多的空隙,使粘贴不到位,需要后期检查

体系 1、体系 2 分别如图 1、图 2 所示。

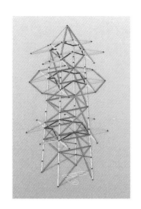

图 1　体系 1

图 2　体系 2

三、计算分析

(一)强度分析

经分析,各级荷载工况下的结构受力情况如图 3~图 5 所示。

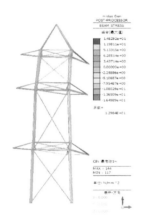

图 3　第一级荷载结构应力图

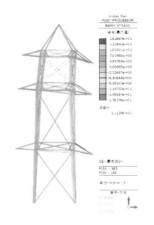

图 4　第二级荷载结构应力图

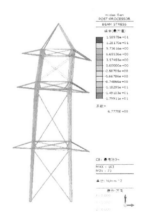

图 5　第三级荷载结构应力图

(二)刚度分析

经分析,各级荷载工况下的结构变形情况如图 6~图 8 所示。

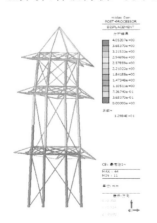

图 6　第一级荷载结构变形图

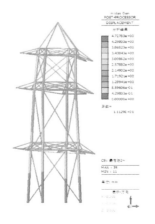

图 7　第二级荷载结构变形图

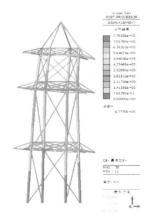

图 8　第三级荷载结构变形图

(三)稳定性分析

经分析,各级荷载工况下的结构失稳情况如图9~图11所示。

图9 第一级荷载结构
失稳模态图

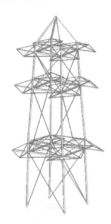

图10 第二级荷载结构
失稳模态图

图11 第三级荷载结构
失稳模态图

四、心得体会

通过结构设计大赛,我们组的同学成功学习了相关软件的操作技巧,基本可以做到自行完成全部建模、工况设计、荷载施加,以及针对应力、位移等结果进行结构分析。

此外在模型制作的过程中,压杆尽量采用空心杆,但是考虑制作方便,可以采用方杆。受拉杆件应尽量做成拉条以减少重量。拉条在模型构建中有很多的应用,不仅可以有效替换拉杆,还可以通过在柱间设置拉条减少很多变形。

这次竞赛我们有很多感悟,任何设计和制作都是非常困难的,起初一根杆件的制作我们就要花费半个小时以上。而在设计过程中也有很多我们看都看不懂的问题。身为土木工程专业的学生,类似的设计困难会经常遇到,我们在今后的学习和生活中,会更加勤奋好学,努力奋进,迎难而上。

西藏民族大学 多吉塔(二等奖)

一、队员、指导教师及作品

参赛队员

王宁
邵洪洋
刘春梓

指导教师

蔡婷
张根凤

领队

张根凤

二、设计思想及方案选型

根据赛题,我们设计了三种结构方案。

方案1:结构具有足够的强度抵抗竖向、水平及扭转荷载,设计较为保守,强度及刚度较大,如图1所示。

方案2:由减重优化后的八根杆支撑,如图2所示。

方案3:在初步方案基础上进行优化减重,结合赛题的三个平面八个方向的加载点要求,设计出既满足加载点要求,又具有较小质量的四根杆模型,如图3所示。选用该体系作为最终方案。

表1列出了三种方案的优缺点对比。

图1 方案1模型结构图

图2 方案2模型结构图

图3 方案3模型结构图

表1　三种方案的优缺点对比

方案对比	方案1	方案2	方案3
优点	结构强度、刚度较大,结构在三级加载完成后并未发生构件破坏及较大变形	在方案1基础上将杆件截面减少,去除多余斜撑,结构仍然能够完成三级加载,达到优化效果	在满足赛题加载点要求的前提下,由八根杆换成四根杆,结构质量减轻较多
缺点	结构质量过大	考虑极限状态破坏,此方案还有优化空间	在制作过程中,竖向杆件角度控制有一定难度

三、计算分析

(一)强度分析

经分析,各级荷载工况下的结构受力情况如图4~图6所示。

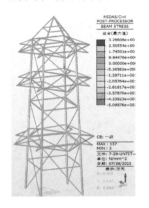 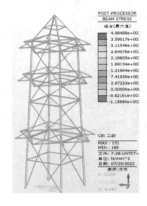 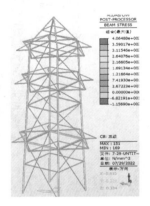

图4　第一级荷载结构　　　　图5　第二级荷载结构　　　　图6　第三级荷载结构
　　　应力分析图　　　　　　　　　应力分析图　　　　　　　　　应力分析图

(二)刚度分析

经分析,各级荷载工况下的结构变形情况如图7~图9所示。

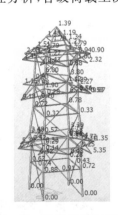 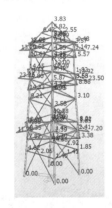 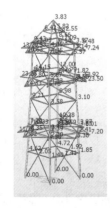

图7　第一级荷载结构变形图　　图8　第二级荷载结构变形图　　图9　第三级荷载结构变形图

(三)稳定性分析

经分析,各级荷载工况下的结构失稳情况如图10~图12所示。

图 10　第一级荷载结构　　　　图 11　第二级荷载结构　　　　图 12　第三级荷载结构
　　　失稳模态图　　　　　　　　　失稳模态图　　　　　　　　　失稳模态图

四、心得体会

　　结构设计大赛的精神是团队的精神、科技的精神、创新的精神、实践的精神。我们从比赛中学到了许多,其中最重要就是团队的精神。在学校预选赛的时候就有一组同学因为组员内部意见不合,没有团队精神,导致到比赛结束也没有做出一个像样的模型。而我们小组在组员的密切配合和团队协作下,一路共同解决困难和瓶颈,才有这个作品的诞生。另外在做模型刻苦攻关的过程中,我们感觉到态度决定一切,我们要抱着全身心投入的态度,才能有序地做出一个完整的模型。本次比赛提高了我们的计算机建模能力、多荷载工况组合下的结构优化分析计算能力、复杂空间节点设计安装能力以及创新能力,检验了大家对土木工程结构知识的综合运用能力,提高了同学之间的团队精神和团结协作的能力。

华南理工大学 风起(二等奖)

一、队员、指导教师及作品

参赛队员

林培愉
孙彤
林锦荘

指导教师

陈庆军
胡楠

领队

季静

二、设计思想及方案选型

对比各种杆件的特点及其在不同位置的结构试验,我们的模型遵循保证强度的同时质量小、制作便捷的原则。

表1列出了四种主体结构选型方案的优缺点对比。

表1 主体结构选型方案的优缺点对比

方案对比	方案 A	方案 B	方案 C	方案 D
优点	稳定性好	包围塔柱方式创新,制作较为简易,稳定性较好	质量较小	杆件数量少,质量小
缺点	杆件数量多,耗时长,质量大	质量较大	受力较大,制作复杂	制作较复杂,制作误差大

综合多种结构方案的特点与优劣,在多次试验对比后,考虑到四柱结构的质量较小,同时可以保证我们需要的强度,我们选择了方案 D 作为最终参赛方案。最终模型结构体系如图1所示。

三、计算分析

(一)强度分析

经分析,各级荷载工况下的结构受力情况如图 2~图 4 所示。

(a)   (b)

图1   模型结构图

(a)立面图;(b)轴侧图

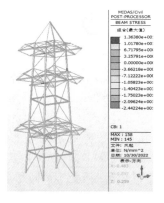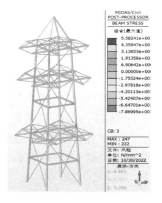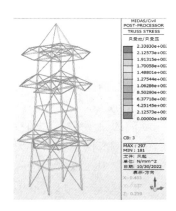

图2   第一级荷载结构
受力分析图

图3   第二级荷载结构
受力分析图

图4   第三级荷载结构
受力分析图

(二)刚度分析

经分析,各级荷载工况下的结构变形情况如图5~图7所示。

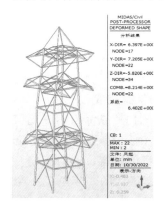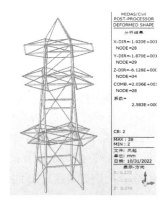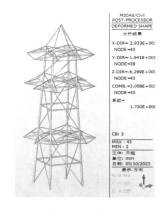

图5   第一级荷载结构变形图   **图6   第二级荷载结构变形图**   **图7   第三级荷载结构变形图**

(三)稳定性分析

经分析,各级荷载工况下的结构失稳情况如图8~图10所示。

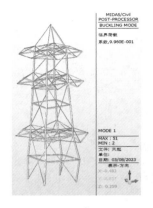
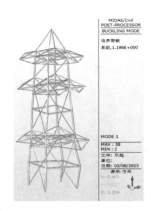

图 8　第一级荷载结构　　　　　图 9　第二级荷载结构　　　　　图 10　第三级荷载结构
　　　失稳模态图　　　　　　　　　　失稳模态图　　　　　　　　　　失稳模态图

四、心得体会

　　仔细回想起来,第一次看到赛题竟然已经是一年前的事情。这一整年的备赛过程,不仅让我们对赛题的理解逐渐加深,更让结构大赛真正意义上融入了我们的生活。甚至可以说,一年来我们投入的汗水和泪水让这次比赛逐渐超越了比赛本身,成为一次富有鲜活生命力的成长历程。

　　一年前的模型课上,我们首次接触这个题目。初看到赛题,课上的大家都陷入了沉思,因为赛题中给出的模型范例很容易将大家的思想带入一个故步自封的僵局,短短几天不成熟的思考也很难将大家的思路集中在以模型减重为目的的真正突破口上。我们队在模型课上观摩了两三个小组的成果,获得了一些经验,也吸取了很多教训——这个结构在一定自重的保证下很容易达到承载要求,但减重的过程却并不容易,如果不找到突破口那么效果可谓微乎其微,很难达到质的飞跃;几乎所有的模型都在第三级荷载施加时破坏,所以要注意顶层结构的合理设计,不要被过早掀翻;结构的体量相当大,制作会有很大压力,在日后有时间限制的比赛中更要重点减小模型体量。结合种种思考,我们组在不久之后的校赛中做出了创造性的改进——将柱子数量从 8 根减少到 4 根,结构质量很轻易地从其他组普遍的 300 多 g 降至 233 g,我们也凭借这个全校唯一的四脚塔获得了选拔名额,在后来也通过种种结构上的改进与截面、材料厚度的试验将质量减至 200 g 以下。

　　赛题也同样在不断突破与改进。装配式结构赛题的出现让选手们的思维再一次活络起来,光是协会内的创意就层出不穷。我们查阅了古往今来的建筑上的装配方式,慢慢将思路向榫卯结构靠拢,也设计了多种插销方案,每一次的突破都令我们倍感惊喜,我们也十分期待在国赛的赛场上见到更多来自其他队伍的令人耳目一新、心悦诚服的设计作品。同时,细节决定成败,此结构的连接处非常多,必须要确保面面俱到、万无一失。总体来说这次的比赛是一场很有压力的困难挑战。

　　非常感谢指导老师们长时间以来的支持与建议,以及协会的所有同伴们、师兄师姐们毫无保留的帮助与指导,我们的一切进步都离不开他们的帮助。我们热爱结构,热爱设计,热爱在实验室奋斗的汗水,热爱一起经历的一切得意与失意,这一年的经历将会是我们一笔珍贵的财富。此时我们心情平静,希望按照计划走上国赛的赛场,不执拗于一个结果,只愿能够为这起起伏伏的一年画上一个圆满的句号!

重庆文理学院　重山竹海塔(二等奖)

一、队员、指导教师及作品

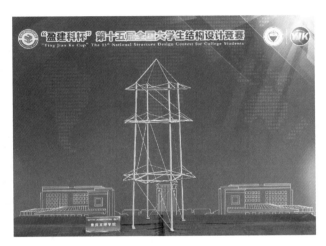

参赛队员
王哲
彭彬彬
何俊
指导教师
高霖
杨惠会
领队
张海龙

二、设计思想及方案选型

根据赛题以及考虑到杆件的制作及模型的拼装,同时考虑结构在最大限度上节省材料、坚固美观,我们选择了两种结构体系。表1列出了两种体系的优缺点对比。

表1　两种体系的优缺点对比

体系对比	体系1	体系2
优点	杆件利用率较高,杆件少,自重较小	承载能力强,抗倾覆能力强,结构变形小
缺点	抗倾覆能力较弱,斜拉连接处受力较大,结构变形较大,需要较强的连接	杆件利用率低,自重过大

根据对比,体系1结构制作较方便,抗倾覆能力强,杆件利用率高,相比于体系2更美观,但需要较强的连接,故在比赛中总体考虑荷载情况选择了体系2。模型结构体系1、体系2如图1、图2所示。

三、计算分析

(一)强度分析

经分析,各级荷载工况下的结构受力情况如图3～图5所示。

(二)刚度分析

经分析,各级荷载工况下的结构变形情况如图6～图8所示。

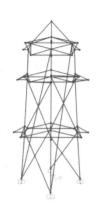

图1 体系1

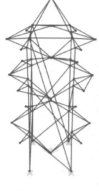

图2 体系2

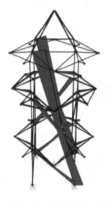

图3 第一级荷载结构应力图

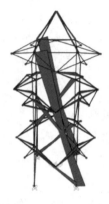

图4 第二级荷载结构应力图

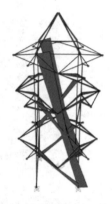

图5 第三级荷载结构应力图

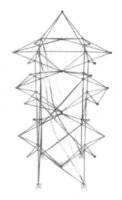

图6 第一级荷载结构变形图

图7 第二级荷载结构变形图

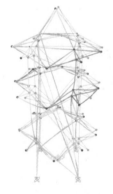

图8 第三级荷载结构变形图

(三)稳定性分析

经分析,各级荷载工况下的结构失稳情况如图9～图11所示。

四、心得体会

大学生结构设计竞赛是培养学生创新能力的重要途径,通过这个比赛,我们学到很多课本上没有的知识,同时也更好地把课本上的力学知识应用到模型上。模型设计制作是需要逐步学习摸索的过程,包括下料、杆件制作、节点处理等。胶水应涂抹均匀,不宜多涂。为了保证节点的刚性,我们还采用小的三角贴片进行加固。回想做模型以来,我们有过迷茫,有过汗水,但更多的是一个个模型加载成功时开心的笑容。我相信经过这次比赛,我们将会更上一层楼。

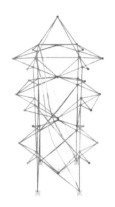

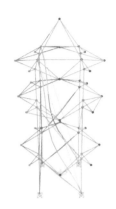

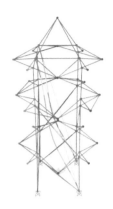

图 9 第一级荷载结构　　　　图 10　第二级荷载结构　　　　图 11　第三级荷载结构
　　　失稳模态图　　　　　　　　　失稳模态图　　　　　　　　　失稳模态图

汕头大学　栖凤塔(二等奖)

一、队员、指导教师及作品

参赛队员

路金岭
黄晓利
安勇学

指导教师

王传林
陈晓婉

领队

王传林

二、设计思想及方案选型

　　根据赛题,我们设计了三种结构体系。体系 1 为传力较为直接的 8 根柱塔架,每一个挑檐点均可将竖向荷载较为直接地传到对应的柱子上,竖向加载的挑檐点为水平杆件加斜向拉带。体系 2 采用 4 根柱子来主要传力,没有柱子部分的挑檐点通过杆件和拉带将力传到其相邻的两个柱子上。相对于体系 1,体系 2 的质量较轻。相对于体系 2,体系 3 将挑檐上的力更加直接地传到柱子上,整个体系的传力更加直接。最终选用体系 3。表 1 列出了三种体系的优缺点对比。各结构体系如图 1～图 3 所示。

表 1　三种结构体系优缺点对比

体系对比	体系 1	体系 2	体系 3
优点	采用 8 根柱,体系稳定	将没有柱的挑檐点的力传到相邻的两个柱子上,可以减轻一点柱的质量	挑檐的力可以更加直接地传到柱子上,且装配式拼装也相对方便
缺点	柱的长度较大、数量较多,导致模型的质量偏大,且柱子越多,装配的难度也越大	一层悬挑的拼装难度较大,且传力不够直接	挑檐的拼装难度较大,需要精准定位

三、计算分析

(一)强度分析

　　经分析,各级荷载工况下的结构受力情况如图 4～图 6 所示,可知结构满足强度要求。

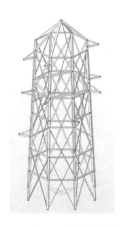

图 1 体系 1 模型轴侧图

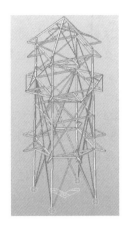

图 2 体系 2 模型轴侧图

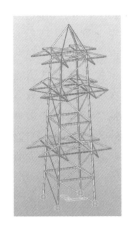

图 3 体系 3 模型轴侧图

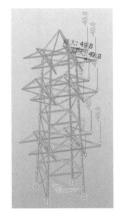

图 4 第一级荷载结构应力图

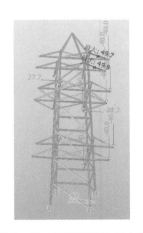

图 5 第二级荷载结构应力图

图 6 第三级荷载结构应力图

(二)刚度分析

经分析,各级荷载工况下的结构变形情况如图 7～图 9 所示,可知结构满足刚度要求。

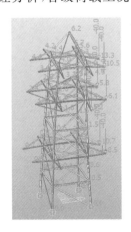

图 7 第一级荷载结构变形图

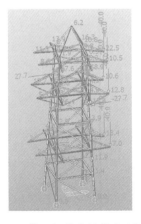

图 8 第二级荷载结构变形图

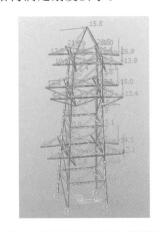

图 9 第三级荷载结构变形图

四、心得体会

本次参与第十五届全国大学生结构设计竞赛,通过与团队成员合作,共同制作模型,一起思考结构,一起完善不足,在这个过程中,我获益匪浅。

首先学到的技巧就是审题。确定规避区的范围及加载方式、加荷重量才能更有针对性准备模型结构。审题往往对于结构有较大的影响。在这次国赛中也增加了装配式这个环节,这也让我们学习到了不少关于装配式方面的知识及其应用。

其次体会到团队合作的重要性。这是一个团队赛,想要制作好一个模型,从切竹皮、制作杆件到拼装的整个流程都需要密切的团队配合,做到合理的分工,以高效的方式共同完成模型的制作。

此外,我还在这个过程中加深了对理论知识的理解,将从书本上学到的知识应用到实践中,通过实践来检验、验证,从而促进对理论知识的理解与应用。

最后,希望能在本次比赛中取得优异的成绩,也再次对主办方表示感谢,祝一切顺利!

湖南农业大学　玖龄(二等奖)

一、队员、指导教师及作品

参赛队员
钟衔铎
张鑫韬
刘鑫宇
指导教师
周锡玲
吴懿
领队
张龙文

二、设计思想及方案选型

根据赛题,我们设计了三种结构体系。

体系 1:八边形三重塔,如图 1 所示,此结构体系挑檐为 6 mm 边正放,即 6 mm 边垂直于 4 mm 边,受压边为短边。

体系 2:四边形三重塔(实心桁架结构),如图 2 所示。

体系 3:四边形三重塔(箱形截面柱和支撑、拉条),如图 3 所示。

图 1　八边形三重塔

图 2　四边形三重塔
(实心桁架结构)

图 3　四边形三重塔
(箱形截面柱和支撑、拉条)

表 1 列出了三种体系的优缺点对比。

表 1 三种体系的优缺点对比

体系对比	体系 1	体系 2	体系 3
优点	承重性能好,受力均匀	自重轻,模型制作较简单,传力清晰	自重轻,质量分布较为集中,抗扭性能好
缺点	自重大,抗扭性能差	刚度不够	拉条受力不均匀

体系 3 模型结构简单,传力性能好,质量轻,刚度大,因此我组最终选择体系 3 模型为参赛结构模型。

三、计算分析

(一)强度计算

经分析,各级荷载工况下的结构受力情况如图 4～图 6 所示。

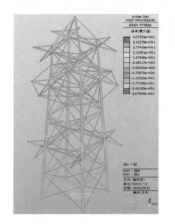 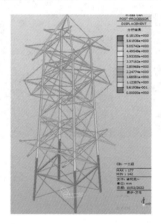 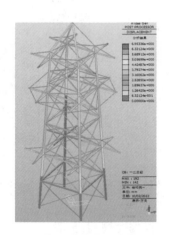

图 4 第一级荷载结构应力图　　　图 5 第二级荷载结构应力图　　　图 6 第三级荷载结构应力图

(二)刚度分析

经分析,各级荷载工况下的结构变形情况如图 7～图 9 所示。

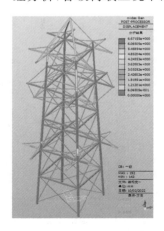 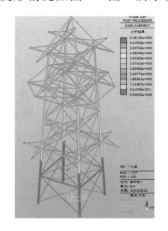 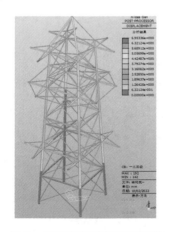

图 7 第一级荷载结构变形图　　　图 8 第二级荷载结构变形图　　　图 9 第三级荷载结构变形图

（三）稳定性分析

经分析，各级荷载工况下的结构失稳情况如图 10～图 12 所示。

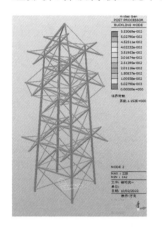

图 10　第一级荷载结构
失稳模态图

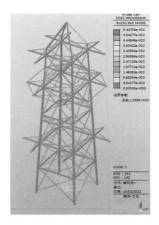

图 11　第二级荷载结构
失稳模态图

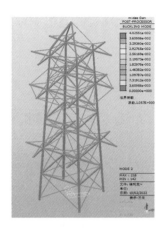

图 12　第三级荷载结构
失稳模态图

四、心得体会

　　我们从大二开始接触结构设计竞赛，那时候主要是锻炼手工制作能力，凭自己的想象力来完成一个模型，不仅可以熟悉比赛的过程，对此类比赛有一个初步的认识，而且可以在比赛的过程中学到不少东西。参加几次结构设计比赛后我们慢慢地认为结构设计没有想象中那么难了。而这种收获和体会必须自己亲自经历过才能得到，这种收获和体会越早获得越好。

　　到了大三，再参加这类比赛项目我们就得心应手了许多，虽然理论基础并不完善，但已经可以小试牛刀了。我们从模仿做起，试着模仿校内往届比赛或者全国往届比赛中的优秀作品，在模仿中能发现很多问题，然后自己在摸索中解决这些问题。这个过程下来，我们学到不少新东西，细心总结和比较每次模型，找出不足和优势之处。我们也真切认识到团队合作的力量。多一个人就多一种思路，我们应该向身边每一个人虚心学习。

　　到了现在，经过前面的比赛历练和积累，加之理论基础基本到位，我们制作模型时会结合 CAD、Midas 等软件来分析模型的变形和受力特点，把学到的专业知识应用到模型中，在制作工艺上精益求精，力求做到完美。

　　我们整个团队相互讨论、验证，和老师反复交流。模型不断优化，在保障承载能力的情况下质量不断减少，形成一个最合理的模型。我们能有现在的成绩离不开团队的力量和老师的指导，力往一处使，必定能成功！

北京航空航天大学 凌云塔（二等奖）

一、队员、指导教师及作品

| 参赛队员 |
| 余思纬 |
| 刘航舰 |
| 蔡天宜 |
| **指导教师** |
| 周耀 |
| **领队** |
| 周耀 |

二、设计思想及方案选型

　　根据赛题，我们设计了两种结构体系。

　　体系1：由四根立柱组成的单层结构体系。

　　体系2：由八根立柱组成的单层结构体系。

　　表1列出了两种体系的优缺点对比。

表1　两种体系的优缺点对比

体系对比	体系1	体系2
优点	质量小，制作较容易	稳定性好，结构强度大
缺点	杆件所受应力较大，容易失稳	杆件多，重量大，结构复杂，制作难度大

　　体系1如图1所示，体系2如图2所示。经分析后，我们选择体系1作为最终方案。

三、计算分析

（一）强度分析

　　经分析，各级荷载工况下的结构受力情况如图3～图5所示。

（二）刚度分析

　　经分析，各级荷载工况下的结构变形情况如图6～图8所示。

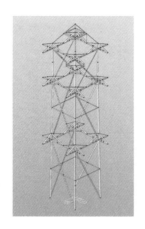

图1 体系1结构模型轴侧图

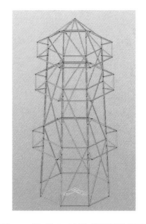

图2 体系2结构模型轴侧图

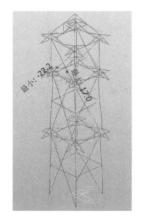

图3 第一级荷载结构应力图

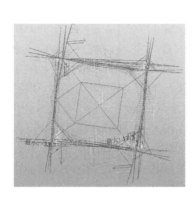

图4 第二级荷载结构应力图

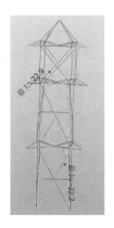

图5 第三级荷载结构应力图

图6 第一级荷载结构变形图

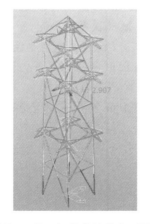

图7 第二级荷载结构变形图

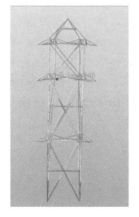

图8 第三级荷载结构变形图

(三)稳定性分析

经分析,各级荷载工况下的结构失稳情况如图9~图11所示。

四、心得体会

一场比赛,是竞技也是课堂。我们小组在准备比赛的过程中,每位同学都在输出和实践自己想法

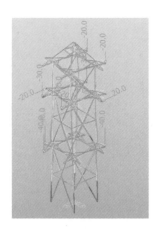
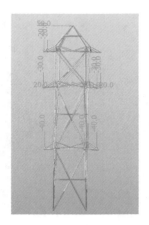

图 9　第一级荷载结构失稳图　　　图 10　第二级荷载结构失稳图　　　图 11　第三级荷载结构失稳图

的同时有所收获。

　　首先,是知识的学习。要在给定的发挥空间中设计出承重能力强的塔,就需要一些土木工程方面相关的知识,我们作为还未学习专业课的大二学生,相关知识匮乏,主要是通过指导老师的理论课以及下发的教材进行学习,学习基本的理论和模型的制作方法,再加以常识性的认知和计算机受力分析。提到计算机受力分析,这也是学习的一部分,我们学习了如何使用相关软件以及其中的插件。过程中不免涉及自学的部分,我们在课余时间进行知识的学习、拓展以及实操,在学习了相关知识的同时,也收获了新的技能,锻炼了我们自学的能力,提高了我们合理安排学习时间的能力。

　　其次,便是动手能力的提高。在模型的制作过程中,不同杆件之间的黏合效果、连接方式也是有所区别的,除了上文提到的学习,还需要多实践来提高熟练度。在制作的过程中,组员们对于制作技巧、制作工具及制作顺序都有交流和探讨。随着制作的推进,大家也渐渐入门,双手变得更加灵巧,制作的速度和质量都有所提升,对于材料和工具的选择也有了经验的积累。

　　除此之外,在准备比赛的过程中团队合作能力及责任感、使命感都有所加强。组员之间想法的碰撞,制作过程中的相互配合,轮流接班的自觉,都让我们感受到团队的力量。大家来自不同的学院,甚至之前可能并不相识,但这个比赛将大家紧密联系在一起,组成一个团队,培养出良好的友谊,并在最终拿出一个作品。同时,作为团队中的一员,每个人都与小组的荣誉息息相关,也由此增强了身为组员的责任感和使命感,在致力于为团队贡献出自己的一分力量、提高模型制作的质量和效率的同时,也提高了自己的制作热情。

　　总体来说,通过这次比赛学习和收获了很多,我们带着兴趣与热血参加此次比赛,向着更好的自己进发。

内蒙古科技大学　金鹰战队（二等奖）

一、队员、指导教师及作品

参赛队员
刘明超
刘靖
李雨杭
指导教师
李娟
汤伟
领队
薛刚

二、设计思想及方案选型

本队主要从四柱结构出发进行设计，并形成以下三套方案。

方案1：四根柱采用薄壁圆形筒。为了增强结构的整体性及空间抗扭能力，在每层的四个立面设置连接柱节点的交叉撑杆。同时，为了削弱挑檐悬臂部分向柱连接的斜拉杆对柱的影响，在两柱之间对应位置设置平面内交叉拉杆。四根斜梁采用矩形箱形截面。该方案的模型如图1所示。

方案2：该方案的模型如图2所示。为了兼顾结构的整体性、空间抗扭能力及模型质量，在每个结构层的四个立面设置连接对角柱节点（柱与水平杆连接节点）的单向斜拉带。考虑到三级荷载加载方向固定，因此在受压侧设置两根薄壁圆形筒斜杆，受拉侧设置两根杆件拉带，共同交会于三级荷载加载点。

方案3：在方案2的基础上进一步改进、优化，最终选用此方案。该方案的模型如图3所示。

三种方案的优缺点对比见表1。

表1　三种方案优缺点对比

方案对比	方案1	方案2	方案3
优点	结构刚度较大，抗扭转能力强	构件截面形状、模型的质量分布合理，在保证持荷能力的前提下自重较小，连接难度较方案1有所下降	具有更小的模型质量，构件及节点的构造合理，构件协同工作能力强
缺点	结构自重大，柱计算长度高，导致柱截面较大，存在冗余构件，水平杆与柱连接局部构造精度要求高，构件布置及构件截面存在优化空间	薄壁圆形筒构件较多，拉带需要用刨子进行手工处理，对构件制作及手工要求较高	构件、节点制作难度较高，对材料裁剪、下料的精度要求高

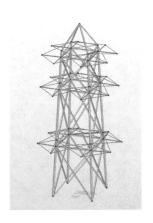

图 1 方案 1 模型轴侧图

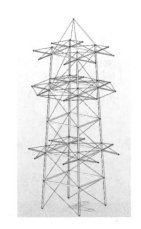

图 2 方案 2 模型轴侧图

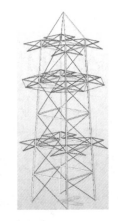

图 3 方案 3 模型轴侧图

三、计算分析

(一)强度分析

经分析,各级荷载工况下的结构受力情况如图 4～图 6 所示。

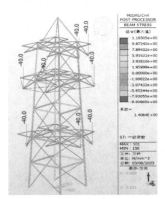

图 4 第一级荷载结构应力图

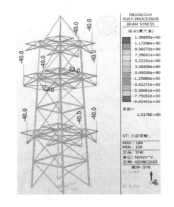

图 5 第二级荷载结构应力图

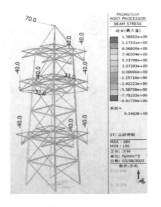

图 6 第三级荷载结构应力图

(二)刚度分析

经分析,各级荷载工况下的结构变形情况如图 7～图 9 所示。

(三)稳定性分析

经分析,各级荷载工况下的结构失稳情况如图 10～图 12 所示。

(四)小结

综合以上刚度、强度、稳定性分析,可以较全面地掌握一定荷载工况下结构的表现及需要注意和改进的问题。由于利用有限元软件进行数值模拟时假设材料是均匀的,节点连接也较为理想,而实际的竹材存在材质上的差异,且利用竹材进行构件制作及节点制作时施工质量会有一定差异,无法达到数值模拟中的理想状态,且节点及支座的约束情况与理想情况存在差异,故计算分析结果在宏观上对结构的设计与施工具有较强的指导意义,具体数值可以作为参考。

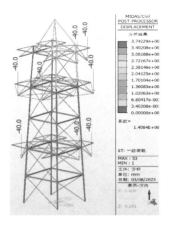

图 7　第一级荷载结构变形图

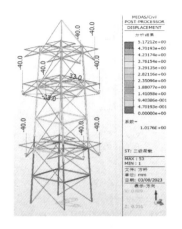

图 8　第二级荷载结构变形图

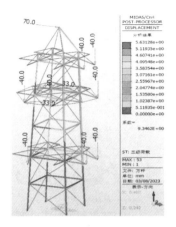

图 9　第三级荷载结构变形图

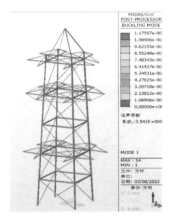

图 10　第一级荷载结构
　　　失稳模态图

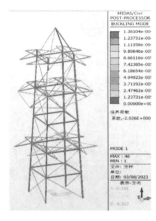

图 11　第二级荷载结构
　　　失稳模态图

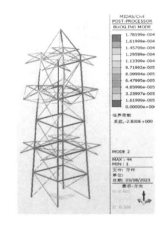

图 12　第三级荷载结构
　　　失稳模态图

四、心得体会

通过参加本届结构设计竞赛,我们对所学理论知识有了更深层次的理解,也提高了运用所学知识解决实际工程问题的能力,充分锻炼了动手能力,更加认识到团队合作的重要性,真切感受到坚持的力量,体会到不断探索、不断精进的乐趣。我们从面对赛题的茫然无措,到后期的各种想法层出不穷。模型从刚开始的粗糙,到后期的精巧。我们经历了一个充满挑战、不断突破自我又特别充实的蜕变过程,经历了失败时的沮丧,也感受到成功时的欣喜。回首备赛的历程,一幅幅画面闪过,我们相信这一路走来的点点滴滴必将成为我们面对未来学业和职业生涯的"精神营养",使我们更加勇于面对挑战,更加乐于用创新思维解决遇到的问题。感谢主办方及相关单位为我们提供了这样的实践锻炼机会和相互交流、学习的平台!感谢学校的培育及指导老师和学长的耐心指导!

南宁职业技术学院 镇冠塔(二等奖)

一、队员、指导教师及作品

参赛队员
林通
吴聪聪
覃继新
指导教师
朱正国
唐誉兴
领队
朱正国

二、设计思想及方案选型

根据赛题,我们设计了三种结构方案。表1列出了三种结构方案的优缺点对比。经过结构稳定性、质量、材料利用率、制作难易程度的对比,综合分析结构的受力情况,最终我们小组确定方案3为模型最终设计方案。

表1 三种方案的优缺点对比

方案对比	方案1	方案2	方案3
结构 示意图			

续表

方案对比	方案1	方案2	方案3
优点	模型中心对称,较容易满足不确定的荷载工况;抗扭、抗倾覆性能好	模型中心对称,较容易满足不确定的荷载工况;主杆稳定性好,抗扭、抗倾覆能力强	总体杆件数量较少,模型中心对称,较容易满足不确定的荷载工况;杆件数量较少,稳定性好,抗扭、抗倾覆能力强
缺点	主杆、檐口横梁容易发生变形、失稳	杆件多,制作时间久,自重较大;平面稳定性较差	对手工要求较高,风险大

三、计算分析

(一)强度分析

经分析,各级荷载工况下的结构受力情况如图1～图3所示。

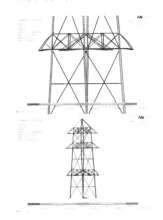 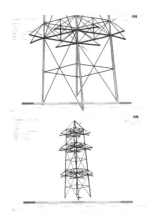 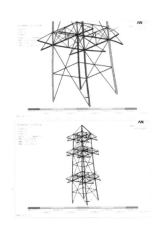

图1 第一级荷载结构应力图　　图2 第二级荷载结构应力图　　图3 第三级荷载结构应力图

(二)刚度分析

经分析,各级荷载工况下的结构变形情况如图4～图6所示。

图4 第一级荷载结构变形图　　图5 第二级荷载结构变形图　　图6 第三级荷载结构变形图

（三）稳定性分析

经分析，各级荷载工况下的结构失稳情况如图7～图9所示。

图7　第一级荷载结构　　　　图8　第二级荷载结构　　　　图9　第三级荷载结构
　　　失稳模态图　　　　　　　　　失稳模态图　　　　　　　　　失稳模态图

四、心得体会

　　通过结构选型、SMSolver 3D 和 ANSYS 结构设计与优化、理论分析、试验研究及精心制作等一系列过程，我们感触颇多。土木工程是一门实践性很强的学科，一名好的结构工程师，会遇到各种各样未知的问题，不仅需要坚实的理论知识作指导，更需要充分考虑实际情况，权衡、优化，综合考虑各方面的因素。结构的深化离不开反复的有限元分析软件模拟及试验。在 SMSolver 3D 软件模拟分析时，我们充分考虑材料的各项性能并将其利用；通过软件分析出结构中受拉、受压、受弯的构件，受拉的部位直接使用竹皮拉条，而受压的部位用竹材杆件；把材料都用到关键的地方，使材料的受力设计到接近其极限状态。试验中我们发现，那些体系简明、受力明确的结构更有可能在复杂外力下胜出。没有人能独自吹出一首交响乐，演奏它需要一个完整的管弦乐队！要在规定时间内，保质保量完成模型制作，将设计变成现实，需要团队集中精力、全力以赴。一个优秀的方案，需要一个配合默契、相互信任的团队来实现。当最终的挑战即将到来时，我们有理由相信，我们将以无畏的姿态走到最后！

长安大学 乘风塔（二等奖）

一、队员、指导教师及作品

参赛队员
饶万泉
万可妮
赵彦波
指导教师
王步
李悦
领队
王步

二、设计思想及方案选型

图 1 为我们初次设计的四柱模型（体系 1），一根柱子连接两个挑檐，挑檐与柱子之间由拉条连接。经过加载发现，在最不利工况加载下，同一根柱子的两个一层挑檐在同时加载时，会让柱子产生大幅形变，针对这个情况，我们在挑檐与柱子的拉条之间连接了横向拉条用于限制柱子的形变。

图 2 为最终的四柱模型（体系 2），主要区别为拉条的增加及装配式的结构，斜拉条增多，有利于限制柱子、柱脚的位移。

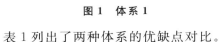

图 1 体系 1

图 2 体系 2

表 1 列出了两种体系的优缺点对比。

表 1　两种体系的优缺点对比

体系对比	体系 1	体系 2
优点	质量小	稳定性较强,刚度较大
缺点	稳定性差,易变形	质量大

三、计算分析

(一)强度分析

经分析,各级荷载工况下的结构受力情况如图 3～图 5 所示。

 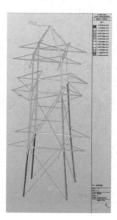 

图 3　第一级荷载结构轴力图　　图 4　第二级荷载结构轴力图　　图 5　第三级荷载结构轴力图

(二)刚度分析

经分析,各级荷载工况下的结构变形情况如图 6～图 8 所示。

图 6　第一级荷载结构变形图　　图 7　第二级荷载结构变形图　　图 8　第三级荷载结构变形图

(三)稳定性分析

经分析,各级荷载工况下的结构失稳情况如图 9～图 11 所示。

图 9　第一级荷载结构 　　　　图 10　第二级荷载结构 　　　　图 11　第三级荷载结构
　　　失稳模态图 　　　　　　　　　 失稳模态图 　　　　　　　　　 失稳模态图

四、心得体会

在早春三月,我们终于满怀期待地迎来了正式的比赛。全国大学生结构设计竞赛对于我们每一位参赛选手都具有重大的意义。我们既可以通过比赛展示对结构的认识和理解,又可以在比赛的过程中锻炼动手能力、团队协作能力,汲取更多的知识与经验。

结构设计大赛为我们提供了一次宝贵的实践机会,正所谓"纸上得来终觉浅,绝知此事要躬行",模型制作和加载是一个检验我们模型设计和制作能力的重要环节。竹材的切割、杆件的制作、节点的连接,每一个步骤都至关重要。在一些步骤中,我们还需要借助合适的辅助工具,比如定位卡纸等物品,使得节点的连接位置更加精确。在不断制作模型的过程中,我们团队每个成员的动手操作能力都获得了一定的提高。

在备赛过程中,从仔细阅读、理解赛题到确定模型结构,从建立模型到实际制作,从模型加载到具体情况分析,我们团队会在不同的环节遇到一些不同的问题。面对层出不穷的问题,我们首先需要耐心地分析问题形成的原因,进而提出改进的具体方案。对于创新设计和解决问题这两个环节,团队合作能力尤为重要。

从设计初期到最后不断加载、反复试验,我们团队始终遵循着三个原则:结构必须在节点加载;在考虑完成承载目标的同时,适当地使用柔性结构来减轻重量;结构应满足赛题要求的塔内部规避区,减少工况组合。在整个过程中,我们认识到实践是检验真理的唯一标准,看似简单的一个模型在设计和制作过程需要投入大量的思考和时间、精力。

结构承载梦想,创新引领未来,经过这次团队合作,我们获益良多,愿获佳绩。

中国人民解放军陆军勤务学院
山东煎饼队之塔(二等奖)

一、队员、指导教师及作品

	参赛队员
	刘文哲
	刘尉中
	仝晓燕
	指导教师
	何小涌
	孙涛
	领队
	孙涛

二、设计思想方案选型

　　模型确定原则:模型制作策略主要有两种,第一种策略考虑到抽取的加载点荷载可能主要集中在一个立柱,而且这个立柱是随机的,因此要加强所有立柱;第二种策略考虑抽取荷载的随机性比较大,认为荷载相对比较分散,可以减小立柱的尺寸。

　　立柱布置方案:从加载方案可知,立柱从底部向上分为三层,底部承受最大的轴力,向上依次减小,因此立柱向上截面可以依次减小,但考虑到带来的制作不便及减重有限,本模型方案采用通常的固定截面立柱。

　　支撑布置方案:由于第一、第二、第三层立柱高度分别为 350 mm、350 mm、200 mm,轴力由下往上减小,在第一、第二层设置双层交叉支撑,第三层设置单层交叉支撑。

　　表 1 为我们设计的三种结构体系的优缺点对比。我们最终选择四立柱模型(交叉支撑)作为参赛方案。

表 1　不同结构体系优缺点对比

体系对比	四立柱模型(交叉支撑)	四立柱模型(单向支撑)	八立柱模型(单向支撑)
优点	刚度大,重量轻	制作容易,重量轻	刚度大
缺点	挑檐控制难	优化难	制作费时费料

　　三种体系模型分别如图 1～图 3 所示。

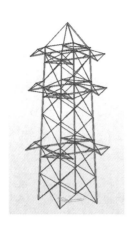
图1 四立柱模型(交叉支撑)

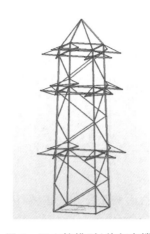
图2 四立柱模型(单向支撑)

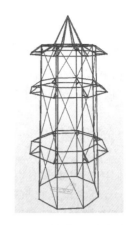
图3 八立柱模型(单向支撑)

三、计算分析

(一)强度分析

经分析,各级荷载工况下的结构受力情况如图4~图6所示。

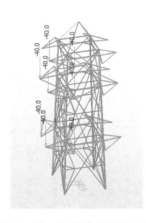
图4 第一级荷载结构应力图

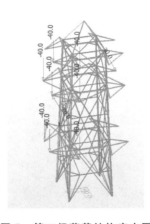
图5 第二级荷载结构应力图

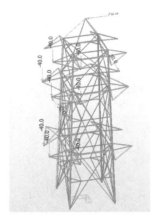
图6 第三级荷载结构应力图

(二)刚度分析

第一级荷载:分析发现,水平侧移主要发生在模型上部,为便于观察,仅给出模型上部在 X 和 Y 方向的变形的数值大小。顶点 X 轴轴向位移为 11.4 mm,顶点 Y 轴水平位移为 7.5 mm,采用勾股定理可知综合水平位移为 13.6 mm。

第二级荷载:分析发现,水平侧移主要发生在模型上部,为便于观察,仅给出模型上部在 X 和 Y 方向的变形的数值大小。顶点 X 轴轴向位移为 8.4 mm,顶点 Y 轴水平位移为 6.9 mm,采用勾股定理可知综合水平位移为 10.9 mm。在扭转荷载作用下,结构整体偏移有所改变。

第三级荷载:分析发现,水平侧移主要发生在模型上部,为便于观察,仅给出模型上部在 X 和 Y 方向的变形的数值大小。顶点 X 轴轴向位移为 15.6 mm,顶点 Y 轴水平位移为 6.6 mm,采用勾股定理可知综合水平位移为 16.9 mm。在顶部水平荷载作用下,结构整体偏移从第二级荷载的 10.9 mm 增大为 16.9 mm,但是对结构整体来说,将近 17 mm 的水平侧移并不大,二阶效应对结构的强度影响不大,即可以不考虑二阶效应对结构承载力的不利影响。

(三)稳定性分析

结构的失稳与加载工况息息相关,我组并没有进行各工况下的稳定性分析,结构的整体稳定是通过前面的强度分析去控制受压应力水平的。从后续实体模型测试发现结构立杆虽然会产生较大的侧向弯曲,但是在最不利工况下并不会发生失稳。

四、心得体会

我们的主要感受有以下几点。

第一,概念设计很重要。前期做好结构概念设计很重要,因此对力学基本功要求较高。做好概念设计意味着模型可以在质量小的情况下高效率进行力的传递。

第二,实践出真知。在做好概念设计的前提下要进行结构精度的控制,精度要求越高,越难一步到位,想到好办法要及时付诸行动,最后进行检测,发现问题再想办法,如此良性循环。

第三,团结一致,合理分工很重要。团结表示组员不能计较个人得失,时刻以团队利益为重。由于制作时间有限,合理分工才会充分利用有限时间而不造成窝工。

东北电力大学　星火燎原塔（二等奖）

一、队员、指导教师及作品

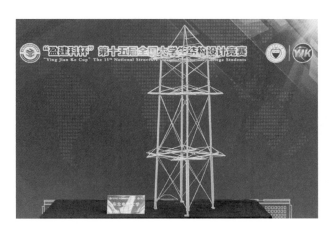

参赛队员

成思程
孙振超
才泽天

指导教师

侯立群
白俊峰

领队

陈榕

二、设计思想及方案选型

根据赛题，我们设计了两种结构方案。

如图1所示，八柱方案中每个柱连接一个挑檐，柱受力不大且明确。八柱组成正八边形，对抗扭较为有利。但八柱方案柱多，节点多，制作较为复杂；另外由于塔竖向为变截面，八柱方案组装难度较大，不易准确定位。

如图2所示，四柱方案中每个柱连接两个挑檐，柱受力较大。但四柱方案结构简单，制作方便，易于定位，精度容易保证。四柱方案节点比八柱方案少，节点基本为正交，处理上比较简单。柱的受力变大以后，截面自然变大，受压稳定性也会提高。

综上所述，最终我们选择采用四柱方案。最终确定的模型结构体系如图3所示。两种方案的优缺点对比如表1所示。

表1　两种方案的优缺点对比

方案对比	八柱方案	四柱方案
优点	每个柱连接一个挑檐，柱受力不大且明确；八柱组成正八边形，对抗扭较为有利	结构简单，制作方便，易于定位，精度容易保证；节点少，基本为正交，处理上比较简单；柱受力变大，截面变大，受压稳定性提高
缺点	八柱方案柱多，节点多，制作较为复杂；塔竖向变截面，组装难度较大，不易准确定位	每个柱连接两个挑檐，柱受力较大

图1 八柱方案

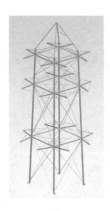

图2 四柱方案

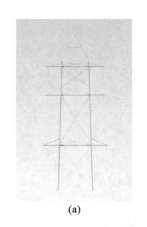

图3 模型图

(a)立面图；(b)轴侧图

三、受力分析

（一）强度分析

经分析，各级荷载工况下的结构受力情况如图4~图6所示。

图4 第一级荷载结构应力图

图5 第二级荷载结构应力图

图6 第三级荷载结构应力图

（二）刚度分析

经分析，各级荷载工况下的结构变形情况如图7~图9所示。

图7 第一级荷载结构变形图

图8 第二级荷载结构变形图

图9 第三级荷载结构变形图

（三）稳定性分析

经分析,各级荷载工况下的结构失稳情况如图 10～图 12 所示。

图 10　第一级荷载结构　　　　　图 11　第二级荷载结构　　　　　图 12　第三级荷载结构
　　　　失稳模态图　　　　　　　　　　　失稳模态图　　　　　　　　　　　失稳模态图

四、心得体会

这次比赛一再延期,每次看到举办时间延期我们三个人心中都有点小小的失落,但是我们从未轻言放弃,我们通过不断磨炼,打磨自身的能力,不断追求细节,精益求精,最后达到了让我们满意的结果。

这是我第一次参加结构设计竞赛,这种需要队友之间配合,并且需要掌握相关专业知识的竞赛使我振奋。只有一个人是无法完成整个作品的,团队合作,是我们成功的一大前提。整个制作过程中我们相互交流意见,顺利解决问题,遇到分歧意见时,由队长进行拍板决定。及时沟通、及时解决才是我们队伍成功的关键。

每一次的加载,都如同自己培养许久的孩子要走上战场,我们不知他是生是死,只能在 10 秒的倒计时中祈祷,祈祷自己的作品可以在加载中幸存。热爱在一次次磨炼中积累,成功也在一次次失败中收获。

这一路走来,我们同甘共苦,竞赛结束,我们友谊不断,从老师到学长,我们感谢每一个在比赛中给予我们支持的人,大家有着相同的目标,为了一个理想共同努力,就好似一个完整的家庭,互相支持,互相协作,互相进步。

在这里我特别感谢我们的指导老师,每天我们一遍遍地提问,他们都不厌其烦地解答,对我们包容得超乎想象。他们在我们每一次加载失败后加以指导,鼓励我们不要气馁,在我们难过时给予我们激励,在我们加载成功时告诉我们不要自满,在我们懒惰时督促我们,而且占用自己时间为我们解答问题。我们经常在周末时打扰老师,老师都给予我们无私的包容。谢谢老师,你们辛苦了! 我们一定不会辜负你们的期望,定将全力以赴!

华北水利水电大学　嵩岳少林(二等奖)

一、队员、指导教师及作品

参赛队员
毛旺
孟禄源
杨博森
指导教师
陈记豪
程远兵
领队
韩爱红

二、设计思想及方案选型

塔顶优化设计:下弦索充分发挥了竹材韧性好的材料优势,塔顶竖杆受弯时,索向下运动将竖向剪力转化为索拉力,产生了类似"悬链线"效应。

塔身层间拉索优化设计:本结构塔身第二、第三层间柱净长均为 310 mm,截面选用闭口薄壁截面,在弯、剪、扭作用下,可视为大柔度杆。

柱脚设计:本届大赛要求模型与竹底板采用自攻螺钉连接,柱脚的工作性能多采用实体仿真方法分析。多尺度分析方法与传统实体仿真分析方法对比见表1。

表 1　节点分析方法对比

节点分析方法	多尺度分析方法	实体仿真分析方法
模型建立	节点实体模型＋整体模型	节点实体模型
边界	实际边界	大部分需要假定边界
荷载	按实际情况输入	将整体分析的结果作为荷载输入
不同单元类型处理	须处理	无须处理

通过对赛题的分析,结合初步加载试验,我们团队设计了如图1所示的结构模型。

图 1   模型三维图

三、受力分析

(一)强度分析

经分析,各级荷载工况下的结构受力情况如图 2～图 4 所示。

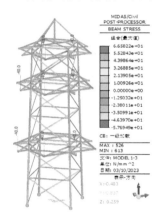
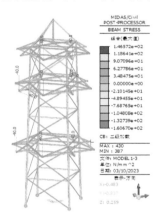
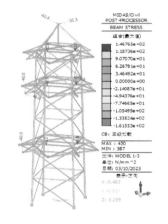

图 2   第一级荷载结构应力图　　图 3   第二级荷载结构应力图　　图 4   第三级荷载结构应力图

(二)刚度分析

经分析,各级荷载工况下的结构变形情况如图 5～图 7 所示。

(三)稳定性分析

经分析,各级荷载工况下的结构失稳情况如图 8～图 10 所示。

四、心得体会

参加全国大学生结构设计竞赛是我们大学生活中最难忘的经历之一。这个竞赛是由教育部、财政部联合批准的全国性学科竞赛项目,旨在培养大学生的创新意识、团队协作和工程实践能力。我们从报名到模型准备,经历了数月的艰苦准备,设计了一个具有创新性的结构模型,并在现场进行了测试和展示。我们不仅收获了知识和技能,还收获了友谊和信心。

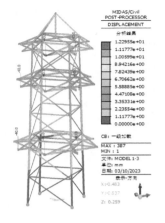

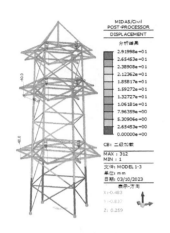

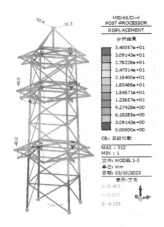

图 5　第一级荷载结构变形图　　　图 6　第二级荷载结构变形图　　　图 7　第三级荷载结构变形图

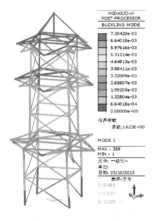

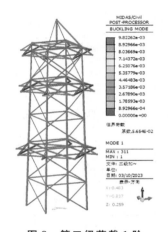

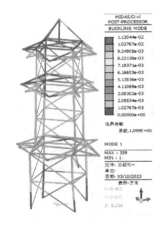

图 8　第一级荷载 1 阶　　　　　图 9　第二级荷载 1 阶　　　　　图 10　第三级荷载 1 阶
　　　　屈曲模态图　　　　　　　　　　屈曲模态图　　　　　　　　　　屈曲模态图

　　参加这次竞赛让我们深刻体会到结构设计的魅力和挑战。结构设计不仅要考虑力学原理、材料特性、施工方法等因素,还要考虑美观性、经济性等因素。结构设计是一门综合性很强的学科,需要多方面的知识和能力。我们在这个过程中不断地学习和进步,也感受到了自己的不足和欠缺。

　　参加这次竞赛也让我们深刻体会到团队合作的重要性和价值。一个好的结构设计需要团队成员之间的相互配合、沟通、协调才能发挥出最佳效果。我们队伍里有不同年级、不同背景的同学,每个人都有自己的优势和特长,也都有自己的想法和看法。我们在一起讨论、交流、互相帮助,共同完成了一个满意的作品。我们在一起欢笑、奋斗、共渡难关,共同经历了一个难忘的旅程。

　　总之,参加全国大学生结构设计竞赛是我们人生中一次非常宝贵的经历,它让我们收获了知识、技能、友情、信心等无价之宝,也让我们对自己未来的发展方向有了更清晰的认识和规划。衷心感谢组织者们为我们提供了这样一个展示自我的平台,也感谢指导老师们为我们提供了无私的指导与支持。

河北工业大学　百廿塔（三等奖）

一、队员、指导教师及作品

参赛队员

孙浩鑫
刘孝天
王靖元

指导教师

陈向上
孔丹丹

领队

郜欣

二、设计思想及方案选型

　　结合从最初备赛到确定国赛选型的整个过程，我们整理出三种具有代表性的体系。

　　体系1主要由箱形杆和实心杆组成，模型整体水平截面为正八边形。该选型考虑木塔的刚度与强度，将一、二层进行了再分层，利用竹皮作为拉杆。该模型节点较多，必须保证节点能有效传力，实现"强节点"，否则容易发生局部因节点破坏而导致整体发生破坏。

　　体系2模型主体基于体系1进行了较大优化，整体水平截面由八边形变为四边形。另外，该体系摒弃了实心连接杆件的使用，同时选用了质量更轻的挑檐压杆，大大减轻了模型的重量。水平截面更改为四边形后，存在一二层单根主杆易失稳导致整个模型垮塌的问题，故一层横梁连接部分采用了桁架结构，以应对第一级加载对模型带来的主杆变形，提高了模型的稳定性。

　　体系3将结构进一步简单化，取消自重较大的桁架结构，将部分压杆替换为拉杆以进一步减轻模型的质量，提高了竹皮和竹条的使用率。同时结合有限元软件分析计算，将一部分受力较小位置处的杆件更换为强度较小但自重更轻的杆件。此模型允许出现一定程度的变形，优化了传力路径，避免了单纯依靠材料截面刚度抵抗外力。

　　表1中列出了三种模型体系在美观、制作工艺、承载能力、抵抗变形能力等方面的优缺点。

表1　选型体系优缺点

体系对比	体系1	体系2	体系3（最终方案）
优点	刚度大，承载力强，加载三级荷载后形变小，具有较高的稳定性，可以应对所有极端工况	相对于体系1有大幅的减重，模型简明，传力路径清晰，一层连杆采用桁架结构，也约束了一、二层主杆的变形，材料使用减少	该结构将部分杆件大幅减重，采用多条拉皮，相对于体系2来说，模型制作简单，质量更小，利用结构的设计优化传力

续表

体系对比	体系1	体系2	体系3(最终方案)
缺点	模型制作所需的杆件较多,制作工序繁杂且很难做到标准化,花费时间很长,材料消耗量大,模型质量过大	模型质量仍然较大,仍有200 g,虽能应对极端工况但形变较大,对于节点考验较大	该模型很多杆件较为脆弱,对制作工艺要求较高,部分杆件强度不够,无法应对特殊工况

各结构体系模型如图1~图3所示。

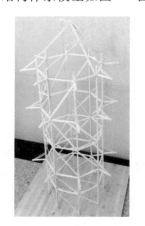
图1　体系1模型

图2　体系2模型

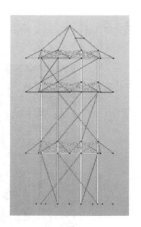
图3　体系3模型

三、受力分析

(一)强度分析

经分析,各级荷载工况下的结构受力情况如图4~图6所示。

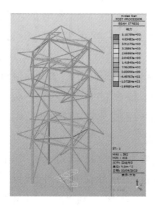
图4　第一级荷载结构应力图

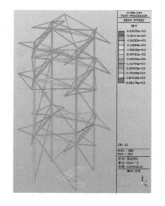
图5　第二级荷载结构应力图

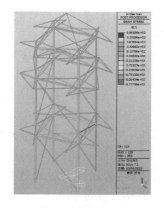
图6　第三级荷载结构应力图

(二)刚度分析

经分析,各级荷载工况下的结构变形情况如图7~图9所示。

四、心得体会

回顾过去一年对于全国大学生结构设计竞赛的参与和投入,我们不禁感慨万千。

 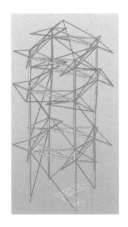 

图 7　第一级荷载结构变形图　　　　图 8　第二级荷载结构变形图　　　　图 9　第三级荷载结构变形图

从赛题公布，经过紧张的区赛角逐，最后到国赛准备，在这个过程中我们付出了太多，无论是时间还是精力。国赛时间经过几次的调整终于尘埃落定，这段时间是煎熬的过程，是探索的过程，是付出的过程，是互助的过程，是快乐的过程，更是收获的过程！其中的酸甜苦辣对于我们来说都是一辈子无法忘怀的！在这里要感谢老师对我们的大力支持，感谢老师们不厌其烦地一次次观看我们的加载，给予意见，帮我们启发思想。

赛题中关于第一级荷载选择的更改为比赛增添了更多的不确定性，关于装配式结构的更改对于我们来说更是一个新的挑战，也为我们冲击更高的排名提供了新的可能。通过模型质量与荷载重量的模拟加载计算，初步确定关于模型荷载选择的方向。我们结合对材料强度的认识，对不同的杆件进行优化，在保证模型坚固轻便的前提下，使其更美观、更新颖，也对各部分杆件强度的运用做到不浪费。

每一次收获的背后都有一段曲折的经历，瓶颈的出现并没有使我们退却，无论成功或失败我们都倍感珍惜。经历过最初一心追求轻质量模型却毫无头绪，经历过临近比赛的几次模拟加载完全失败，经历过因为意见不同发生严重的团队分歧，也经历过两次流感带来的身体上的病痛折磨，但是我们没有一蹶不振，我们仍旧不断探索创新，不断尝试磨合，对于结构的理解越来越深刻，对于杆件的制作变得更加娴熟，这些都为以后的比赛提供了宝贵的思路与经验。

备战国赛的过程中，我们更深刻地体会到理论和实践相结合的重要性，只有具备扎实的专业理论知识才能让我们在这个比赛里、在这个专业上走得更加长远。全国大学生结构设计竞赛不是一个简简单单的"手工赛"，它考验着我们对于专业知识的掌握、对于理论与实践结合的探索，以及不断创新突破的精神。参与竞赛的过程对于我们来说是一个从无到有的过程，如何进行材料试验，如何进行有限元建模分析，如何准确制作模型，我们一点一点地学习，一点一点地感受着成长，从一窍不通到熟练掌握，从次次失败到满载成功，这样的收获就是我们参与竞赛、投入竞赛的真正意义。

在此诚挚的感谢为我们保驾护航的几位指导老师和默默支持的科创工作者，是他们的辛勤付出，让我们在备战全国大学生结构设计竞赛的过程中勇敢向前，拥有了踏上国赛赛场与各高校一决高下的条件。希望经过努力走上赛场的同学们都能守得花开，美好结局如期而至。

吉首大学　天门阁（三等奖）

一、队员、指导教师及作品

参赛队员

魏晋荣
刘杜洋
冯星皓

指导教师

江泽普
卓德兵

领队

江泽普

二、设计思想及方案选型

根据赛题,我们设计了三种结构体系。

体系 1 为四柱三重塔空间桁架结构,如图 1 所示。其主要受力构件主要由承受拉压力的桁架杆组成。第一级竖向荷载由挑檐直接传递给竖向柱,每个柱承受两个挑檐加载点的荷载,传力路径短;第二级扭转荷载通过挑檐直接传递给内部桁架筒,进而传给柱脚基础;第三级水平荷载由顶部桁架直接将力传递给下部柱子。整体受力路径简明,结构布置合理。

体系 2 也属于四柱三重塔空间桁架结构,如图 2 所示。该体系在体系 1 的基础上对结构进一步优化,跟体系 1 的区别一是挑檐位置直接将受压荷载传给柱,受拉荷载经过横杆直接传给下部基础;二是模型安装方位有所调整,第三级荷载主要由一根柱承担;三是由于第三级荷载传于一根柱,柱的内力较大,因此在下面两层进行了加固处理,增强了局部的稳定系。

体系 3 也属于四柱三重塔空间桁架结构,如图 3 所示。该体系在体系 2 的基础上对结构进一步优化,与体系 2 的区别一是第三级水平荷载重新改回压力由两个柱承担,主要考虑方案 2 中单个柱压力过大;二是对三层柱间支撑进行了优化,由于第三级荷载为水平荷载,方向恒定,只需在水平荷载方向设置拉条就可维持结构稳定,优化之后模型质量更小。

表 1 列出了三种体系的优缺点对比。

表 1　三种体系的优缺点对比

体系对比	体系 1	体系 2	体系 3（最终方案）
优点	结构简明,传力清晰,稳定性好,刚度大,变形小	模型质量小,制作方便,可在短时间内完成	模型质量小,传力清晰,受力均匀,质荷比大,稳定性好

体系对比	体系1	体系2	体系3(最终方案)
缺点	模型质量大,结构复杂,不利于制作	构件受力均匀性差,局部柱受力大,变形较大	制作精度要求较高,多余约束较少,容错率低

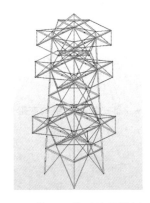  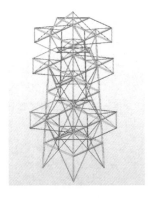

图1 体系1模型结构轴侧图　　图2 体系2模型结构轴侧图　　图3 体系3模型结构轴侧图

三、受力分析

(一)强度分析

经分析,各级荷载工况下的结构受力情况如图4～图6所示。

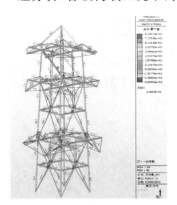 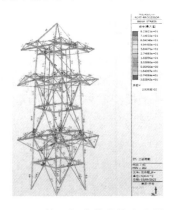 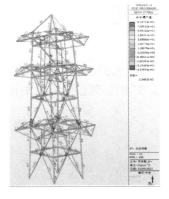

图4 第一级荷载结构应力图　　图5 第二级荷载结构应力图　　图6 第三级荷载结构应力图

(二)刚度分析

经分析,各级荷载工况下的结构变形情况如图7～图9所示。

(三)稳定性分析

经分析,各级荷载工况下的结构失稳情况如图10～图12所示。

四、心得体会

本次三重塔结构设计与模型制作使我们对空间桁架结构的构造及受力有了进一步的理解,而且

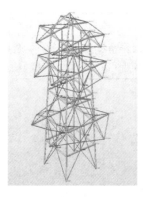 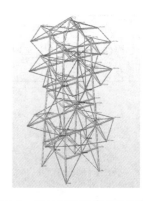 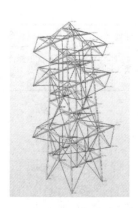

| 图 7 第一级荷载结构变形图 | 图 8 第二级荷载结构变形图 | 图 9 第三级荷载结构变形图 |

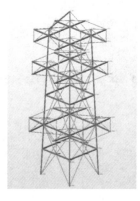 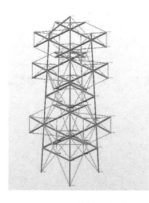 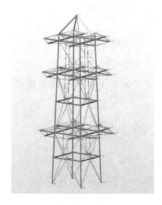

| 图 10 第一级荷载结构 | 图 11 第二级荷载结构 | 图 12 第三级荷载结构 |
| 失稳模态图 | 失稳模态图 | 失稳模态图 |

极大地激发了我们的专业兴趣和创新思维,提高了我们的实践动手能力和团队协作能力,还加强了我们的软件应用能力的锻炼。备赛的整个过程使我们更加明白一个人的努力是不够的,比赛讲究的是一个团队的努力,模型看似很简单,但做起来不是那么简单,需要很多的配合,尤其在处理一些小细节上,需要非常细心。总体来说,要做好一个模型需要细心+耐心+用心。

西安理工大学　星月(三等奖)

一、队员、指导教师及作品

参赛队员
常勋
张毅凡
李松轩
指导教师
潘秀珍
领队
姚文鑫

二、设计思想及方案选型

根据赛题,我们设计了四种结构方案,如图1~图4所示。

方案1:如图1所示,为保证传力路径直接、简单,采取八根柱对应八个角度加载点的设计方案。

方案2:如图2所示,为减少杆件制作及节点处理数量,节省制作时间,减轻模型自重,我们对方案1进行了改进和优化,即采用四根柱对应八个方向加载点的设计思想,并对模型样式进行了修改。

| 图1　方案1模型图 | 图2　方案2模型图 | 图3　方案3模型图 | 图4　方案4模型图 |

方案3:如图3所示,仍采用框架结构和悬挑式加载点,主体结构仍然采用方案2的四柱方案,但

是组装模型时,框架柱不再旋转 45°,箱形截面框架柱、框架梁的截面规格与布置及其他构造措施的设置均不变。

方案 4:仍采用框架结构和悬挑式加载点,主体结构仍采用方案 3 的四柱方案,箱形截面框架柱、框架梁的截面规格与布置及其他构造措施的设置均不变,如图 4 所示。交叉拉条与相邻框架柱连接,可以有效增强其侧向抗拉能力。装配式节点做法同方案 1。

四种方案的优缺点对比如表 1 所示。

表 1 四种方案的优缺点对比

方案对比	方案 1	方案 2	方案 3	方案 4(最终方案)
优点	传力路径简明;模型结构刚度大;整体稳定性好;承载力高;杆件数量多,模型自重大	传力路径简明;杆件数量少;节点数量少,组装难度小;加工杆件省时、省力;模型自重小;装配式节点安装时间短	传力路径简明;杆件数量最少;节点数量最少,组装难度最小;加工杆件省时、省力;模型自重小;装配式节点安装时间短	传力路径简明;杆件数量相对较少;节点数量相对较少,组装难度相对较小;加工杆件省时、省力;模型自重相对较小;装配式节点安装时间短;整体抗侧刚度较大
缺点	加工杆件费时、费力;模型组装时间长;装配式节点安装时间长	加载点位置很难精确定位;节点处理复杂;整体抗侧刚度较小	加载点位置很难精确定位;节点处理复杂;整体抗侧刚度较小	加载点位置很难精确定位;节点处理复杂;模型组装时间略长

三、计算分析

(一)强度分析

经分析,各级荷载工况下的结构受力情况如图 5~图 7 所示。

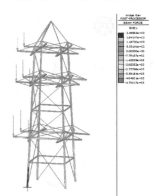 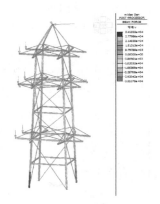

图 5 第一级荷载结构应力图　　图 6 第二级荷载结构应力图　　图 7 第三级荷载结构应力图

(二)刚度分析

经分析,各级荷载工况下的结构变形情况如图 8~图 10 所示。

(三)稳定性分析

经分析,各级荷载工况下的结构失稳情况如图 11~图 13 所示。

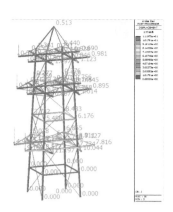

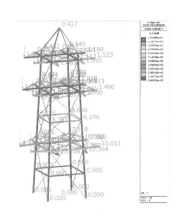

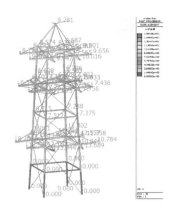

图 8　第一级荷载结构变形图　　　图 9　第二级荷载结构变形图　　　图 10　第三级荷载结构变形图

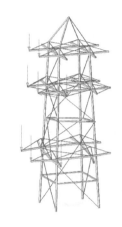

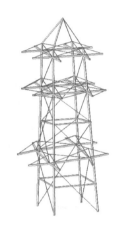

图 11　第一级荷载结构
失稳模态图

图 12　第二级荷载结构
失稳模态图

图 13　第三级荷载结构
失稳模态图

四、心得体会

作为一名当代学生,我们即将成为时代的弄潮儿,成为祖国的建设者。面对突飞猛进、日新月异的科技发展,面对日益激烈的国际竞争,面对机遇与挑战并存的世界环境,我们有责任肩负国家的使命,响应社会的号召,投身于科技与创新的事业中。

我们现阶段的目标就是通过大学期间的刻苦学习和实践,成为一名合格的、对社会有用的技能创新型人才。那么该如何证明自己确实学有所得,如何展示我们大学生的价值呢? 大学生结构设计竞赛无疑给了我们一个很好的平台。在这个平台上,我们可以和不同学校的同学一起学习交流,切磋技能,共同进步。因此非常感谢这次比赛给予我们这么好的机会,通过比赛,我们获得了珍贵的实践机会,证明了我们的能力,也初步体现了我们的价值。

通过参加本次结构设计竞赛,我们对结构设计过程有了更深入的了解,并锻炼了计算建模能力、多荷载工况组合下的结构优化分析能力、复杂空间节点设计安装能力;加深了对结构力学、材料力学、钢结构等课程的理解,加强了专业知识的综合运用能力。在模型的设计和制作过程中,我们不仅对所学的知识有了更进一步的认识,而且提高了自己的动手能力,同时这次比赛还为我们提供了一个深入学习并实际操作建模软件的机会。从这次参加结构设计大赛的过程中我们还真切感受到团队合作的力量及团队合作的快乐,受益良多。

西安交通大学　七宝玲珑黄金塔
（三等奖、最佳创意奖）

一、队员、指导教师及作品

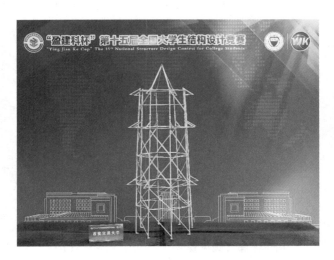

参赛队员

刘雪婷
刘雨琪
屈逸飞

指导教师

韩波
宋丽

领队

韩波

二、设计思想及方案选型

本赛题需要设计一个三层木塔，挑檐处需要承受的力有三层的竖向荷载、第二层的扭转荷载及塔尖水平荷载，要保证结构有足够的强度、刚度和稳定性，不因三级荷载加载发生明显变形和失稳破坏。经过小组成员和老师的综合分析研判，四柱方案根据第一、第二级加载抽签结果有可能出现受力非常集中的情况，且挑檐定位存在一定的制作难度，另外从赛题角度出发，应县木塔为八根柱八边形结构，四根柱四边形结构失去了木塔应有的神韵，与赛题出发点不符。综合以上原因，我们选择了八根柱八边形结构。

（一）节点连接采用榫卯工艺

本次模型在保证加载成功的前提下最大限度减少自重，经过方案比选后决定在节点连接处采用榫卯工艺进行制作。同时，因为本次比赛采用的是竹质材料，具有显著的各向异性。竹材沿纵向具有很好的抗拉强度，而沿横向较易撕裂导致抗拉强度较低。榫卯通过变换受力方向使受力点作用于纵向，可以避弱就强。

（二）杆件截面选择 T 形

杆件截面形式常见的有圆形、工字形、矩形、T 形等。一方面要使杆件具有足够的强度，以保证其能够安全正常地工作；另一方面又要使杆件材料充分发挥其性能，在保证强度、刚度和稳定性的同时节省材料，减轻自重。在杆件的材料、承受的荷载和支承条件都已确定的情况下，优化杆件截面形状能在保证模型满足赛题要求的前提下有效减轻自重。实际制作中，不但要考虑强度、刚度、稳定性，还需要考虑材料用量、竹皮材料特性及不同方案制作的难易程度。圆形杆件难以保证接合处稳固;工字形截面形状复杂,制作较为困难;矩形截面或箱形截面需要使用竹皮,制作不便。综合考虑,杆件可选择 T 形截面,结合榫卯结构,模型制作简便,受力合理,可获得较大的径向抗弯刚度,切向刚度可通过斜拉竹皮得到保证。

(三)竖向构件间采取桁架方式进行连接

考虑到单独的竖向构件抗拉压、扭转和变形的能力不够,容易失稳,我们结合荷载形式,在相邻竖向构件间采用桁架结构连接。第一、第二层斜杆方向设置为从左上到右下,第三层斜杆方向设置为从右上到左下,组成具有三角形单元的空间桁架结构。由于桁架杆件主要承受轴向拉力或压力,本模型充分利用了竹杆件受压和竹皮受拉性能好的材料特性,减轻了模型自重,保证了三级加载对模型的强度要求,并增大了刚度,增强了模型整体和局部的稳定性。

三、计算分析

(一)强度分析

经分析,各级荷载工况下的结构受力情况如图1～图3所示。

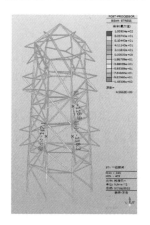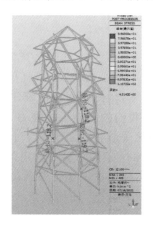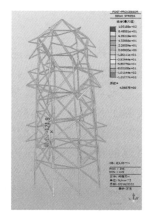

图 1 第一级荷载结构应力图　　图 2 第二级荷载结构应力图　　图 3 第三级荷载结构应力图

(二)刚度分析

经分析,各级荷载工况下的结构变形情况如图4～图6所示。

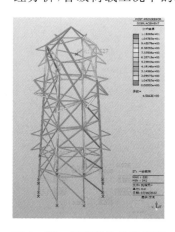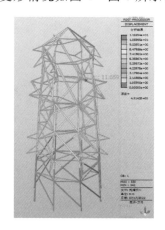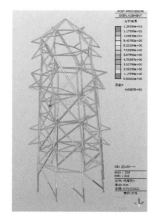

图 4 第一级荷载结构变形图　　图 5 第二级荷载结构变形图　　图 6 第三级荷载结构变形图

（三）稳定性分析

经分析，各级荷载工况下的结构失稳情况如图 7~图 9 所示。

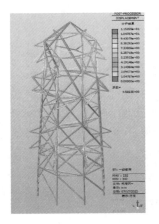

图 7 第一级荷载结构
失稳模态图

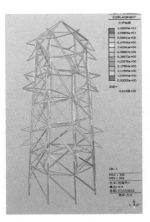

图 8 第二级荷载结构
失稳模态图

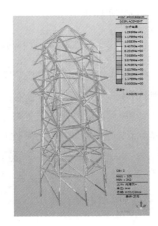

图 9 第三级荷载结构
失稳模态图

四、心得体会

本次结构设计竞赛以应县木塔作为文化背景依托，化繁为简，抽象出三层木塔模型，赛题以中国传统建筑为背景，鼓励结构创新，目标是以最小的质量、最优的结构设计方案通过三级荷载的加载试验。本次比赛将人文底蕴与工科素养相结合，使我们在传统建筑结构之美中得到熏陶，更增强了我们对待实际工程严谨、务实的态度，培养了我们的创新思维能力、实践操作能力和团队协作精神，使我们受益匪浅。在比赛中，我们学会了运用相关软件进行建模，对三层木塔模型的受力和形变进行分析。实际搭建的模型与理论模拟工况有很大的差距，如实际选用的榫卯结构节点与理想的刚节点和铰接点力学模型均具有一定的差异。此外，实际制作中还会遇到很多问题，例如如何将竹皮制成所需尺寸的杆件，如何提高榫卯制作精度以达到严丝合缝，如何用最少的胶水将杆件牢固连接，在模型制作过程中节点连接处如何处理等，都需要在实践中不断摸索、不断总结、不断实践，才能不断解决出现的新问题及面临的新困难。

通过本次竞赛，我们对中国传统文化和中国传统建筑瑰宝有了更深刻的认识，更加坚定文化自信。同时我们也认识到只有将理论与实践相结合，勤思考、勤探索，才能不断突破理论、技术和工艺瓶颈，取得最终模型制作的胜利。

运城职业技术大学　厚实远志塔(三等奖)

一、队员、指导教师及作品

参赛队员

贺世译
李瑞龙
宋瑞杰

指导教师

贾昊凯
赵转

领队

贾昊凯

二、设计思想及方案选型

根据赛题,我们设计了三种结构方案。

方案1:八根柱子布置于八边形的顶点处,挑檐垂直安装在柱边,圈梁分别布置于一层中、一层顶、二层中、二层顶和三层顶。在二层中和二层顶中间采用装配式建筑,上部分杆件直接插入下部分杆件中,并在下部分杆件接口处缠一圈竹皮纸以防杆件劈裂。为提升整体抗扭特性,在柱间安装斜支撑与斜拉条,在挑檐外侧安装拉条。

方案2:将四根柱子布置成正方形,柱间采用Z形支撑,布置于八边形的顶点处,挑檐与柱成一定角度,圈梁分别布置于一层顶、二层中、二层顶及三层顶部。在二层中和二层顶中间采用装配式建筑,上部分杆件直接插入下部分杆件中,并在下部分杆件接口处缠一圈竹皮纸以防杆件劈裂。考虑到第二级荷载为顺时针方向荷载,柱间仅安装顺时针方向斜拉条,考虑到第一级荷载时一层承重较大,一层下部安装小桁架以提升稳定性。

方案3在方案2的基础上进行了优化,柱间采用十字形支撑,以提高结构强度和稳定性。

各方案模型结构如图1所示。

表1列出了三种方案的优缺点对比。我们最终选择方案3为参赛方案。

表1　三种方案的优缺点对比

方案对比	方案1(八根柱子)	方案2(四根柱子,Z形支撑)	方案3(四根柱子,十字形支撑)
优点	最符合应县木塔的原始结构,传力路径清晰,结构刚度较大,单根杆件受力合理,稳定性好	结构设计较为简单,传力路径清晰,制作简单	结构设计较为简单,传力路径清晰,制作简单

续表

方案对比	方案1(八根柱子)	方案2(四根柱子,Z形支撑)	方案3(四根柱子,十字形支撑)
缺点	杆件较多,制作时间相对较长,同时结构自重较大	在极端荷载工况下,柱间Z形支撑强度、稳定性均不足,安全冗余度较低	节点数量少,但是每个节点都较复杂,同时节点受力较大,容易出现节点破坏

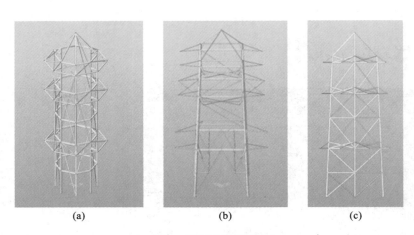

(a)   (b)   (c)

图1　各方案模型结构

(a)方案1;(b)方案2;(c)方案3

三、计算分析

(一)强度分析

经分析,各级荷载工况下的结构受力情况如图2~图4所示。

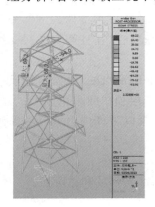　　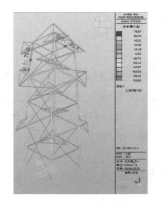　　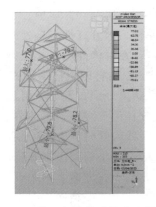

图2　第一级荷载结构应力图　　图3　第二级荷载结构应力图　　图4　第三级荷载结构应力图

(二)刚度分析

经分析,各级荷载工况下的结构变形情况如图5~图7所示。

四、心得体会

很庆幸我们可以参加此次竞赛,和众多高手同台竞技,回想这一路上的点点滴滴感觉很充实。

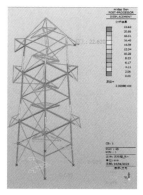
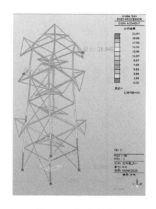
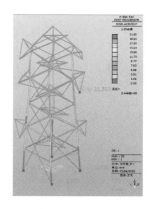

图 5　第一级荷载结构变形图　　　图 6　第二级荷载结构变形图　　　图 7　第三级荷载结构变形图

结构设计竞赛是培养大学生创新能力的重要途径,将两个多月的模型设计,尤其是在实训室的一幕幕仿佛就在眼前,这是令人难忘的一段时光。在这段日子里,我们不懈努力,全身心投入,一个闷热单调的夏天,却是我们充满回忆、受益匪浅的收获季节。

一路走过来,我们从只知道些课本的理论知识,到上培训课、请教老师、上网查资料,再到自己动手实践、摸索,直到加载成功,这是一个美妙的过程。在比赛之前我们收集了很多资料,欣赏了以往的一些优秀作品,最终我们的"远志塔"应运而生,我们的作品构思来源于应县木塔,采用榫卯连接,使作品达到功能与结构的完美统一。刚开始我们遇到了很大的困难,特别是装配式的连接让我们手足无措。但是在两位指导老师的帮助下,我们查参考资料,动手实践,一点一点深入了解,直至成功完成模型。

学习是一个艰难的过程,我们厌烦过,沮丧过,胶水的味道时至今日依旧让我记忆深刻。但学习也是充满激情与快乐的,当解决一个困扰多时的问题或者想到好主意时,我会感到非常兴奋。我相信我们的任何付出都是值得的,只要自己尽力了、努力了,便不去计较结果,相信自己能够做得更好。通过这次比赛,我学到了很多,对我而言,比赛不仅仅是专业技能的提升,更是一种创新能力的提升,要不断充实自己,努力提升自身能力。

这次比赛让我对自己的专业有了更深刻的认识,作为一名土木人,要有高度的责任感和使命感,不断研究创新、前进,不忘初心,牢记使命!

汪国真说过,"既然选择了前方,便只顾风雨兼程"。奋斗是花朵,绽放出光明与希望;自信是果实,回报以芳香与甘甜;成功是落叶,奉献出余热化春泥。行走在过程中,一边试着总结已经走过的路,一边成长,在磨炼中提升自己,在锻炼中奋进。心存远志,意守平常,终成千里!

湖南大学　提摩西小塔(三等奖)

一、队员、指导教师及作品

参赛队员	孙巧巧 艾昱汝 刘炳睿
指导教师	胡揭玄 刘兴彦
领队	张家辉

二、设计思想及方案选型

我们根据杆件的受力情况对模型进行分析,设计了三种结构体系。

体系1:模型最初体系,根据应县木塔做最初设计,八条柱腿,柱采用实心杆件以抗剪、抗压,柱间交叉竹皮用于抗拉,杆件受力情况较复杂,模型效率较低。

体系2:根据受力将原本八条柱腿简化为四条柱腿,柱子上非正对的力被设计为相对作用力,模型杆件受力情况得到优化,模型效率提高。

体系3:根据计算结果及模型实际加载情况对模型杆件进行加固,增加竹皮以限制模型扭转变形。

体系1模型结构如图1所示。体系2模型结构如图2所示。体系3模型结构如图3所示。

表1列出了三种体系的优缺点对比。

表1　三种体系的优缺点对比

体系对比	体系1	体系2	体系3
优点	模型简单,无特殊手工要求;分层拼装,杆件较短,制作容易	模型只有四条柱腿,质量较小;各杆件间受力合理,加载时杆件变形较小	模型整体强度较高
缺点	模型制作时间长且质量较大;加载时杆件变形较大	模型杆件制作手工要求高,制作速度慢;空心竹杆件加载时易被剪断且模型扭转变形较大	节点、杆件制作要求高

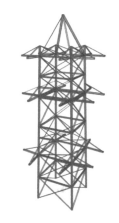

图 1　体系 1 模型结构图　　　图 2　体系 2 模型结构图　　　图 3　体系 3 模型结构图

三、计算分析

(一)强度分析

经分析,各级荷载工况下的结构受力情况如图 4～图 6 所示。

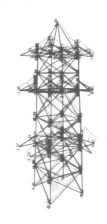
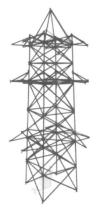

图 4　第一级荷载结构应力图　　　图 5　第二级荷载结构应力图　　　图 6　第三级荷载结构应力图

(二)刚度分析

经分析,各级荷载工况下的结构变形情况如图 7～图 9 所示。

图 7　第一级荷载结构变形图　　　图 8　第二级荷载结构变形图　　　图 9　第三级荷载结构变形图

四、心得体会

(一)队员:孙巧巧

从 2022 年 4 月准备大学生结构设计竞赛省赛到最终参加国赛,中间将近一年,其间我们经历了队内人员更换,也感受过模型一次次垮塌的难受和压力。杆件强度不够、节点粘贴不够牢固、结构变形太大……在正式比赛之前我们几乎踩遍所有的"坑",也很庆幸最后的模型在我们的"拯救"下算得上"满意"。

在这漫长的过程中我的收获是协调、包容、承担和友谊。非常庆幸新组建的队伍中的我们如此合拍,也很感谢赛前准备中大家的齐心协力。

(二)队员:艾昱汝

通过参加比赛,我学习了一些结构知识,也提高了团队协作能力。这次参赛的经历是一段难忘的记忆。

(三)队员:刘炳睿

冬去春来,转眼已经是备战结构设计竞赛的第二年了。回想近一年来,惊喜总伴随轻巧的竹材一并翻飞,自信也曾同幼稚的结构一齐坍圮。暌违不败坚持与期待。你好,国赛!

青海民族大学 塔中塔(三等奖)

一、队员、指导教师及作品

参赛队员

罗国绪
马成海
王春晖

指导教师

张韬
李双营

领队

张韬

二、设计思想及方案选型

根据赛题,我们提出以下两个方案。

方案 1:八柱主体,刚性连接,节点处双层加固,多设抗压杆件。

方案 2:八柱主体,挑檐翘起斜三角连接,各层采用 Z 形斜杆相连。

方案 1 模型平面尺寸从下往上逐渐收缩,均取规则允许的最大间距,使得结构的高宽比达到了最小,最大限度减少了荷载引起的结构倾覆,每层杆件斜杆交叉放置,上层通过直杆与下层连接;方案 2 保持平面尺寸不变,使得八根长柱为单独整体,提高了斜梁的稳定性和强度。

表 1 列出了两种方案的优缺点对比。

表 1 两种方案的优缺点对比

体系对比	方案 1	方案 2(最终方案)
优点	模型结构复杂,稳定	模型结构简单,组装耗时少
缺点	杆件较多,自重大	杆件较少,组装要求高,易失稳

模型结构方案 1 如图 1 所示。模型结构方案 2 如图 2 所示。

三、计算分析

(一)强度分析

经分析,各级荷载工况下的结构受力情况如图 3~图 5 所示。

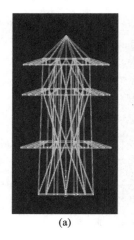
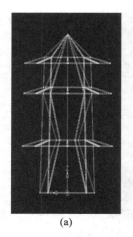

图 1　方案 1 示意图

（a）立面图；（b）轴侧图

图 2　方案 2 示意图

（a）立面图；（b）轴侧图

图 3　第一级荷载结构应力图　　图 4　第二级荷载结构应力图　　图 5　第三级荷载结构应力图

（二）刚度分析

经分析，各级荷载工况下的结构变形情况如图 6～图 8 所示。

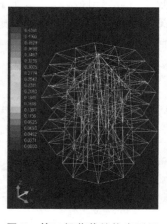
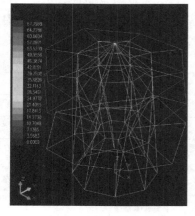

图 6　第一级荷载结构变形图　　图 7　第二级荷载结构变形图　　图 8　第三级荷载结构变形图

（三）稳定性分析

经分析，各级荷载工况下的结构失稳模态情况如图 9～图 11 所示。

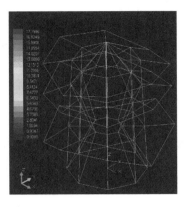

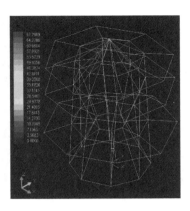

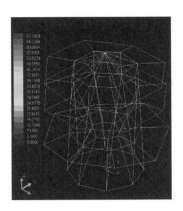

图 9　第一级荷载结构　　　　图 10　第二级荷载结构　　　　图 11　第三级荷载结构
　　　失稳模态图　　　　　　　　　失稳模态图　　　　　　　　　失稳模态图

四、心得体会

在制作模型的过程中我们发现使用不同的方法制作的杆件其力学性能有很大的差距，经过初步试验得到一些经验性的结论，如粘胶的含水量、上胶的方式、杆件的干燥方式和时间等都是重要的影响因素。如何有效选择构件尺寸参数和提高粘接工艺引起了我们的兴趣，我们继续深入研究，力求得到结论。比赛需要的是一个结构，而不是简单的构件。很多时候窥一斑未必可以见全豹。我们从比赛前 5 个月直到计算书提交，一直无法聚到一起操作，横在我们面前的障碍是一个人如何把构件连接到一起。因材料不足、无法聚集，我们的模型只能在图纸上演示，无法实操，只能根据所学的知识，总结出一些需要测试的材料性能，比如抗拉强度，再借用工程力学实验中心做简单的实验。针对测试得到的数据，我们尝试使用 SAP2000 建模。建立一个模型基本上要三四天，而且由于材料的性能过于离散，分析方法与实际模型差距过大，计算的结果只有受力后结构的应力分布情况，具体数值完全没法分析，我们又一次走了弯路。在此期间我们研究了很多东西，比如模型的合理简化、超静定问题的手算解法、高阶常微分方程的解法等。回顾这段时间的学习，在老师的帮助下我们提高了理论知识水平，并且认识到结构设计的重要性。在今后的工作中，我们应当将理论与实践相结合，努力提高自己的专业水平，尽自己的力量为社会做出贡献。

中国农业大学 四平八稳(三等奖)

一、队员、指导教师及作品

参赛队员

高邯
高阳
白佳豪

指导教师

许晶
庄金钊

领队

梁宗敏

二、设计思想及方案选型

从体系 1 改进到体系 3 的过程中,软件计算模型质量减轻 120 g 左右,实际模型质量减轻 150 g 左右,结构的传力路径更加合理,材料的耗费逐步降低,制作工艺逐渐简化,节点的处理愈发娴熟。表 1 列出了三种体系的优缺点对比。

表 1 三种体系的优缺点对比

体系对比	体系 1	体系 2	体系 3
优点	外观保守,结构较为坚固,强度大,刚度大,变形小	外观轻盈,传力合理,强度足够,刚度适中,有适当柔度,加载时产生内力重分布,增加了受力结构对主体的传力	结构整体质量得到进一步控制,保留了结构整体刚度,增加了张拉结构比例,制作难度得到一定程度降低
缺点	重量偏大,强度、刚度均有冗余,很多杆件受力作用小	可靠度不高	极端荷载情况下结构可靠度不高

最终选用模型结构体系 3,如图 1 所示。

三、计算分析

(一)强度分析

经分析,最不利工况下结构受力情况如图 2 所示。

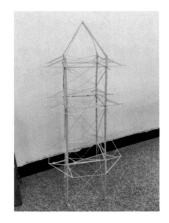

图 1　模型结构体系 3

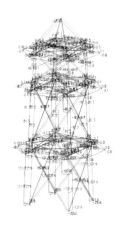

图 2　最不利工况下结构应力图

(二)刚度分析

经分析,各级荷载工况下的结构变形情况如图 3～图 5 所示。

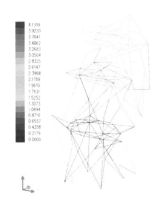

图 3　第一级荷载结构变形图

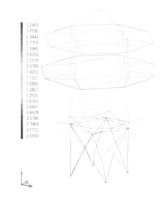

图 4　第二级荷载结构变形图

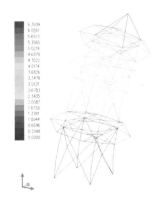

图 5　第三级荷载结构变形图

(三)稳定性分析

经分析,各级荷载工况下的结构失稳模态情况如图 6～图 8 所示。

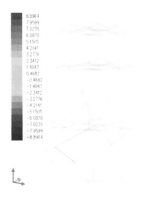

图 6　第一级荷载结构
　　失稳模态图

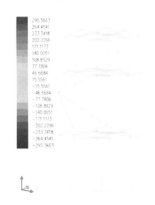

图 7　第二级荷载结构
　　失稳模态图

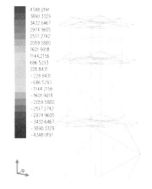

图 8　第三级荷载结构
　　失稳模态图

(四)小结

软件计算结果显示,结构内力分布合理,变形在允许范围内,实际质量预计比计算质量大30～50 g。从计算结果可以看出,结构承载力达到要求,刚度也在可接受范围内,斜撑失稳问题比较严重,需要引起重视。节点仍需进一步优化,保证实际模型能按计算模型的传力方式进行传力,对细节处理精准度要求高。

四、心得体会

综合强度、刚度、稳定性分析,可得出以下结论。

在模型制作过程中,挑檐、梁、柱三个构件受压较大,对刚度的要求极高,在达到加载荷载之前绝不能先失稳;由于柱间斜撑变形较大,制作时可适当减小柱间斜撑截面积以忽略压力,从而多利用竹材的抗拉性能,防止突然失稳导致脆断;柱脚需要有一定的抗拔能力,与柱身的连接处需要处理妥当,可适当增加粘接面积;关键节点处需要加固和刨平顶紧,拉杆粘接面积需要足够大以保证传力效果;挑檐的空间位置难以确定,需要制作辅助工具;柱子有一定斜度需要精准调整;部分构件的材料使用量存在冗余,可优化分析受力情况,进一步减轻模型质量。

河南大学　智启塔(三等奖)

一、队员、指导教师及作品

参赛队员
黄少健
王琳浩
张国政
指导教师
孔庆梅
宋晓
领队
孔庆梅

二、设计思想及方案选型

根据赛题,我们设计了三种结构体系。

体系 1:八立柱结构,正八边形平面,如图 1 所示。

体系 2:四立柱结构,正方形平面,如图 2 所示。

体系 3:三立柱结构,三角形平面,图略。

图 1　体系 1 示意图

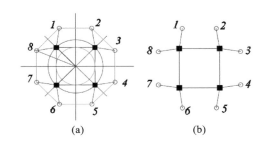

图 2　体系 2 示意图

(a)模型平面构型思路;(b)最终模型平面

表 1 列出了三种结构体系的优缺点对比。我们最终选择体系 3 作为参赛方案。

表1 三种体系的优缺点对比

体系对比	体系1	体系2	体系3
优点	结构外形及内部空间优美,满足模型要求;力流简明,挑檐与主体结构连接直接,便于传力	承重柱较少,在满足内外空间尺寸要求和挑檐结构的前提下,材料利用率较高	立柱少,竖向承重体系用材量最少
缺点	承重柱过多,用材多	外形和内部空间尺寸不易满足赛题要求,挑檐结构与主体结构的连接较难解决	外形和内部空间尺寸很难满足赛题要求,挑檐结构与主体结构的连接较为复杂,用材多

三、计算分析

(一)强度分析

经分析,各级荷载工况下的结构受力情况如图3～图5所示。

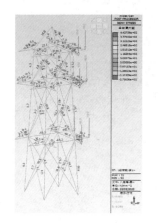
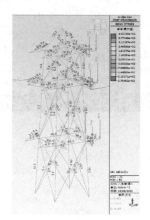
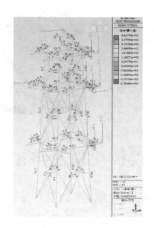

图3 第一级荷载结构应力图　　图4 第二级荷载结构应力图　　图5 第三级荷载结构应力图

(二)刚度分析

经分析,各级荷载工况下的结构变形情况如图6～图8所示。

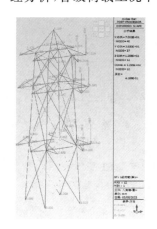
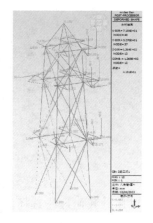
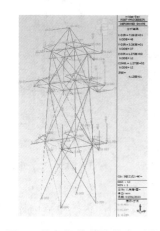

图6 第一级荷载结构变形图　　图7 第二级荷载结构变形图　　图8 第三级荷载结构变形图

（三）稳定性分析

经分析,各级荷载工况下的结构失稳模态情况如图9～图11所示。

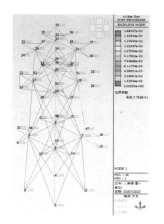

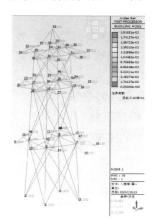

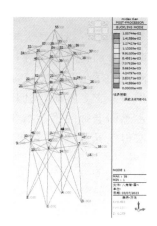

图9 第一级荷载结构 　　　　图10 第二级荷载结构 　　　　图11 第三级荷载结构
　　　失稳模态图 　　　　　　　　　失稳模态图 　　　　　　　　　失稳模态图

（四）小结

综合以上强度、变形(位移)及稳定性分析,可知三级加荷时,若第一级荷载产生的弯矩方向与第三级荷载弯矩方向相同,将产生最大内力、变形和稳定性问题;若方向不同,则较为均衡。同时要注意弯矩沿垂直于第三级荷载弯矩方向的最大弯矩的不利影响。第一工况产生的效应最大,最不利,第二、三、四工况依次减小,第四工况效应最小。同时要注意模型结构,即便满足第三级加载要求,也要注意第一级和第二级加载,因为部分杆件的内力最大值可能大于第三级加载值。

模型制作过程中要注意以下较为突出的问题。

首先,挑檐受压构件截面强度和刚度需要提高,可采用加大根部约束、增大截面尺寸和端部节点约束的方法;其次,立柱强度和刚度需要提高,可增大截面尺寸;再次,要解决结构整体弯曲变形,同时有不同程度的扭转变形的问题,尤其要解决好扭转变形问题。结构整体变形影响整体强度、刚度和稳定性,可通过加强X撑方式控制其变形。

四、心得体会

大学生结构设计竞赛是培养大学生创新意识、合作精神和工程实践能力的学科性竞赛,为高等学校开展创新教育和实践教学改革、加强高校与企业间的联系、推动学科创新活动起到积极示范作用。

在这段时间的赛前准备中,我们几乎将全部的课余时间投入模型制作中,每天重复着杆件制作、拼装、建模。在这一过程中,我们付出了很多,也收获了很多,为了实现自己的目标而不懈努力。

从最初的一次次练习到现在的参加比赛,我们深知制作模型是枯燥的,也是快乐的。我们重复尝试一个个尺寸,为了一毫一克争论不休,用实际行动去找到最为合适的尺寸。这一过程中,有过因为尺寸过小而导致的结构一次次破坏,心中的压抑难以释放,但是,当找到那个最小临界尺寸时,我们发现原来这么长的时间没有白费,心中满是欣慰。在一个个模型的制作过程中,我们的思想相互碰撞,如何做出选择是我们讨论的重中之重。参赛过程中有过模型破坏的失落,也有过成功加载的喜悦,我们带着这些经验一直走下去,我们知道,这就是结构设计的魅力所在。反思模型失败的原因,总结成功的经验,寻找更为合适的结构尺寸,就这样,我们一路前行,相互配合,合理分工,为了完成比赛贡献自己的力量,在一次次挑战中不断完善模型,最终找到我们认为的最优结构与尺寸。

这次比赛其实也是所学知识的实际应用,增强了我们对专业知识的学习兴趣,使得我们对专业知识有了更加深入的理解。我们觉得做模型最重要的就是团队的配合,我们一同探索,共同进步,在结构设计方面取得更大的成功。我们用近一年的时间准备这个比赛,当别人早早回寝室的时候,我们还在继续琢磨结构,在他人眼里可能会感到很辛苦,但是,当我们做出的模型抗住荷载的那一瞬间,身为一名工程类学科的学子所体验到的那种自豪感,无以言表。

参加第十五届全国大学生结构设计竞赛使我们感到十分充实、十分快乐,能够代表学校、代表全省的队伍参加比赛,是我们最大的荣幸。通过这次比赛,我们不仅可以认识更多新朋友,而且还能与其他院校的学生相互交流,汲取他人的优点。

作为一支参赛队,我们特别感谢组委会,特别感谢学校给予的机会,让我们能够体验到这个过程,同时也感谢老师的悉心指导和队友们的相互陪伴、共同努力。希望我们能够不辜负老师的期望,在国赛中取得优异的成绩,在更大的舞台上展现自我!

北方民族大学 揽月塔(三等奖)

一、队员、指导教师及作品

参赛队员
陈昌能
唐家俊
侯建伟
指导教师
马肖彤
陆华
领队
马光明

二、设计思想及方案选型

我们根据赛题,对采用的结构采取以下措施:一是通过最不利荷载情况下的受力情况进行局部加强;二是加强结构的整体刚度来抵抗扭转。

在结构定型之前我们考虑了多种结构形式,通过建模分析和实体建模相结合的方式依次提出多种方案并分别进行优化设计,表1列出了我们设计的三种结构体系。

表1 三种结构体系优缺点对比

体系对比	体系1(八柱模型)	体系2(桁架模型)	体系3(四柱模型)
优点	结构强度高,稳定性好	整体刚度大	质量小,制作简便
缺点	质量大,制作烦琐	模型加工费时	局部破坏容易导致整体失稳

在三种模型同等受力的情况下,我们选择体系3进行制作,在遇到临时突发情况时,对模型进行微调和局部加固。

图1为我们根据体系3设计的几种模型方案,最终选择方案3参赛。

三、计算分析

(一)强度分析

经分析,各级荷载工况下的结构受力情况如图2~图4所示。

(a)　　　　　　　(b)　　　　　　　(c)

图 1　模型方案图

(a)方案 1；(b)方案 2；(c)方案 3

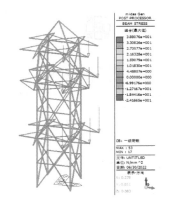 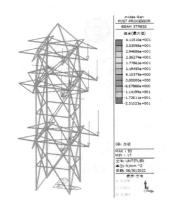 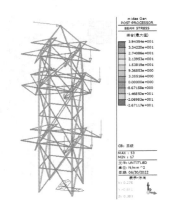

图 2　第一级荷载结构应力云图　　**图 3　第二级荷载结构应力云图**　　**图 4　第三级荷载结构应力云图**

（二）刚度分析

经分析，各级荷载工况下的结构变形情况如图 5～图 7 所示。

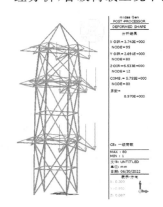 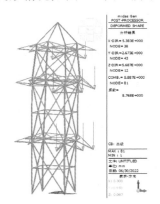 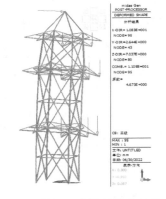

图 5　第一级荷载结构变形图　　**图 6　第二级荷载结构变形图**　　**图 7　第三级荷载结构变形图**

（三）稳定性分析

经分析，各级荷载工况下的结构失稳模态情况如图 8～图 10 所示。

（四）小结

（1）本结构主要是利用 4 个支承柱承受挑檐竖向荷载传递的力和力矩，再通过水平环梁和柱间支

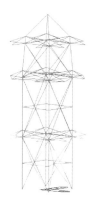 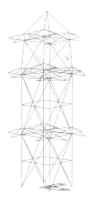 

图 8 第一级荷载结构 　　　　图 9 第二级荷载结构 　　　　图 10 第三级荷载结构
　　　失稳模态图 　　　　　　　　失稳模态图 　　　　　　　　失稳模态图

撑增强结构的整体稳定性。

（2）本结构利用竹材组成的组合截面的抗拉性能及抗压性能来抵抗竖向荷载和水平荷载,并在截面外部涂抹胶水进行外部局部加强,以增加构件的整体刚度。

（3）根据分析的结论,我们选择完全对称的结构形式,并设置 4 个支承柱。在柱之间设置支撑,可以增强整体结构的稳定性和抗扭能力。杆件之间相交时,节点通过端点延伸竹条粘接,并在节点处撒竹皮粉末,以及裹最薄的竹皮,用胶水加固,大大提高了节点强度。

四、心得体会

很荣幸能够参加这次的结构设计大赛,这无疑是一次充满考验和挑战的有趣之旅!

自从拿到赛题开始,我们就全身心地投入对“三重木塔结构模型设计与制作”的研究中。在此过程中,我们对课本上的知识真正进行了运用,多方查找资料,不知不觉中学到很多新知识,而且加强了团队意识。从校赛到区赛再到国赛,我们制作了多个模型,每一次加载试验都牵动着我们的心,我们不停地试,不停地改,希望能做出一个方案最佳、轻质高强的模型。这个过程中不仅有队员们的不懈付出,还有老师们的支持与鼓励;不仅有试验成功后的激动,还有结构坍塌后的失落。然而,不论这个过程中我们究竟经历过什么,总有诸多收获刻骨铭心。

如果用一句话总结,那就是“这段岁月、这份收获,我终生难忘”。

在这里要特别感谢我们的指导老师,以及帮助我们的其他老师和同学,由于你们的指导和鼓励,我们得到了很大的进步,我们喜欢并享受这个过程!

在此也向竞赛主办方和组委会致以诚挚的谢意,祝大学生结构设计竞赛越办越成功!

伊犁师范大学　金胡杨塔(三等奖)

一、队员、指导教师及作品

参赛队员
向太航
张强
李青松
指导教师
张建鹏
弋鹏飞
领队
张建鹏

二、设计思想及方案选型

　　我们最初的模型挑檐为倒"U"形,由于制作时采用竹皮与杆件镶嵌过于烦琐,所以在试验过程中摒弃了这个体系。

　　模型准备后期,挑檐由镶嵌变为包裹,参赛时我们选择了这个体系。

　　表 1 列出了模型演变的过程。

表 1　模型体系对比

体系对比	前期体系	后期体系
优点	挑檐强度高	挑檐强度适中,制作方便
缺点	制作烦琐	有稍微变形

　　前期模型结构体系如图 1 所示。后期模型结构体系如图 2 所示。

三、计算分析

(一)强度分析

　　经分析,各级荷载工况下的结构受力情况如图 3～图 5 所示。

(二)刚度分析

　　经分析,各级荷载工况下的结构变形情况如图 6～图 8 所示。

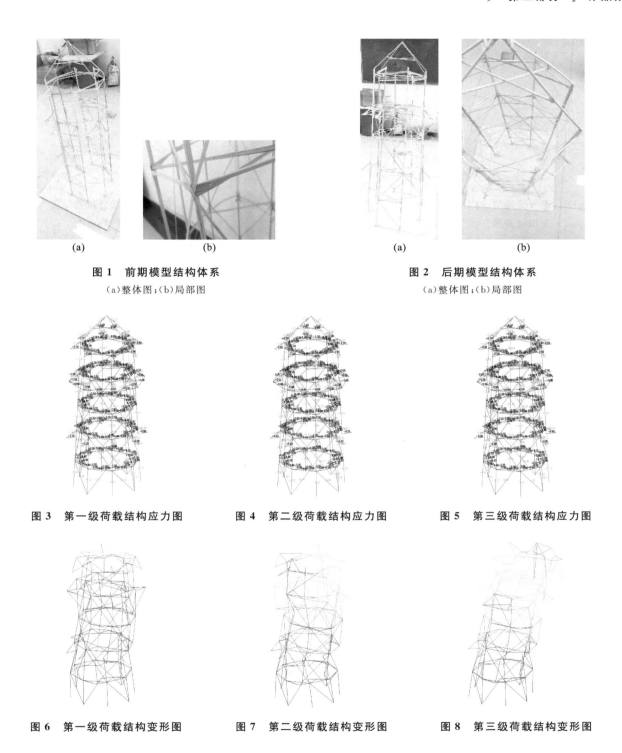

图 1 前期模型结构体系
(a)整体图;(b)局部图

图 2 后期模型结构体系
(a)整体图;(b)局部图

图 3 第一级荷载结构应力图 图 4 第二级荷载结构应力图 图 5 第三级荷载结构应力图

图 6 第一级荷载结构变形图 图 7 第二级荷载结构变形图 图 8 第三级荷载结构变形图

（三）稳定性分析

经分析,各级荷载工况下的结构失稳模态情况如图 9~图 11 所示。

四、心得体会

今年我们团队三个人第一次接触结构设计竞赛,面对这项比赛,从一开始懵懵懂懂,到后面逐渐了解,再到最后能熟练完成本次比赛,我们三个人的一次又一次合作,也让我们三个人越来越有默契。

对于本次的结构设计,我们开始觉得很简单,但是我们在第一次的制作过程中,就遇到很多小问

图 9 第一级荷载结构   图 10 第二级荷载结构   图 11 第三级荷载结构

        失稳模态图   失稳模态图   失稳模态图

题。刚开始我们还没有进入状态,每当出现问题,我们都很焦躁,甚至想到放弃。但在一步步参赛的过程中,我们一步一步慢慢来,最终找到了状态,我们也因此懂得了耐心是一个人成功的必备条件!

在这次结构设计竞赛中,虽然不能说我们团队没有任何摩擦,但是在整个过程中,我们非常享受大家在一起工作的过程。在不断改善结构的过程中,我们上网查资料及翻阅相关书籍,不断地摸索、测试,发现问题、解决问题,在老师的帮助下一步一步地正确理解问题,终于完成了本次结构设计。虽然比赛结束了,但是我们总觉得自己的知识储备不足,学无止境,以后还要更加努力地学习。

在本次的结构设计竞赛中,我们不仅培养了团队合作、独立思考、动手操作的能力,在其他能力上也都有了提高。更重要的是,我们学会了很多学习的方法,要面对社会的挑战,只有不断学习、实践,再学习、再实践。这对于我们的将来也有很大的帮助。以后,不管有多苦,我们都能变苦为乐,找寻其中有趣的事情,发现其中珍贵的事情,艰苦奋斗。相信我们都可以在本次比赛结束之后变得更加成熟,勇于面对需要面对的事情。

贵阳学院 博雅方塔(三等奖)

一、队员、指导教师及作品

参赛队员
丁天丰
杨昌运
陶禹
指导教师
伍廷亮
孟碟
领队
伍廷亮

二、设计思想及方案选型

根据赛题,我们设计了三种结构体系。

体系 1 主要部分采用 6 mm×6 mm×0.7 mm 空心矩形截面柱,挑檐采用 6 mm×6 mm×0.5 mm 的空心格构式结构。拉条均采用 2 mm×2 mm 或 3 mm×3 mm 刨薄竹条。体系 1 的质量为 263 g。

体系 2 采用 7 mm×7 mm 矩形截面柱,斜支撑采用 2 mm×2 mm 截面竹条,挑檐采用 3 mm×3 mm 截面竹条,顶部采用两根 3 mm×3 mm 截面的竹条拼接。体系 2 的质量为 239 g。

体系 3 在体系 2 的基础上进行了优化,质量更轻。

表 1 列出了三种结构体系的优缺点对比。选用体系 3 作为最终方案,模型结构体系 3 如图 1 所示。

表 1 三种体系优缺点对比

体系对比	体系 1	体系 2	体系 3
优点	结构形式较简单,质量较轻,结构较稳	质量轻,充分利用竹材抗拉强度和构件截面优势	质量轻,结构稳定,外形优美
缺点	形式单一,材料不能完全发挥自身优势,有多余承载力,制作耗费时间,易产生节点破裂	容易失稳,节点处理有难度,制作工艺要求高,节点破裂更易发生	制作复杂,材料不能发挥自身全部性能

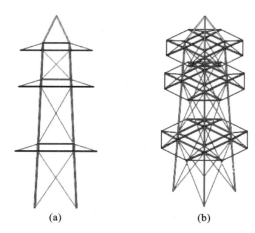

图 1　体系 3 模型示意图

(a)立面图;(b)轴侧图

三、计算分析

(一)强度分析

经分析,各级荷载工况下的结构受力情况如图 2~图 4 所示。

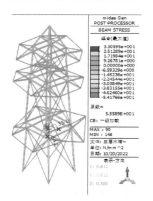 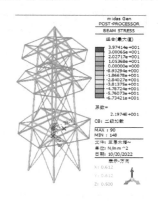 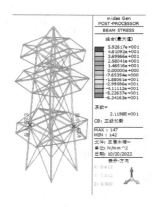

图 2　第一级荷载结构应力云图　　**图 3　第二级荷载结构应力云图**　　**图 4　第三级荷载结构应力云图**

(二)刚度分析

经分析,各级荷载工况下的结构变形情况如图 5~图 7 所示。

(三)稳定性分析

经分析,各级荷载工况下的结构失稳模态情况如图 8~图 10 所示。

四、心得体会

在参加大学生结构设计竞赛前,我和队员们从没有接触过这种竞赛,不知如何下手,也没有太多的构思,而且我们在组队的时候也出现了许多问题。随着模型制作工作的推进,各种琐碎的小问题不断地出现,甚至有一瞬间我想过放弃。但是看着队友们半夜还在不断改进设计方案,思考解决问题的办法时,再想想当时我们决定要参加比赛时的雄心壮志,就会默默给自己加油打气,只要我们相信自

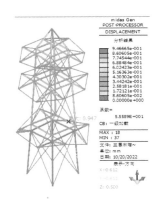

图 5　第一级荷载结构变形图

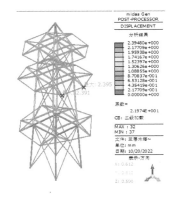

图 6　第二级荷载结构变形图

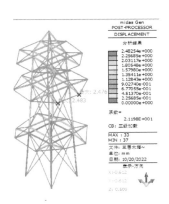

图 7　第三级荷载结构变形图

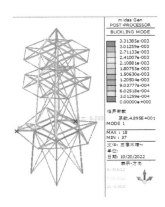

图 8　第一级荷载结构
　　　失稳模态图

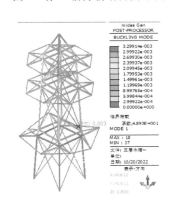

图 9　第二级荷载结构
　　　失稳模态图

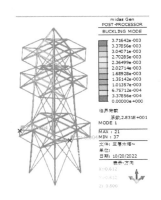

图 10　第三级荷载结构
　　　　失稳模态图

己,我们一定能行。在模型制作过程中让我印象最深刻的一次是我们做出模型后发现挑檐位置错误,加上临近比赛时间紧张,也没有多的材料重新完成一个新的模型,于是我们自己购买材料,加班加点赶紧修改方案,终于把新修改的模型搭建出来。结果在进行底座固定时,因为没有考虑全面,我们量出的尺寸与实际有一些出入,导致整根柱的位置有微小变形。那个时候这真的像是一盆冷水泼到了我们头上,当时队友们都累到了极点,但还是没有一句气馁的话,马上分析出现的问题,重新分配任务,同时学习别人的经验用砂纸把竹棍磨出竹粉,粘贴在容易变形的部位以及柱与柱交接的地方。在模型搭建的过程中,大家从一窍不通到配合成熟,并且彼此鼓励,团结协作。我们会为了第一个模型的成功搭建而欢呼雀跃,就像看自己培养起来的孩子一样。模拟加载成功时候大家都很高兴,制作过程的烦恼辛酸与劳累全都抛之脑后,期待着我们的模型在赛场上大放异彩的时刻。很感谢我的队友,他们负责、有责任心,每次需要他们的时候总是会准时到场,会默默地完成自己分配到的任务。我们小组取得的成绩都是队员们一起努力的结果,是因为想赢得信念在支持着我们,这次的结构设计大赛让我体会到我们最终获得的不仅仅是成绩,更多的是通过比赛发现自身的不足,学会团队合作、沟通与包容,开阔眼界,提升格局。

南昌航空大学 超级铁塔(三等奖)

一、队员、指导教师及作品

参赛队员

高一点
夏楠铃
王盈

指导教师

吕辉
范亚坤

领队

吕辉

二、设计思想及方案选型

本次比赛我们设计了两种结构体系。

体系 1 利用两个竹片和两根小竹棒作为塔的实心柱子,挑檐为工字形,以 T 形结构作为每一层的支撑结构。

体系 2 利用竹皮包卷为塔柱,以 T 形结构作为挑檐和每一层的支撑结构。

表 1 列出了两种体系的优缺点。

表 1 两种体系的优缺点对比

体系对比	体系 1	体系 2
优点	结构整体抗压强度较好,工字形抗拉强度较好	质量较小
缺点	质量较大,挑檐粘贴难度较大,杆件数量多导致结构自身很重	抗压强度、抗拉强度较小,挑檐粘贴难度较大,对柱子的要求性较高

最终选用模型结构体系 2,如图 1 所示。

三、计算分析

(一)强度分析

经分析,挑檐结构受力情况及第二级、第三级荷载情况如图 2～图 4 所示。

(a)   (b)

图 1　体系 2 示意图

(a)立面图;(b)轴侧图

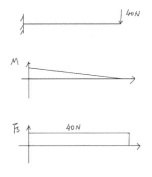

图 2　挑檐结构的受力情况

图 3　第二级荷载示意图

图 4　第三级荷载示意图

(二)刚度分析

经分析,各级荷载工况下的结构变形情况如图5~图7所示。

图 5　第一级荷载结构变形图

图 6　第二级荷载结构变形图

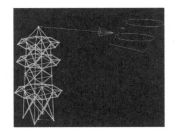

图 7　第三级荷载结构变形图

(三)稳定性分析

经分析,各级荷载工况下的结构失稳模态情况如图8~图10所示。

图 8　第一级荷载结构变形图

图 9　第二级荷载结构变形图

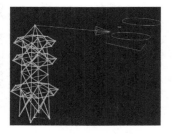

图 10　第三级荷载结构变形图

四、心得体会

　　参加全国大学生结构设计竞赛是一段充满挑战的成长经历。通过这次比赛,我们不仅对结构设计有了更深刻的理解,也在实践中获得了宝贵的经验。

　　根据竞赛规则要求,我们先在软件上做好尺寸,并从模型制作的材料抗压特性、抗扭特性、抗拉特性和静力加载大小要求等方面出发,结合节省材料、经济美观、承载力强等要求,采用比赛提供的材料精心设计制作了实心四柱塔状结构模型。

　　经过各种理论计算、结构设计、模型制作、方案对比,我们敲定了最终的模型方案。模型主要承受分散作用的竖向集中静荷载、扭转荷载和水平荷载。竖向荷载相对容易满足,扭转荷载对结构抗扭能力要求较高,而水平荷载对结构的抗失稳能力要求较高。在确保模型安全的前提条件下,也需要对模型的变形进行控制。

　　我们设计的模型结构是三重木塔结构,木塔由三层结构及锥形塔顶组成,每层外部含八个挑檐,主要测试其抗压、抗拉及抗扭转能力。塔身形状为长方体,塔顶为四棱锥状,柱子为四根实心柱,以满足刚度要求;挑檐采用工字形结构,满足拉伸和扭转要求;塔顶采用双柱和厚竹片结构,以满足水平荷载要求;节点采用木屑增加接触面积,用胶水加固,使其更加牢固。

　　比赛过程中,我们遇到了许多挑战,比如设计方案的可行性、材料的选择、施工方法的可行性等。面对这些挑战,我们采取了积极的态度,逐一分析问题的根源,寻找解决方案。例如,在遇到结构稳定性问题时,我们修改设计方案并增加支撑结构,确保了最终设计的安全性和稳定性。这些经历让我学会了如何在压力下冷静思考,找到解决问题的有效方法。

　　通过这次结构设计大赛,我们提高了结构设计能力和团队合作能力。结构设计不仅是解决一个技术问题,更是一个综合运用知识和经验的过程。在未来,希望能将这次比赛的经验应用到实际工作中,不断探索和创新,为结构设计领域的发展贡献自己的力量。

上海师范大学 四方塔（三等奖）

一、队员、指导教师及作品

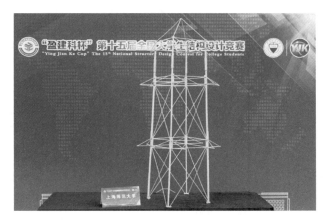

参赛队员

黄宇凌

左书铫

王文天

指导教师

王晋平

刘嘉涵

领队

陈旭

二、设计思想及方案选型

根据赛题，我们研讨了两个结构体系，两个体系主体结构均采用桁架体系，运用三角形稳定性原理，通过增加斜杆数量来增加模型稳定性，内截面为正方形外接一个八边形，但柱的支撑方式不同。

体系 1 外边界为八边形且仅在外边界设置杆件，柱之间用两个杆件相交做支撑。

体系 2 外边界为八边形且仅在外边界设置杆件，柱之间按顺时针方向布置一个杆件做支撑。

表 1 列出了两种体系优缺点对比。

表 1 两种体系优缺点对比

体系对比	体系 1（最终方案）	体系 2
优点	稳定性强	质量小，杆件较简单
缺点	质量大	抵抗荷载能力较差

模型结构体系 1 如图 1 所示。模型结构体系 2 如图 2 所示。

三、计算分析

(一)强度分析

经分析，各级荷载工况下的结构受力情况如图 3～图 5 所示。

(二)刚度分析

经分析，各级荷载工况下的结构变形情况如图 6～图 8 所示。

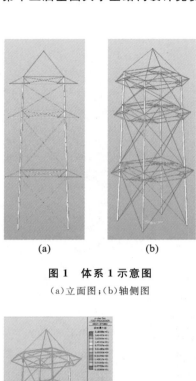

(a)　　　　(b)

图1　体系1示意图

（a）立面图；（b）轴侧图

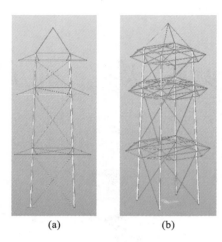

(a)　　　　(b)

图2　体系2示意图

（a）立面图；（b）轴侧图

图3　第一级荷载结构应力图

图4　第二级荷载结构应力图

图5　第三级荷载结构应力图

图6　第一级荷载结构变形图

图7　第二级荷载结构变形图

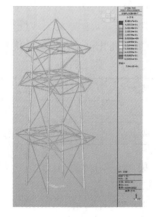

图8　第三级荷载结构变形图

（三）稳定性分析

经分析，各级荷载工况下的结构失稳情况如图9～图11所示。

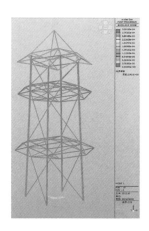

图 9　第一级荷载结构
　　　失稳模态图

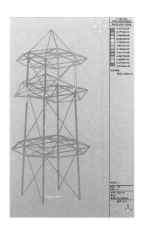

图 10　第二级荷载结构
　　　　失稳模态图

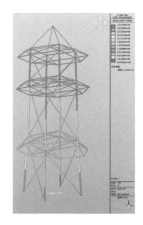

图 11　第三级荷载结构
　　　　失稳模态图

四、心得体会

　　在本次竞赛中，我们队伍各方面的素质都得到了有效锻炼和提高。我们不仅对相关软件掌握得更熟练，而且对结构也有了更深入的理解，创新能力、动手实践能力、分析和解决问题的能力也得到了充分地锻炼和提升。这是一次很有价值的经历。

第四部分

竞赛资讯

2015—2022 年全国大学生结构设计竞赛简介

第一届全国大学生结构设计竞赛

承办高校:浙江大学
举办时间:2005 年 6 月 2 日—6 月 6 日
参赛高校:26 所
参赛队伍:49 支
竞赛题目:高层建筑结构模型设计与制作
题目简介:要求用组委会指定材料,模型应包括上部结构部分和基础部分。

上部结构高度为 1000±10 mm,层数不得少于 7 层,模型的上部结构及基础形式不限,但须考虑通风、采光和承受竖、侧向荷载及固定模型等要求。

奖项设置:特等奖 1 项,一等奖 5 项,二等奖 10 项,三等奖 15 项,最佳创意奖 1 项,最佳制作奖 1 项,优秀组织奖 6 项。

第二届全国大学生结构设计竞赛

承办高校:大连理工大学
举办时间:2008 年 10 月 22 日—10 月 25 日
参赛高校:46 所
参赛队伍:47 支
竞赛题目:两跨两车道桥梁模型的制作和移动荷载作用的加载试验
题目简介:各参赛队须用统一发放的材料制作一个桥梁的模型,竞赛中模型质量越轻,而成功承受在其上进行平移运动的物体越重,则胜出。

奖项设置:一等奖 6 项,二等奖 12 项,三等奖 14 项,最佳创意奖 1 项,最佳制作奖 1 项,优秀组织奖 10 项。

第三届全国大学生结构设计竞赛

承办高校:同济大学
举办时间:2009 年 11 月 24 日—11 月 28 日
参赛高校:58 所
参赛队伍:59 支
竞赛题目:定向木结构风力发电塔的设计与制作
题目简介:要求学生采用木材制作发电机塔架及风机叶片,通过评判结构重量、刚度、发电功率等多方面得分来确定名次。

奖项设置:特等奖 2 项,一等奖 6 项,二等奖 12 项,三等奖 18 项,最佳创意奖 1 项,最佳制作奖 1 项,优秀组织奖 10 项。

第四届全国大学生结构设计竞赛

　　承办高校：哈尔滨工业大学

　　举办时间：2010 年 11 月 12 日—11 月 15 日

　　参赛高校：71 所

　　参赛队伍：72 支

　　竞赛题目：体育场看台上部悬挑屋盖结构

　　题目简介：要求学生采用桐木条或者桐木板制作体育场看台上部悬挑屋盖结构模型，通过在悬挑屋盖上加竖向静荷载和风荷载的方式考核各队模型的刚度和承载力，再综合计算书、结构选型与模型质量、现场表现等多方面得分来确定名次。赛题要求权衡重量和刚度的平衡，通过结构形式创新得到一个理想的平衡点。

　　奖项设置：特等奖 1 项，一等奖 9 项，二等奖 16 项，三等奖 22 项，最佳创意奖 1 项，最佳制作奖 1 项，优秀组织奖 15 项。

第五届全国大学生结构设计竞赛

　　承办高校：东南大学

　　举办时间：2011 年 10 月 20 日—10 月 23 日

　　参赛高校：73 所

　　参赛队伍：74 支

　　竞赛题目：带屋顶水箱的竹质多层房屋结构

　　题目简介：竞赛模型为多层房屋结构模型，采用竹质材料制作，具体结构形式不限。模型包括小振动台系统、上部多层结构模型和屋顶水箱三个部分，模型的各层楼面系统承受的荷载由附加铁块实现。小振动台系统和屋顶水箱由承办方提供，水箱通过热熔胶固定于屋顶，多层结构模型由参赛选手制作，并通过螺栓和竹质底板固定于振动台上。

　　奖项设置：特等奖 1 项，一等奖 8 项，二等奖 16 项，三等奖 22 项，最佳创意奖 1 项，最佳制作奖 1 项，特邀高校杰出奖 4 项，优秀组织奖 16 项。

第六届全国大学生结构设计竞赛

　　承办高校：重庆大学

　　举办时间：2012 年 10 月 23 日—10 月 26 日

　　参赛高校：85 所

　　参赛队伍：86 支

　　竞赛题目：吊脚楼建筑抵抗泥石流、滑坡等地质灾害

　　题目简介：针对西南地区山地特色建筑结构吊脚楼，考虑泥石流、滑坡对建筑结构造成的危害，进行建筑结构的抗冲击模拟。结构采用竹皮作为基本制作材料，要求制作一座 1 米高的结构模型承受冲击荷载，模型最终分数由模型质量、承载重量、结构加速度三个因素决定，赛题难度较往届有所提高。

　　奖项设置：特等奖 1 项，一等奖 9 项，二等奖 17 项，三等奖 26 项，最佳创意奖 1 项，最佳制作奖 1 项，特邀高校杰出奖 1 项，优秀组织奖 15 项。

第七届全国大学生结构设计竞赛

承办高校：湖南大学

举办时间：2013 年 11 月 27 日—11 月 30 日

参赛高校：96 所

参赛队伍：97 支

竞赛题目：设计并制作一双竹结构高跷模型，并进行加载测试

题目简介：本届竞赛的主题为"竹高跷结构绕标竞速比赛"，要求参赛队用竹片薄板制作净高 265 毫米的高跷结构，既要能承受运动员的体重静载，又要能承受运动员在 20 米赛道上来回绕标竞赛时受到的拉、压、弯、剪、扭的复杂受力组合。测试分静、动态两个环节，静态测试为参赛选手穿上该队制作的竹高跷模型，双脚静止站立于地磅称重台上，计算选手总重除以模型重量；动态测试要求参赛选手穿着竹高跷按规定路线绕标跑或走，计算到达终点的时间。

奖项设置：特等奖 1 项，一等奖 10 项，二等奖 19 项，三等奖 29 项，最佳创意奖 1 项，最佳制作奖 1 项，特邀高校杰出奖 2 项，优秀组织奖 15 项。

第八届全国大学生结构设计竞赛

承办高校：长安大学

举办时间：2014 年 9 月 17 日—9 月 20 日

参赛高校：101 所

参赛队伍：102 支

竞赛题目：三重檐攒尖顶仿古楼阁结构模型制作与抗震测试

题目简介：本届赛题结合西安十三朝古都的历史文化背景，要求参赛队利用新型竹制材料制作三层楼阁仿古建筑。竞赛模型采用竹质材料制作，包括一、二、三层构架及一、二层屋檐，模型柱脚用热熔胶固定于底板之上，底板用螺栓固定于振动台上。模型制作材料、小振动台系统和模型配重由承办方提供。各代表队围绕赛题进行模型的制作、加载，同时比赛引入模拟地震作用作为模型的测试条件。

奖项设置：特等奖 1 项，一等奖 10 项，二等奖 20 项，三等奖 31 项，最佳创意奖 1 项，最佳制作奖 1 项，优秀组织奖 15 项。

第九届全国大学生结构设计竞赛

承办高校：昆明理工大学

举办时间：2015 年 10 月 14 日—10 月 18 日

参赛高校：109 所

参赛队伍：110 支

竞赛题目：手工与 3D 打印设计制作、装配山地桥梁结构模型，并进行现场抗震测试

题目简介：赛题以纪念抗战胜利 70 周年为背景，选定对我国在抗日战争期间有着非凡意义的生命线——滇缅公路作为命题对象。赛题要求参赛队伍将山地桥梁结构设计、工程实际情况、手工与 3D 打印装配等理论技术相结合，将自己设计制作的两段桥梁模型与给定的山体模型紧密搭接起来，在总重量为 150～400 g 的两段桥面上加载 2 kg、4 kg 的模型小车。

奖项设置：特等奖 1 项，一等奖 10 项，二等奖 23 项，三等奖 34 项，最佳创意奖 1 项，最佳制作奖 1 项，优秀组织奖 20 项。

第十届全国大学生结构设计竞赛

承办高校：天津大学
举办时间：2016 年 10 月 13 日—10 月 17 日
参赛高校：124 所
参赛队伍：125 支
竞赛题目：大跨度屋盖结构
题目简介：改革开放以来，大跨度空间结构的社会需求和工程应用逐年增加，空间结构在各种大型体育场馆、剧院、会议展览中心、机场候机楼、铁路旅客站及各类工业厂房等建筑中得到了广泛的应用。赛题以此为背景，要求参赛选手设计并制作在一定的挠度要求范围内，顶层承受空间均布荷载的大型屋盖结构。
奖项设置：特等奖 1 项，一等奖 14 项，二等奖 26 项，三等奖 39 项，最佳创意奖 1 项，最佳制作奖 1 项，优秀组织奖 25 项。
以上十届全国大学生结构设计竞赛从创建竞赛体系到组织实施均为 1.0 版。

第十一届全国大学生结构设计竞赛

承办高校：武汉大学
举办时间：2017 年 10 月 18 日—10 月 22 日
参赛高校：107 所
参赛队伍：108 支
竞赛题目：渡槽支承系统结构设计与制作
题目简介：结合现实水资源国情，以渡槽支承系统结构为背景，通过制作渡槽支承系统结构模型并进行输水加载试验，共同探讨输水时渡槽支承系统结构的受力特点、设计优化和施工技术等问题。
奖项设置：特等奖 1 项，一等奖 11 项，二等奖 22 项，三等奖 32 项，最佳创意奖 1 项，最佳制作奖 1 项，优秀组织奖 22 项，特邀杰出奖 1 项。
本届首次实行全国大学生结构设计竞赛与各省（市、自治区）分区赛两个阶段，创新了竞赛体系 2.0 版。经全国大学生结构设计竞赛秘书处统计，共计 506 所高校、1182 支参赛队参加各省（市、自治区）大学生结构设计竞赛秘书处组织的分区赛。

第十二届全国大学生结构设计竞赛

承办高校：华南理工大学
举办时间：2018 年 11 月 7 日—11 月 11 日
参赛高校：107 所
参赛队伍：108 支
竞赛题目：承受多荷载工况的大跨度空间结构模型设计与制作
题目简介：题目要求学生针对静载、随机选位荷载及移动荷载等多种荷载工况下的空间结构进行受力分析、模型制作及加载试验。此三种荷载工况分别对应实际结构设计中的恒荷载、活荷载和变化方向的水平荷载，根据模型试验特点进行简化。
奖项设置：特等奖 1 项，一等奖 11 项，二等奖 21 项，三等奖 32 项，最佳创意奖 1 项，最佳制作奖 1 项，高校优秀组织奖 27 项，全国和各省（市、自治区）秘书处优秀组织奖 10 项、特邀杰出奖 2 项、突出贡献奖 4 项。

经全国大学生结构设计竞赛秘书处统计,共计 542 所高校、1236 支参赛队参加各省(市、自治区)大学生结构设计竞赛秘书处组织的分区赛。

第十三届全国大学生结构设计竞赛

承办高校:西安建筑科技大学

举办时间:2019 年 10 月 16 日—10 月 20 日

参赛高校:110 所

参赛队伍:111 支

竞赛题目:山地输电塔模型设计与制作

赛题简介:赛题要求用竹材设计并制作一个山地输电塔模型,模型上设置有低挂点和高挂点,用于悬挂导线和施加侧向水平荷载,模型柱脚用自攻螺钉固定于竹制底板上。荷载施加分三级,第一、二级加载为挂线荷载,第三级加载为施加侧向水平荷载。竞赛分阶段采用两轮抽签的方式进行,并首次引入材料和时间利用效率得分。

奖项设置:特等奖 1 项,一等奖 17 项,二等奖 33 项,三等奖 44 项,最佳创意奖 1 项,最佳制作奖 1 项,高校优秀组织奖 33 项,全国和各省(市、自治区)秘书处优秀组织奖 8 项,突出贡献奖 4 项。

经全国大学生结构设计竞赛秘书处统计,共计 579 所高校、1146 支参赛队参加各省(市、自治区)大学生结构设计竞赛秘书处组织的分区赛。

第十四届全国大学生结构设计竞赛

承办高校:上海交通大学

举办时间:2021 年 10 月 13 日—10 月 17 日

参赛高校:111 所

参赛队伍:112 支

竞赛题目:变参数桥梁结构模型设计与制作

赛题简介:本届赛题以承受竖向静力和移动荷载的桥梁结构为对象,首次在全国竞赛现场通过在赛题中加入部分待定参数,赋予赛题更多的灵活性与应变性,同时增加现场设计环节,强调对未来卓越工程师综合能力的全面要求。分区赛如采用本套赛题,可在赛题中对部分或全部待定参数进行调整和删减,适当降低赛题难度。

奖项设置:特等奖 1 项,一等奖 18 项,二等奖 35 项,三等奖 45 项,最佳创意奖 1 项,最佳制作奖 1 项,高校优秀组织奖 34 项,全国和各省(市、自治区)秘书处优秀组织奖 13 项,突出贡献奖 6 项,承办高校突出贡献奖 1 项,企业冠名单位和支持竞赛单位突出贡献奖 4 项。

经全国大学生结构设计竞赛秘书处统计,共计 550 所高校、1148 支参赛队参加各省(市、自治区)大学生结构设计竞赛秘书处组织的分区赛。

第十五届全国大学生结构设计竞赛

承办高校:太原理工大学

举办时间:2023 年 3 月 22 日—10 月 26 日

参赛高校:110 所

参赛队伍:111 支

竞赛题目:三重木塔结构模型设计与制作

赛题简介:应县木塔是我国现存唯一的纯木结构楼阁式古塔,建筑宏伟高大,设计精妙,外形稳重庄严,历经近千年的风雨沧桑仍巍然矗立,堪称天下奇观,是世界木结构建筑之典范,与意大利比萨斜塔、巴黎埃菲尔铁塔并称"世界三大奇塔"。本次题目模型以三重木塔结构为基本单元,要求参赛者针对竖向荷载、扭转荷载及水平荷载等多种荷载工况下的空间结构进行受力分析、模型制作及加载试验。

奖项设置:特等奖 1 项,一等奖 40 项,二等奖 56 项,三等奖 114 项,最佳创意奖 1 项,最佳制作奖 1 项,突出贡献奖 6 项,高校优秀组织奖 45 项,承办高校突出贡献奖 1 项,企业冠名和支持单位奖 7 项。

经全国大学生结构设计竞赛秘书处统计,共计 514 所高校、1209 支参赛队参加各省(市、自治区)大学生结构设计竞赛秘书处组织的分区赛。

献礼党的二十大，竞赛再创新局面
——2023 年第十五届全国大学生结构设计竞赛纪实与总结

在党的二十大顺利召开、全国两会刚刚结束的关键节点上，由中国高等教育学会工程教育专业委员会、教育部高等学校土木工程专业教学指导分委员会、中国土木工程学会教育工作委员会和教育部科学技术委员会环境与土木水利学部主办，太原理工大学承办的"盈建科杯"第十五届全国大学生结构设计竞赛于 2023 年 3 月 22 日—3 月 26 日在山西太原顺利举行。

一、竞赛纪实

1. 分区赛机构

2022 年继续实行各省（市、自治区）分区赛与全国竞赛两阶段进行，由各省（市、自治区）竞赛秘书处推进分区赛组织机构的联系与落实，成立由各省（市、自治区）教育厅主办的省（市、自治区）大学生结构设计竞赛组织委员会及秘书处，并列入各省（市、自治区）高校大学生学科竞赛项目。

2. 竞赛文件

全国大学生结构设计竞赛委员会秘书共制定和发布了 12 个竞赛文件，包括：《关于组织 2022 年第十五届全国大学生结构设计竞赛的通知》（结设竞函〔2022〕01 号）；《关于调整全国大学生结构设计竞赛获奖比例的通知》（结设竞函〔2022〕02 号）；《关于公布 2022 年全国"盈建科杯"第十五届全国大学生结构设计竞赛题目的通知》（结设竞函〔2022〕03 号）；《关于高校大学生结构设计竞赛项目评价通报和推进网站建设等通知》（结设竞函〔2022〕04 号）；《关于举办"盈建科杯"第十五届全国大学生结构设计竞赛的通知》（结设竞函〔2022〕05 号）；《关于推迟举办 2022 年"盈建科杯"第十五届全国大学生结构设计竞赛的通知》（结设竞函〔2022〕06 号）；《关于公布 2022 年第十五届全国大学生结构设计竞赛参赛高校的通知》（结设竞函〔2022〕07 号）；《第十五届全国大学生结构设计竞赛的补充通知》（结设竞函〔2022〕08 号）；《关于再次推迟举办 2022 年"盈建科杯"第十五届全国大学生结构设计竞赛的通知》（结设竞函〔2022〕09 号）；《关于组织第十五届全国大学生结构设计竞赛报到和食宿安排等通知》（结设竞函〔2022〕10 号）；《关于公示第十五届全国大学生结构设计竞赛获奖名单的通知》（结设竞函〔2022〕11 号）；《关于公布第十五届全国大学生结构设计竞赛获奖名单的通知》（结设竞函〔2022〕12 号）。各省（市）竞赛秘书处根据相关竞赛文件精神和具体安排，指导并协调分区赛承办高校做好各项组织工作，制定了相关实施方案和竞赛通知等文件，如期完成了分区赛，为后续全国竞赛的举办奠定了良好基础。

3. 竞赛题目

2022 年"盈建科杯"第十五届全国大学生结构设计竞赛的题目由全国竞赛承办高校太原理工大学命题，经全国大学生结构设计竞赛专家委员会审定后最终确定为"三重木塔结构模型设计与制作"。

全国竞赛承办高校太原理工大学针对赛题具体内容，共对外发布了 3 个相关的通知文件，包括：竞赛题目（1 月 21 日发布）、竞赛题目（全国总决赛版）（8 月 12 日发布）、竞赛补充通知（10 月 26 日发布）。

4. 组织管理

全国竞赛秘书处、各省(市、自治区)竞赛秘书处和承办全国、省(市、自治区)竞赛高校秘书处是组织实施全国和省(市、自治区)分区赛的组织机构,各秘书处工作明确,各司其职,相互协调,互联互动,确保竞赛组织工作落实到位。全国大学生结构设计竞赛专家委员会主任金伟良教授及竞赛秘书处毛一平、丁元新于2021年7月16日赴全国竞赛承办高校太原理工大学,与太原理工大学校领导及相关职能处室负责人进行了充分交流与沟通,商讨并落实了第十五届全国竞赛的各项组织工作。

5. 分区赛

2022年4—7月各省(市、自治区)竞赛秘书处制定竞赛文件与通知,组织实施分区赛。全国竞赛秘书处不定期与31个省(市、自治区)竞赛秘书处进行对接与交流,共同商讨分区赛中的各项工作。经统计,各省(市、自治区)竞赛秘书处组织的分区赛共有514所高校参加,参赛队伍达1209支。

6. 全国竞赛

受多种因素的影响,经全国大学生结构设计竞赛秘书处慎重研究决定,原定于2022年10月12日—10月16日举办的第十五届全国大学生结构设计竞赛推迟至2023年3月22日—3月26日举办,本届全国竞赛共有110所高校、111支参赛队参赛。

7. 竞赛环节

全国竞赛期间,3月23日下午举行开幕式、赛前说明会和领队会,晚上举办学术报告会;24日全天和25日上午为现场模型制作;25日晚上和26日上午为现场答辩和模型加载;26日下午为专家评审奖项、文艺演出、闭幕式暨颁奖礼。

8. 专家会议

2023年3月25日上午召开了全国竞赛专家委员会和秘书处会议,会议主要内容:申请和确定2024年全国大学生结构设计竞赛承办高校;听取2023年全国竞赛承办高校长沙理工大学的赛题汇报;全国竞赛秘书处汇报竞赛组织工作;本届竞赛命题组汇报全国竞赛题目和商讨有争议事项;专家现场指导并合影。

9. 突出贡献奖

第十五届全国大学生结构设计竞赛突出贡献奖获奖者分别是湖南大学方志教授、浙江大学罗尧治教授、重庆大学张川教授、哈尔滨工业大学邵永松教授、浙江大学毛一平调研员、浙江大学丁元新副研究员。

10. 等级奖、单项奖、高校优秀组织奖

"盈建科杯"第十五届全国大学生结构设计竞赛设特等奖1项,一等奖40项,二等奖56项,三等奖114项,最佳制作奖1项(长沙理工大学城南学院),最佳创意奖1项(西安交通大学),高校优秀组织奖45项。

11. 宣传报道

全国竞赛期间,出版了3期竞赛简报,央视新闻网进行了长达40分钟的全程直播,网易新闻、腾讯新闻、新浪新闻、搜狐新闻、《中国科学报》、中国新闻网、中国科技网、中国教育在线、凤凰网、华声在线、光明网、晋商资讯、晋中新闻网、《山西土木建筑》、山西科协、大江网、《科技日报》《山西日报》、山西经济频道、《太原晚报》、太原广播电视台等30余家新闻媒体进行宣传报道。

12. 赛后工作

全国竞赛秘书处与承办高校太原理工大学及时交流赛后工作,明确落实9项赛后事宜。

二、取得成效

1. 紧扣山西古建筑文化主题,赛题特色鲜明、寓意深远

本次国赛赛题为"三重木塔结构模型设计与制作",这是以山西应县木塔为背景设计的赛题,极具山西特色。应县木塔是我国现存唯一的纯木结构楼阁式古塔,建筑宏伟高大,设计精妙,外形稳重而庄严,历经近千年的风雨沧桑仍巍然矗立,堪称天下奇观,是世界木结构建筑之典范,与意大利比萨斜塔、巴黎埃菲尔铁塔并称"世界三大奇塔"。因此,本届竞赛不仅仅是一场大学生的结构设计盛会,更是弘扬和传承山西文化精神的一场盛宴。同时,赛题在模型加载方面加入部分待定参数(由赛前抽签决定),既体现了实际工程中可能遇到的众多不确定性,又赋予了竞赛更多的灵活性、应变性、趣味性和观赏性,同时有助于提升参赛学生分析和解决实际问题的能力。

2. 首次实行新的获奖比例,进一步提高竞赛受益,成效显著

随着全国大学生结构设计竞赛的影响持续扩大,在各级竞赛秘书处和参赛高校的共同努力下,实现了"百所高校、千支队伍、万名师生"的参赛新局面。为进一步充分调动各省(市、自治区)分区赛和参赛高校的积极性,扩大高校和学生受益面,实现"校赛普及—省赛做大—国赛做精"的办赛目标。全国竞赛秘书处提交了《关于调整全国大学生结构设计竞赛获奖比例方案》,并经全国大学生结构设计竞赛专家委员会讨论通过,同意从第十五届全国大学生结构设计竞赛开始试行新的获奖方案。主要调整为全国一等奖获奖比例由原先的15%提高至35%,二等奖比例由30%提高至50%,三等奖比例调整为15%,优秀组织奖由30%调整为35%。此外,特别设定获得各省(市、自治区)分区赛一等奖但未获得国赛参赛资格的队伍认定为全国大学生结构设计竞赛等级奖项的三等奖。

本届比赛试行新的获奖方案后,除了现场参加国赛的111支队伍均获得了奖项(最低三等奖),经各省秘书处上报的各省(市、自治区)分区赛一等奖(但未获得国赛参赛资格)的队伍100支,经国赛秘书处审定均认定为国赛三等奖。因此,本届国赛共评出特等奖1项、一等奖40项、二等奖56项、三等奖114项,大幅度扩大参赛师生的参赛受益面,提高了该项赛事的参赛"性价比",有助于提升各省(市、自治区)的办赛和参赛的积极性和影响力。

3. 首次全面实施国赛获奖证书无纸化,彰显"创新、协调、绿色、开放、共享"的办赛理念

为贯彻落实"创新、协调、绿色、开放、共享"五位一体的办赛指导思想,大力开展"绿色"环保、勤俭节约办赛,全国竞赛秘书处研究决定,进一步加强国赛网站建设,充分利用网络资源,本届大赛奖全面推行国赛获奖证书无纸化。最终,经全国竞赛秘书处、承办高校太原理工大学及杭州简学科技有限公司三方共同努力,在本届大赛推动试行证书无纸化,极大方便了各参赛师生查看和下载获奖证书,同时也为承办高校大幅减轻了办赛压力,办赛效率得以进一步提升,对推动"绿色低碳"具有重要意义。

4. 竞赛与学术相结合,提高人才培养质量

2023年3月29日19时,"盈建科杯"第十五届全国大学生结构设计竞赛学术报告会在太原理工大学思贤楼三楼报告厅举行,会议邀请上海交通大学赵金城教授和太原理工大学雷宏刚教授分别作《建筑钢结构的抗火性能》和《结构的快乐与忧伤》学术报告。赵教授结合自己三十多年的研究经历,和大家共同分享了建筑钢结构抗火性能研究所涉及的主要问题,图文并茂,深入浅出,既有理论高度,又有现场互动,呈现了一场学术盛宴。雷宏刚教授则以"何为人的快乐与忧伤"引出"何为结构的快乐

与忧伤",最后突出"如何让结构只快乐不忧伤"。雷教授的报告结合众多实际的工程案例,通过诙谐幽默的语言风格,进行了生动的讲解,发人深思,耐人寻味。

两场学术报告深深吸引了每一位师生和听众,促进了学术交流,营造了良好的学术氛围,引导广大师生在动手实践的基础上,关注科学研究,关注学科前沿发展趋势,使科研、教学和实践相互促进。参加报告会的师生反响热烈,表示开阔了眼界,拓宽了思路,受益匪浅。

5. 高度重视,精心组织,竞赛过程安全有序

出于师生至上、生命至上的办赛理念,为了保证高校师生健康安全,确保大赛安全、平稳、有序、高效开展,承办高校太原理工大学高度重视,成立了由学校党委书记、校长为主任的竞赛组织委员会,并召开了学校层面的竞赛组织协调会 3 次。土木工程学院党委书记、院长牵头的竞赛筹备工作组对竞赛各项组织工作进行了详细部署和明确分工,划分了命题组、竞赛组、宣传组、会务食宿组、场地安保组、财务组、志愿组、监察组,专门制定了处置突发事件的工作方案,确保责任落实到人,筹备工作有条不紊。本届全国竞赛的志愿者人数约 300 人,对 111 支参赛高校队伍,志愿者采取 1 对 1 的对接服务;对竞赛志愿者裁判,培训均达到 5 轮次以上。竞赛结果表明,本届全国竞赛秩序良好、运行顺畅,获得了各高校参赛师生和参会专家的高度评价。

6. 宣传力度进一步加强,多家媒体报道,竞赛影响力持续扩大

本届竞赛邀请了众多知名媒体报道,极大地提升了竞赛的社会影响力和知名度。"盈建科杯"第十五届全国大学生结构设计竞赛在举办期间备受媒体关注,其中,央视新闻网进行了长达 40 分钟的全程直播。网易新闻、腾讯新闻、新浪新闻、搜狐新闻、《中国科学报》、中国新闻网、中国科技网、中国教育在线、凤凰网、华声在线、光明网、晋商资讯、晋中新闻网、《山西土木建筑》、山西科协、大江网、《科技日报》《山西日报》、山西经济频道、《太原晚报》、太原广播电视台等 30 余家新闻媒体进行宣传报道。

7. 多家社会企业资助,认同度高,社会效应明显提升

全国竞赛与各省(市、自治区)竞赛秘书处积极开展学科竞赛与社会、企业、研究机构、新闻媒体等单位全方位合作,建立"政、产、学、研、用"平台,承办本届全国竞赛的太原理工大学得到 7 家企业(北京盈建科软件股份有限公司冠名,山西省土木建筑学会、太原理工大学建筑设计研究院有限公司、中国建筑第四工程局有限公司山西分公司、北京迈达斯技术有限公司、杭州邦博科技有限公司和北京思齐致新科技有限公司)支持,冠名单位企业总工(技术负责人)参与竞赛评审等,各省(市、自治区)分区赛也分别得到多家企业参与和资助,提升了赛事的社会企业认同度和影响力,实现高校培养输送创新人才和企业得到高素质人才的双赢目的。

三、有待加强

1. 进一步优化国赛网站建设,提高办赛效率

随着国赛获奖比例的调整(省赛一等奖可上报国赛三等奖),以及无纸化证书的推行,获奖证书通过信息化手段展现出更加全面的参赛及获奖信息,这对国赛网站的建设与运行提出了更高的要求。在本届国赛的证书制作中,省赛一等奖上报三等奖的队伍信息需要另行统计,使得承办高校工作量增大,证书的制作进度也严重滞后,另有部分高校反映下载的获奖证书信息错误(包括参赛人员信息、二维码信息等)。因此,在今后的国赛中应该加强参赛队伍及所有获奖队伍的信息化管理,争取"一步到位,一键出证书",简化赛后工作,提升办赛效率。

2. 进一步优化竞赛模式,避免时间上的"持久战"

　　每届国赛赛题一般会在当年 3 月份前发布,9 月份前各省(市、自治区)完成分区选拔赛,11 月份左右完成全国总决赛角逐。从 3—11 月长达近 8 个月的国赛备战之旅中,随着各高校之间的交流以及网络资源的共享,在各高校不断尝试与优化后,最优的结构体系和结构模型基本"定型",导致国赛中各参赛队伍制作的模型体系几乎一致。就第十五届全国大学生结构设计竞赛的 111 个作品模型而言,据统计 99％的模型都采用了四柱结构体系,仅在一些局部构造上略有差异。由此一来,全国总决赛最终比拼的不是学生的结构设计能力,而是学生的手工制作质量,结构设计竞赛演变为"结构制作竞赛",这显然与竞赛的办赛初衷和理念不符。而且,长时间的"备战",重复练习模型制作,容易使参赛学生丧失兴趣。因此,国赛的竞赛模式有待进一步权衡与优化。

　　总结过去,相互交流学习与借鉴;立足当下,继续提升竞赛质量;展望未来,不忘初心,牢记使命,传承创新,继续前行,提升品质,再创佳绩。

全国大学生结构设计竞赛委员会秘书处

太原理工大学

2023.09.03

第十五届全国大学生
结构设计竞赛简报

全国大学生结构设计竞赛委员会文件

【结设竞函〔2022〕12 号】

"盈建科杯"第十五届全国大学生结构设计竞赛获奖名单公布

　　"盈建科杯"第十五届全国大学生结构设计竞赛于 2023 年 3 月 22 至 26 日在太原理工大学成功举办。本届大赛是在全国 31 个省(市、自治区)组织分区赛的 514 所高校、1209 支参赛中择优选拔产生 110 所高校、111 支精英队争夺全国总决赛特等、一等、二等、三等和单项奖。经全国大学生结构设计竞赛委员会专家组评审,共评出全国特等奖 1 项、一等奖 40 项、二等奖 56 项、三等奖 114 项、单项奖 2 项、突出贡献奖 6 项、高校优秀组织奖 45 项,经公示结束,现予正式公布。

　　为表彰承办高校和社会企业对全国大学生结构设计竞赛的大力支持,特颁发承办高校突出贡献奖 1 项、企业冠名和支持单位奖 7 项,现予公布。

　　附件:第十五届全国大学生结构设计竞赛获奖名单公布

全国大学生结构设计竞赛委员会

2023 年 4 月 18 日

第十五届全国大学生结构设计竞赛获奖名单

序号	学校名称	参赛学生姓名	指导教师（或指导组）	领队	奖项
1	长沙理工大学城南学院	雷缮诚、乐宇航、潘鑫烨	付果、张强	李修春	特等奖、最佳制作奖
2	长沙理工大学	伍凯、舒德星、周苇朝	付果、王磊	江河	一等奖
3	河北农业大学	付祯、杨历、皮金山	任小强、李宏军	刘燕	一等奖
4	上海交通大学	张宇、何捷、祁至立	宋晓冰、陈思佳	宋晓冰	一等奖
5	湖北工业大学	夏睿琪、邓梓楠、李志宇	余佳力、苏骏	余佳力	一等奖
6	太原理工大学	孙海军、贺治森、张恒	王永宝、张旭红	都静	一等奖
7	湖北文理学院	李兵杰、马震、梅博	范建辉、王莉	范建辉	一等奖
8	内蒙古工业大学	包文平、王锁玲、韩旭	李荣彪	郭鹏	一等奖
9	浙江工业大学	周浩、姚臻、朱宏青	王建东、许四法	曾洪波	一等奖
10	武汉工程大学	王佳杰、陆禹羽、肖文轩	周小龙、许崎峰	吴巧云	一等奖
11	湖州职业技术学院	奚晴、王卓祥、张银果	黄昆、魏海	黄昆	一等奖
12	湖北工业大学工程技术学院	韦靖轩、陈林锋、周泳铨	王婷、张茫茫	车琨	一等奖
13	杭州科技职业技术学院	张文辉、孙梓豪、马玲瑶	于正义、李中培	金波	一等奖
14	浙江农林大学暨阳学院	刘可东、金怡婷、杨大嵩	吴新燕、舒美英	吴新燕	一等奖
15	石家庄铁道大学	高阔、苏思远、周建诚	许宏伟、李勇	温潇华	一等奖
16	上海工程技术大学	孙迪、罗文煊、龚文龙	颜喜林	户国	一等奖
17	兰州交通大学	余阳、党泽昊、孙鹏程	刘廷滨、张家玮	蒋代军	一等奖
18	宜春学院	黄和州、谢杭洲、李程	饶力、柳玉良	杨志文	一等奖
19	南京航空航天大学	毛嘉辉、邱梓杰、陈康泽	唐敢、王法武	程晔	一等奖
20	哈尔滨工业大学	何泰鹏、肖洪硕、李杰	邵永松	邵永松	一等奖
21	安徽工业大学	林靖、朱海帆、郭星雨	张辰啸、谭坦	张辰啸	一等奖
22	黑龙江科技大学	朱振宇、于薇、李圣超	孟丽岩、张春玉	孟丽岩	一等奖
23	广西理工职业技术学院	韦林辰、王志辉、曾国凯	王华阳、胡顺新	温云杰	一等奖
24	东北林业大学	张瑶、张嘉阳、焦隆阳	徐嫚、贾杰	贾杰	一等奖
25	长春工程学院	李帅奇、焦俊、黄昊	倪红光、温泳	倪红光	一等奖
26	辽宁工程技术大学	张值源、汲鹏、吴蓉艳	吴秀峰、包宇洋	包宇洋	一等奖
27	沈阳建筑大学	于海涛、熊元、解协庆	金路、侯翀驰	金路	一等奖
28	太原理工大学	刘浩然、孙柏乾、王佳	王永宝、张家广	都静	一等奖
29	浙江大学	陈建业、袁梦、陈雨晴	万华平、邹道勤	陈相权	一等奖
30	重庆大学	刘桐昊、王逸伦、杜骁	指导组	舒泽民	一等奖
31	河北建筑工程学院	吴培林、李培梁、周明宇	乔春蕾、贾吉龙	刘仲洋	一等奖
32	暨南大学	谈帅、冯渝璇、林荣吉	曾岚、高若凡	曾岚	一等奖
33	佛山科学技术学院	朱骏轩、张石林、陈杰明	陈泽鹏、陈舟	陈舟	一等奖
34	南京工业大学	陈星宏、孙传斌、徐双	孙小鸾、赖韬	徐汛	一等奖

续表

序号	学校名称	参赛学生姓名	指导教师（或指导组）	领队	奖项
35	黑龙江大学	刘毅、陈龙、代玉龙	徐树全、曾庆龙	柳艳杰	一等奖
36	台州学院	崔子恒、赵晓雨、许泽骏	指导组	沈一军	一等奖
37	东南大学	李书浩、李硕、刘凌	孙泽阳、戚家南	鲁聪	一等奖
38	辽宁工业大学	李优点、李洋、龙尚琳	孙洪军、刘伟	刘伟	一等奖
39	浙江树人学院	金彬、叶卓琛、徐文龙	沈骅、楼旦丰	金小群	一等奖
40	海口经济学院	计承历、陈子扬、刘佳欣	唐能、钟孝寿	文闻	一等奖
41	阳光学院	郑进锋、李海、陈炜桥	陈建飞、程怡	陈建飞	一等奖
42	成都理工大学工程技术学院	罗鏦吉、刘帅宏、许力川	姚运、章仕灵	李金高	二等奖
43	华侨大学	王浩、张志坤、张竣斌	指导组	阮羿佑	二等奖
44	郑州大学	林伟杰、李炎龙、胡思哲	张普、钱辉	杨建中	二等奖
45	天津城建大学	杜可、芮海清、张恩泽	罗兆辉、张海	王培鹏	二等奖
46	西安建筑科技大学	唐毛毛、李年午、赵博恒	惠宽堂、冯雪益	门进杰	二等奖
47	广东工业大学	梁泽锋、罗景、戴凯瑶	何嘉年、陈士哲	朱江	二等奖
48	安徽科技学院	李星月、孔维柱、赵自豪	马露、吴伟东	张远兵	二等奖
49	云南大学	黄生铜、张杨、王树金	翁振江、王宪杰	任骏	二等奖
50	海南科技职业大学	唐庄、唐俊贤、王馨月	乔晨旭、彭勇	张雅娴	二等奖
51	江苏海洋大学	杨明宇、掌文浩、陶士恒	骆辉、宋明志	宋明志	二等奖
52	同济大学	成陪源、邱斌、毕雨晨	施卫星、闫伸	沈水明	二等奖
53	云南经济管理学院	黄宏伟、把思明、胡遥	张朝阳、孙俊	张朝阳	二等奖
54	新疆大学	李嘉、黄亚征、周珠珠	马财龙、韩风霞	韩霞	二等奖
55	河海大学	顾仁杰、梁熙、蔡易成	张勤、李宗京	胡锦林	二等奖
56	西南石油大学	杨阳、董奇、刘艳婕	廖玉凤、龚俊	王知深	二等奖
57	河北地质大学	甘凯凯、赵金科、曹城玮	谌会芹、白文婷	袁颖	二等奖
58	南宁学院	马明仕、盆斯琪、韦新林	黄家聪、梁小光	沈建增	二等奖
59	西南交通大学	李泽宇、石乙彤、金泽宇	周祢、郭瑞	张方	二等奖
60	福建工程学院	阮国坤、陈俊祥、张月雯	郑居焕、罗霞	罗霞	二等奖
61	河南工业大学	万晓凯、耿圣林、孙双锋	咸庆军、崔璟	静行	二等奖
62	北京建筑大学	赵思龙、谭积富、张浩杰	侯苏伟	苑泉	二等奖
63	大连理工大学	颜钰琳、李英嘉、崔耀中	崔瑶、吕兴军	王鑫垚	二等奖
64	厦门理工学院	陈明杭、陈忠伟、沈嘉钦	张婧、胡海涛	陈昉健	二等奖
65	吕梁学院	盖鸿、龙瑶彤、王淑慧	宋季耘、闫晓彦	高树峰	二等奖
66	吉林大学	严鑫怡、向双林、孙忠宇	朱珊、郑少鹏	朱珊	二等奖
67	宁夏大学	马有正、高龙、李雪莲	张尚荣、包超	毛明杰	二等奖
68	哈尔滨工业大学（威海）	张家豪、王衍凯、吴昊燃	张天伟、陈德坤	王化杰	二等奖
69	天津大学	王文凯、向宇豪、阳清宇	王方博、严加宝	严加宝	二等奖
70	中北大学	陈政文、陈锦鸿、胡育睿	郑亮、靳小俊	郑亮	二等奖
71	江苏大学	杨涛、席飞龙、李禹	张富宾、王猛	王猛	二等奖

续表

序号	学校名称	参赛学生姓名	指导教师 （或指导组）	领队	奖项
72	黑龙江工程学院	王博、李鑫、吴博航	马兴国、赵德龙	赵德龙	二等奖
73	西安科技大学	马佳荣、曹建双、邹佳明	柴生波、王秀兰	唐丽云	二等奖
74	潍坊科技学院	左梦浩、胡茗凯、丁振国	刘昱辰、李萍	刘昱辰	二等奖
75	临沂大学	卜宪龙、刘超、贾杰烁	于本福、蒋将	王龙	二等奖
76	青岛理工大学	傅宇豪、王明志、王昊芝	王子国、王俊富	邵先锋	二等奖
77	贵州大学	殷雨、胡文体、周亮亮	唐晓玲、李凡	郑炜	二等奖
78	西安建筑科技大学华清学院	全晓斌、王小雨、刘佳璇	吴耀鹏、万婷婷	韩金库	二等奖
79	清华大学	章溯、叶张骞、吕梓诚	指导组	何之舟	二等奖
80	中国矿业大学	李文磊、蔡杰、盛珺瑶	指导组	李亮	二等奖
81	黄山学院	李琦、韩根发、李杰	邓林,高雪冰	王鹏飞	二等奖
82	东华理工大学	蔡彦哲、曹源、施云涛	何春锋、王俭宝	查文华	二等奖
83	西藏农牧学院	把玉岗、左明星、向振林	何军杰、金建立	孙海波	二等奖
84	扬州大学	周亮亮、孙俊、朱荣	指导组	朱卫东	二等奖
85	兰州大学	李嘉轩、杜豪飞、夏志刚	王亚军、马亚维	武生智	二等奖
86	西藏民族大学	王宁、邵洪洋、刘春梓	蔡婷、张根凤	张根凤	二等奖
87	华南理工大学	林培愉、孙彤、林锦莊	陈庆军、胡楠	季静	二等奖
88	重庆文理学院	王哲、彭彬彬、何俊	高霖、杨惠会	张海龙	二等奖
89	汕头大学	路金岭、黄晓利、安勇学	王传林、陈晓婉	王传林	二等奖
90	湖南农业大学	钟衔铎、张鑫韬、刘鑫宇	周锡玲、吴懿	张龙文	二等奖
91	北京航空航天大学	余思纬、刘航舰、蔡天宜	周耀	周耀	二等奖
92	内蒙古科技大学	刘明超、刘靖、李雨杭	李娟、汤伟	薛刚	二等奖
93	南宁职业技术学院	林通、吴聪聪、覃继新	朱正国、唐誉兴	朱正国	二等奖
94	长安大学	饶万泉、万可妮、赵彦波	王步、李悦	王步	二等奖
95	中国人民解放军陆军勤务学院	刘文哲、刘尉中、全晓燕	何小涌、孙涛	孙涛	二等奖
96	东北电力大学	成思程、孙振超、才泽天	侯立群、白俊峰	陈榕	二等奖
97	华北水利水电大学	毛旺、孟禄源、杨博森	陈记豪、程远兵	韩爱红	二等奖
98	河北工业大学	孙浩鑫、刘孝天、王靖元	陈向上、孔丹丹	郜欣	三等奖
99	吉首大学	魏晋荣、刘杜洋、冯星皓	江泽普、卓德兵	江泽普	三等奖
100	西安理工大学	常勋、张毅凡、李松轩	潘秀珍	姚文鑫	三等奖
101	西安交通大学	刘雪婷、刘雨琪、屈逸飞	韩波、宋丽	韩波	三等奖、 最佳创意奖
102	运城职业技术大学	贺世译、李瑞龙、宋瑞杰	贾昊凯、赵转	贾昊凯	三等奖
103	湖南大学	孙巧巧、艾昱汝、刘炳睿	胡揭玄、刘兴彦	张家辉	三等奖
104	青海民族大学	罗国绪、马成海、王春晖	张韬、李双营	张韬	三等奖
105	中国农业大学	高邯、高阳、白佳豪	许晶、庄金钊	梁宗敏	三等奖
106	河南大学	黄少健、王琳浩、张国政	孔庆梅、宋晓	孔庆梅	三等奖
107	北方民族大学	陈昌能、唐家俊、侯建伟	马肖彤、陆华	马光明	三等奖

序号	学校名称	参赛学生姓名	指导教师（或指导组）	领队	奖项
108	伊犁师范大学	向太航、张强、李青松	张建鹏、弋鹏飞	张建鹏	三等奖
109	贵阳学院	丁天丰、杨昌运、陶禹	伍廷亮、孟碟	伍廷亮	三等奖
110	南昌航空大学	高一点、夏楠铃、王盈	吕辉、范亚坤	吕辉	三等奖
111	上海师范大学	黄宇凌、左书铫、王文天	王晋平、刘嘉涵	陈旭	三等奖
112	皖西学院	桑润泽、胡清强、许佳庆	周明、方金苗	常光明	三等奖
113	安徽建筑大学	刘国亮、郑俊、罗佳欣	康小方、郝英奇	郝英奇	三等奖
114	合肥工业大学	王梓嘉、刘会年、王极	王辉、陈安英	宋满荣	三等奖
115	马鞍山学院	郑泽鑫、陈冉、王姚	陈秀玲、周艳	陈明高	三等奖
116	安徽理工大学	康昊楠，徐世春，李凯杰	张经双，赵军	程新国	三等奖
117	安徽工业大学	何修宇、凌思睿、陈旭峰	谭坦、方圆	刘全威	三等奖
118	重庆大学	梅润韬、陈骋、刘飞	刘敏、聂诗东	舒泽民	三等奖
119	重庆文理学院	王菁、张宋壮、黄远瀚	高霖、胡浩	张海龙	三等奖
120	重庆建筑工程职业学院	罗露、阳承成、邱佳龙	覃钢、郭盈盈	覃钢	三等奖
121	重庆工业职业技术学院	何波、黄蕾、段益鹏	韩雪、雷平	韩雪	三等奖
122	重庆工业职业技术学院	李滔、徐江宁、周洋	韩雪、赵智慧	韩雪	三等奖
123	福建工程学院	章永锭、许有朋、张文康	罗霞、刘旭宏	郑居焕	三等奖
124	闽南理工学院	胡光淼、李卓成、黄秋萍	黄剑淇、杨鎏	黄杰超	三等奖
125	福建农林大学	洪育彬、王昌志、范慧明	陈鑫、黄文金	盛叶	三等奖
126	兰州交通大学	王凡舒、车升洁、谭喜双	王丽娟、段志东	蒋代军	三等奖
127	兰州博文科技学院	柳倩倩、杨锐珍、刘培云	贾世珣、鲍娇	任士贤	三等奖
128	佛山科学技术学院	吴晓妍、王俊霖、陈嘉鑫	陈泽鹏、王英涛	陈舟	三等奖
129	广东工业大学	邓德俊、董书雄、史卓荣	陈士哲、熊哲	陈士哲	三等奖
130	仲恺农业工程学院	徐伟源、郑旭灿、钟航	程晔、毛娜	吕建根	三等奖
131	仲恺农业工程学院	李秋颖、朱健辉、陈梓峻	唐昀超、袁继雄	吕建根	三等奖
132	贺州学院	陈伟锋、庞惜、玉启东	邱琳淇、黄丽霖	张忠	三等奖
133	贺州学院	程帅、邱家良、蒋姣雯	雷文凯、邓礼娇	张忠	三等奖
134	贵州大学	任晓棚、张凯锋、张燃	刘轶	牛亮	三等奖
135	铜仁学院	袁森林、王孝龙、陈弘旭	宋春杰、曾祥	曾祥	三等奖
136	贵州大学	王涛涛、张金磊、景志泉	钱由胜	牛亮	三等奖
137	六盘水师范学院	杨巩、张然、伍文财	马腾飞	吉卓礼	三等奖
138	铜仁学院	袁站坤、蓝晶磊、沈友杰	杨友山、曾祥	曾祥	三等奖
139	海口经济学院	王东辉、关吉悦、解海昌	符其山、唐能	文闻	三等奖
140	海口经济学院	罗荣军、程方怡、王亭玉	钟孝寿、符其山	文闻	三等奖
141	海口经济学院	陈诗晴、吴子航、周鑫	唐能、钟孝寿	文闻	三等奖

续表

序号	学校名称	参赛学生姓名	指导教师（或指导组）	领队	奖项
142	河北农业大学	解博程、崔瑞涛、董昭泰	袁敬、张华	李亮	三等奖
143	河北农业大学	陈金鹏、杜世杰、秦佳瑄	勾俊芳、李军雪	李亮	三等奖
144	河北建筑工程学院	张捷、沈子洋、杨腾华	胡建林、贾吉龙	胡建林	三等奖
145	黑龙江大学	郑繁、刘新、李雨欣	刘洪波、高红帅	柳艳杰	三等奖
146	东北林业大学	张艳清、宗璐瑶、戴首昆	孙维国、徐嫚	贾杰	三等奖
147	哈尔滨工业大学	贾跃威、吴有山、余春莹	邵永松	邵永松	三等奖
148	东北林业大学	潘新昊、郭凯心、薛志琪	徐嫚、贾杰	贾杰	三等奖
149	东北林业大学	包智博、王凤珑、翟德全	徐嫚、贾杰	贾杰	三等奖
150	湖北工业大学	彭灿锦、王兆钧、李政轩	李扬、付佩	苏骏	三等奖
151	湖北工业大学工程技术学院	梅英杰、杨朔、彭宇	王婷、张茫茫	车琨	三等奖
152	湖北文理学院	丁子阳、蒋陈杭、李侨侨	陈海玉、范建辉	范建辉	三等奖
153	长江大学	姜尧、张绍文、梁豪星	黄文雄、肖桃李	黄文雄	三等奖
154	武汉工程大学	朱乐喜、袁竹轩、肖晗	许崎峰、屠艳平	吴巧云	三等奖
155	长江大学	许鸿博、郑钦予、李昊桢	黄德文、李振	黄文雄	三等奖
156	黄冈师范学院	张庆洋、彭旭东、吴飞宇	陈晓晴、张云发	卢雪松	三等奖
157	武昌首义学院	刘天一、邹先力、彭一萌	余婵娟、段纪成	张睿贾	三等奖
158	武汉交通职业学院	邱江华、曹曦、曾令博	何舒婷、程玉华	程玉华	三等奖
159	长沙理工大学城南学院	董越、刘子豪、郭令波	付果、肖义慧	李修春	三等奖
160	吉首大学	陈卓、伍耀	江泽普、卓德兵	江泽普	三等奖
161	南华大学	阳能武、龙绣成、李艺博	陶秋旺、彭楚渐	陶秋旺	三等奖
162	中南林业科技大学	杨凯文、李毅、黄进才	秦红禧、王达	秦红禧	三等奖
163	吉首大学	向政卓、郝中正、向浩	卓德兵、唐纯翼	江泽普	三等奖
164	长沙理工大学	王恒、李亦晨、魏疆	戴理朝、付果	付果	三等奖
165	长沙理工大学	亚力洪江·玉苏甫、杨宇奇、江宇合	付果、赖安迪	付果	三等奖
166	湖南工业大学科技学院	胡源浩、朱佳杰、林俊杰	曹磊、郑辉	曹磊	三等奖
167	湖南文理学院	阳佳辉、王钰森、叶俊	杨光、王云洋	杨光	三等奖
168	南华大学	苏文、赵传礼、玉儿	伍琼芳、陶秋旺	陶秋旺	三等奖
169	湖南文理学院芙蓉学院	朱轲、何鹏、卿露	李灿、杨立军	尹志康	三等奖
170	井冈山大学	郭梓成、蔡欣欣、熊磊	詹鸣晨、梁爱民	梁爱民	三等奖
171	江西理工大学	周紫菱、罗煜君、黄明荣	张鹏、高智能	汪小平	三等奖
172	东华理工大学	吴志羊、刘雨欢、钟雨譞	王俭宝、何春锋	王俭宝	三等奖
173	华东交通大学	涂文磊、黄智平、廖俊	严云	严云	三等奖
174	吉林大学	朱衍光、房书乐、刘恩博	朱珊、郑少鹏	朱珊	三等级
175	东北大学	刘子龙、王卓、曹宇新	陈猛、李慎刚	陈猛	三等奖

序号	学校名称	参赛学生姓名	指导教师（或指导组）	领队	奖项
176	东北大学	陈英杰、王汉谋、马海俊	陈猛、李嘉祥	陈猛	三等奖
177	辽宁工程技术大学	刘子寒、金旭、邓广红	吴秀峰、包宇洋	包宇洋	三等奖
178	沈阳航空航天大学	马双宇、李郡霆、汪义坤	汪志超、梁峰	汪志超	三等奖
179	西安理工大学	宫昌伯、侯佑红、王爽爽	高亮、潘秀珍	姚文鑫	三等奖
180	西安理工大学	陈松、王馨雨	陈曦、潘秀珍	姚文鑫	三等奖
181	西安建筑科技大学	陈永恒、杨奔、仇逸飞	惠宽堂、綦玥	钟炜辉	三等奖
182	青岛理工大学	王昱田、郝梓恺、房嘉祥	刘延春、王子国	王俊富	三等奖
183	青岛城市学院	张冉、张研、谭舒予	胡锦秀、马小燕	胡锦秀	三等奖
184	山东科技大学	刘士琦、吴长成、孙梓萌	郇筱林、杜荣强	刘泽群	三等奖
185	太原理工大学	许婷霏、刘杰、程语	张旭红、王亮	王永宝	三等奖
186	山西工程技术学院	卢小龙、杨远舟、王本升	梁利生	梁利生	三等奖
187	西南交通大学	曹晓华、徐捷、张云天	袁冉	张方	三等奖
188	西南科技大学	黄楚康、潘鑫、卜科胜	张玉奇、张兴标	张玉奇	三等奖
189	四川大学锦江学院	张辛昊、彭梁云、聂玉川	许信、程思嫄	古巍	三等奖
190	河北工业大学	胡晨曦、张涵实	孔丹丹、陈向上	陈向上	三等奖
191	河北工业大学	王梓渺、许梦雪、李冬炜	郜欣、董俊良	陈向上	三等奖
192	新疆大学	肖双、宋嘉赫、鲁成凤	韩风霞、李玲	谢良甫	三等奖
193	西藏民族大学	贺飞、武健鑫、夏俭杰	蔡婷、张根凤	张根凤	三等奖
194	西藏农牧学院	唐世龙、单洪涛、蔡楦	金建立、何军杰	孙海波	三等奖
195	云南农业大学	黄梓涵、武学元、阮艳平	邱勇、龙立焱	龙立焱	三等奖
196	保山学院	杨志楠、陈俊桦、杨兴祥	蒋玉、瞿嘉安	蒋玉	三等奖
197	云南民族大学	段金正、罗葛、谭映亮	董博、潘慧羽	张久长	三等奖
198	云南农业大学	雷文凯、陈稳、黄瑞	杨继清、刘文治	杨继清	三等奖
199	云南农业大学	刘胜、张岩、张童	张玉波、杨继清	杨继清	三等奖
200	昆明学院	文撰、明贵、王莲	张龙飞、兰香	冯国建	三等奖
201	台州学院	王宇洋、赵建峰、王伟烨	刘树元、沈一军	沈一军	三等奖
202	浙江树人学院	汤海超、万奔腾、郑佳豪	楼旦丰、金晖	金小群	三等奖
203	宁波大学	袁学志、何存睿、谢振洪	汪炳、林云	林云	三等奖
204	温州理工学院	罗云、陈巽、卢志强	指导组	周向前	三等奖
205	绍兴文理学院	庄东暖、申屠存、方佳楠	冯晓东、姜屏	梁超锋	三等奖
206	温州理工学院	方思雯、郑亮亮、庄凯特	指导组	周向前	三等奖
207	杭州科技职业技术学院	杨涛涛、张立博、董蒙菲	郑君华、姚本坤	郑君华	三等奖
208	杭州科技职业技术学院	郑伊蕾、梁永昌、蔡绿丹妮	郑君华、于正义	郑君华	三等奖
209	湖州职业技术学院	徐孜、董皓天、张佳泉	李建华、谢恩普	黄昆	三等奖
210	浙江同济科技职业学院	刘飞、陈俊杰、龚力喜	庞崇安、朱希文	朱希文	三等奖
211	浙江工业职业技术学院	赵翔、蔡启鹏、张一展	罗烨钶、单豪良	单豪良	三等奖
	突出贡献奖	方志、罗尧治、张川、邵永松、毛一平、丁元新			

序号	学校名称	参赛学生姓名	指导教师 (或指导组)	领队	奖项
	高校优秀组织奖	安徽科技学院、北京建筑大学、重庆文理学院、厦门理工学院、兰州大学、广东工业大学、南宁职业技术学院、贵州大学、海口经济学院、河北农业大学、黑龙江大学、郑州大学、武汉工程大学、湖南农业大学、上海交通大学、江苏海洋大学、南昌航空大学、东北电力大学、辽宁工业大学、内蒙古工业大学、宁夏大学、青海民族大学、西安理工大学、临沂大学、上海师范大学、吕梁学院、西南石油大学、天津城建大学、新疆大学、西藏农牧学院、云南经济管理学院、杭州科技职业技术学院、华南理工大学、同济大学、哈尔滨工业大学、天津大学、西安建筑科技大学、中国人民解放军陆军勤务学院、内蒙古科技大学、长沙理工大学城南学院、湖北工业大学、东南大学、浙江大学、长沙理工大学、太原理工大学			
	承办高校突出贡献奖	太原理工大学			
	企业冠名和支持单位奖	北京盈建科软件股份有限公司、山西省土木建筑学会、太原理工大学建筑设计研究院有限公司、中国建筑第四工程局有限公司山西分公司、北京迈达斯技术有限公司、杭州邦博科技有限公司、北京思齐致新科技有限公司			

海报与照片

▲ 赵金城教授学术报告海报

▲ 雷宏刚教授学术报告海报

▲ 太原理工大学孙宏斌校长（中）与组委会合影

▲ 比赛现场

▲ 竞赛评审专家合影

▲ 杰出贡献奖获奖者合影

▲ 参赛院校校徽